JN302287

堤防・灌漑組合と参加の強制

——19世紀フランス・オート=ザルプ県を中心に——

伊丹一浩著

御茶の水書房

A N.O.

凡　例

　手稿史料の引用に際しては、文書館の分類番号を記した。その場合、次の略語を使用した。

　A. N.（Archives nationale：フランス国立文書館）
　A. D. H. A.（Archives départementales des Hautes-Alpes：オート＝ザルプ県文書館）

　文献の引用に際しては、著者と出版年、該当ページを記載し、巻末の文献一覧を参照するようにした。ただし、官報、議会議事録、議会資料、オート＝ザルプ県規則集、農業水理局報告書は、以下のような略語を使用し、発行年（記載ある場合には月日）、資料番号、ページ番号等を必要に応じて記載した。

　Gaz.（*Gazette nationale ou le moniteur universel*：官報）
　Mon.（*Moniteur universel*：官報）
　J. O.（*Journal officiel de la République française*：官報）
　J. O. D. D. C.（*Journal officiel de la République française. Débats et documents parlementaires. Chambre des députés*：代議院議事録及び議会資料）
　J. O. D. D. S.（*Journal officiel de la République française. Débats et documents parlementaires. Sénat*：元老院議事録及び議会資料）
　J. O. Déb. C.（*Journal officiel de la République française. Débats parlementaires. Chambre des députés*：代議院議事録）
　J. O. Doc. C.（*Journal officiel de la République française. Documents parlementaires. Chambre des députés*：代議院議会資料）
　J. O. Déb. S.（*Journal officiel de la République française. Débats parlementaires. Sénat*：元老院議事録）
　J. O. Doc. S.（*Journal officiel de la République française. Documents parlementaires. Sénat*：元老院議会資料）
　R. A. A.（*Recueil des actes administratifs de la préfecture du département des Hautes-Alpes*：オート＝ザルプ県規則集）
　B. D. H. A.（*Bulletin. Direction de l'hydraulique agricole*：農業水理局報告書）

　Hautes-Alpesは、日本語で、「オート＝アルプ」とも「オート＝ザルプ」ともされており、筆者も前者を使っていたが、本書では後者の表記を使用した。

堤防・灌漑組合と参加の強制

目　　次

目　次

序章　課題と構成……………………………………………3
　第1節　研究史　4
　　1　自然災害史に関する研究　4
　　2　地域資源管理史に関する研究　6
　　3　日本における19世紀フランス農村史研究　7
　第2節　課題と構成　8
　第3節　研究対象地――オート＝ザルプ県――　11
　　1　概要　11
　　2　農業の動向　12

第1章　オート＝ザルプ県における堤防……………………27
　第1節　はじめに　27
　第2節　河川の氾濫と被害　28
　　1　概要　28
　　2　被害の例　30
　第3節　氾濫に対する防御　33
　　1　防御のための構造物　33
　　2　河川の特徴把握と防御施設　37
　　3　事例　40
　第4節　小括　44

第2章　堤防組合制度と参加の強制……………………51
　第1節　はじめに　51
　第2節　1865年法以前の堤防組合制度　52
　　1　概要　52
　　2　共和暦13年のデクレ　53
　　3　1807年法における堤防組合制度　55

第3節　1865年法における堤防組合制度　58
　　　　1　1865年法制定の経緯　59
　　　　2　1865年法における堤防組合制度──許可組合としての設立──　66
　　　　3　1865年法における堤防組合制度──強制組合としての設立──　67
　　第4節　小括　70

第3章　オート＝ザルプ県における堤防組合…………………… 77
　　第1節　はじめに　77
　　第2節　オート＝ザルプ県の堤防組合の概要　78
　　第3節　エグリエ・ラ＝ミュール堤防組合の事例　81
　　　　1　組合の設立　81
　　　　2　組合規約　83
　　　　3　組合の構成　85
　　　　4　工事をめぐる混乱とギル川の氾濫　88
　　第4節　エグリエ・ラ＝プレーヌ堤防組合の事例　93
　　　　1　組合の設立　93
　　　　2　組合規約と県規則　95
　　　　3　組合の構成　98
　　　　4　賦課をめぐる紛争　100
　　第5節　小括　103

第4章　オート＝ザルプ県における灌漑……………………………113
　　第1節　はじめに　113
　　第2節　灌漑の効果と利用　114
　　　　1　灌漑の効果　114
　　　　2　灌漑の利用と管理　116
　　第3節　灌漑の整備　118
　　　　1　概要　118
　　　　2　特徴　120
　　　　3　事例　123
　　第4節　小括　130

第5章　灌漑組合制度と参加の強制の要求……………………137

- 第1節　はじめに　137
- 第2節　1865年法以前の灌漑組合制度　138
  - 1　概要　138
  - 2　灌漑組合における土地所有者の協力　140
- 第3節　1865年法における灌漑組合制度　143
  - 1　各法案における規定　144
  - 2　議会での議論　145
- 第4節　灌漑組合制度改正の要求　148
  - 1　1866年農業アンケートにおける要求　148
  - 2　ノール県会の要求　151
  - 3　モンブリソン農業会議所におけるサン＝ピュルジャンの報告　152
  - 4　フランス農業者協会におけるデセーニュの報告　155
- 第5節　小括　157

第6章　オート＝ザルプ県における灌漑組合……………………165

- 第1節　はじめに　165
- 第2節　オート＝ザルプ県の灌漑組合の概要　165
- 第3節　デ＝ゼルベ灌漑組合の事例　169
  - 1　概要　169
  - 2　1811年の組合規約　170
  - 3　デ＝ゼルベの役割　173
- 第4節　ヴァンタヴォン灌漑組合の事例　175
  - 1　組合認可に至る経緯　176
  - 2　組合規約　180
  - 3　ヴァンタヴォンの役割と限界　182
- 第5節　小括　185

第 7 章　1888 年法による灌漑組合制度の改正と参加の強制の実現……193

第 1 節　はじめに　193
第 2 節　1873 年、1878 年の土地改良組合法改正案　194
　1　1873 年の法案　194
　2　1878 年の法案　197
第 3 節　1888 年法による灌漑組合制度の改正　199
　1　ナドによる法案と代議院での議論　199
　2　代議院修正案をめぐる議論　201
　3　ドゥヴェル修正案とそれをめぐる議論　202
第 4 節　小括　208

終章　総　　括……215

　1　堤防と灌漑　215
　2　堤防組合と灌漑組合　216
　3　堤防・灌漑組合と不同意土地所有者に対する参加の強制　218

あとがき　223

史料一覧・参考文献一覧　227

図表一覧　249

索　引　251

堤防・灌漑組合と参加の強制

19世紀フランス・オート=ザルプ県を中心に

序　章
課題と構成

　本書で見るフランス南部山岳地のオート＝ザルプ県は、急流河川と乾燥気候という農業にとって不利な自然条件を抱えていた。前者については、農業生産や住民の生命に被害をもたらす激烈な氾濫、洪水を起こすことにより、それへの対策として堤防など防御施設の建設が迫られた。後者については、それへの対応として灌漑施設の建設が進められてきた。これらの整備による農地の保護と拡大、収量の増大を通して農業生産の充実を実現しようとしてきたのであった。不利な自然的条件を受忍するのではなく、生存と生活条件の改善、経済活動の拡大のため、自然に対し能動的に働きかけ、それに改変を加えてきたというわけである。

　こうした堤防や灌漑施設の建設は、関係土地所有者から構成される土地改良組合(associations syndicales)によって実施されてきた。軋轢や鬩ぎあいをはらみながらも、地主や土地所有農民らが共同的関係を取り結びつつ、事業が遂行されてきたのである。そして、本書が対象とする19世紀には、国家の手によって組合制度が整備され、こうした制度による介入や支援、場合によっては掣肘を受けながら工事が実施されていったのである。

　土地改良組合制度が整備されていく中で、論点となったのが、不同意土地所有者に対する組合参加の強制の問題であった。堤防組合は、沼沢地干拓組合などとともに一般利益に関わるものとされたため、依拠する法制度によって条件は異なるが、何らかの形で不同意土地所有者に対する組合参加の強制が認められていた。しかし、灌漑組合は、単なる農業改良を目的とするものであるとの位置づけがされ、堤防組合などとは異なり、不同意土地所有者に対する組合参加の強制は直ちには認められなかった。そして、このような規

定は、すでに19世紀の前半に、組合設立や費用負担において桎梏となるとして問題視され、その改正が求められていた。こうした主張に対しては、私的所有権の制限につながるとした断固たる反対が出されたが、フランス1国レベルでの農業生産、食料供給、農業保護の観点からも改正の必要性が説かれ、論争が繰り広げられたのであった。結局のところ、1888年法による土地改良組合制度の改正において、ようやく、灌漑組合に関しても一定の条件を満たすことで、不同意土地所有者に対する参加の強制が行いえる制度が実現することとなる。

　そこで、本書では、堤防組合及び灌漑組合が多く存在したオート＝ザルプ県を中心に、当時の土地改良組合制度の問題や実態について検討するとともに、こうした問題に関わる制度改正の要求とそれをめぐる議論、実現に至る過程を分析することを目的とする。

第1節　研　究　史

　本書に関係する既存の研究として、フランスにおける自然災害史研究、地域資源管理史研究、日本におけるフランス農村史研究について見てみよう。

1　自然災害史に関する研究

　自然災害史研究の先駆けとなったのは、ル＝ロワ＝ラデュリによる気候史に関する研究で、過去の気候変動を解明し、アルプ地方の氷河の様相、家屋や農地の破壊、融解水による河川の増水、氾濫などが分析されている[1]。デュルモーとルカンを中心とする共同研究でも自然災害が扱われ、19世紀に関しては、オオカミによる被害[2]、フィロクセラ害、大気汚染などとともに水害も取り上げられており、主要河川の氾濫や堤防建設の進展とそれによる被害の減少が指摘されている[3]。また、バンナサールを中心とする共同研究ではヨーロッパ中世、近世の水害、地震、噴火、雪崩、雹害、蝗害などが検討されている[4]。

　地理学の分野でも過去の自然災害に対する関心が高まっており、80年代末

頃より、歴史上の水害の様相やそれへの補償、河川改修の実態が研究されている。ピレネーに関しては、アントワーヌ、デザイー、メタイエらにより研究されている[5]。アルプに関しても過去の河川氾濫や洪水の様相、被害の実態を探る試みが行われており[6]、オート＝ザルプ県に関するものとしては、ファントゥーとケゼールが同県の災害の統計的調査をサヴォワ県とともに試み、ファントゥーとガンビエは災害に関する地図の作成を、ラウースはギザンヌ渓谷を事例とした急流の増水や雪崩など災害の統計的分析を企て、バライユらはブリアンソネの急流、被害、防御施設について紹介している[7]。

　90年代末頃からは、グルノーブル大学の歴史研究者を中心とした学際的かつ国際的な共同研究が進められている。災害に関する歴史と記憶を扱ったもの、災害に関する語りと表象を扱ったものなど文化史的研究が行われるとともに、オート＝サヴォワ県のシャモニー河谷とイゼール県のオワザン河谷を対象に雪崩を分析する歴史学者と工学者との共同研究や、イゼール川とマニヴァル川の氾濫を対象に、史料調査と情報処理技術を駆使した水理モデルの構築に関する研究が行われている。さらに、災害に関わる行政や政策、公権力を扱う論文集や、災害における連帯性と保険に関する論文集も刊行されている[8]。

　このような研究の中で堤防組合を扱うものも出てきている。クールは、17世紀から20世紀を対象に、グルノーブルにおける水害対策について分析を行っている[9]。そこでは、増水の様相やそれへの対策、災害発生時の支援や補償、橋梁土木技師団など堤防等構造物建設の枠組みや水害に対する政策の展開が扱われているが、中で、19世紀における堤防組合に関する分析も行われている。1830年代以降、組合が増加し、河川改修、築堤の統一的管理が困難になったこと、40年代末より、河川の適切な管理と行政改革の必要性をめぐる論争がされたこと、19世紀後半に組合が整理統合されたことなどが論じられている[10]。また、トラルは、1800年から1830年のイゼール県を対象に、河川氾濫対策における中央集権化の限界について論じており、政府や県、コミューンの支援を受けながら、事業実施、費用負担において組合や市民が大きな役割を担ったことを明らかにしている[11]。

このように自然災害史研究の中で堤防組合が検討の対象となりつつあるが、しかし、その蓄積はいまだ多くあるとはいえない。組合の設立、運営、紛争などの実態や、組合の管理運営を担う代議会（commission syndicaleなどと呼ばれる）や、その成員である代議員（syndicなどと呼ばれる）、一般受益者、技師、行政などの役割、さらには、組合の性格とそれをめぐる議論、制度との軋轢や鬩ぎあいに関しても十分に分析されているわけではなく、さらなる検討が求められている状況である。

２　地域資源管理史に関する研究

　地域資源管理史研究では、従来から進められている共同地や森林に関するもの[12]に加えて、近年、沼沢地や湿地の干拓、塩田開発、灌漑の利用を対象にしたものが行われるようになっている[13]。

　沼沢地、湿地に関する研究としては、ビローによるポワティエ地方のものがある。人間と自然の関係には、社会関係や生産関係が反映しているとしつつ、修道院、オランダ資本、国家による、中世以来の沼沢地の開発を分析するとともに、19世紀に関しては、小土地所有の役割の増加や、さらなる国家の影響力の拡大を指摘している[14]。スイールもポワティエを対象とした研究を発表しており、そこでも中世以来の干拓事業が検討されるとともに、当地の住民の生活にまで視野を広げた分析が行われている[15]。

　ドゥレは、パリ盆地ブリ地方を対象に研究を行っている[16]。国立文書館や県文書館に所蔵される沼沢地に関する革命期の史料や国有財産の売却に関するもの、行政当局によって作成されたものが分析されるとともに、19世紀に関しては、農業協会の覚書などが検討され、オランダやイギリスなどと比べてフランスの湿地改善事業が緩慢であったことが指摘されている[17]。

　塩田開発史に関する研究としては、ルモニエが、西フランスを対象に技術体系と経営組織との関連について追究し、レオー＝ミルは、シャラントを対象に塩田景観を軸とした歴史地理学的分析を展開している[18]。

　灌漑に関する研究としては、ロゼンサールが、排水工事とともに、革命前後の制度変化と農業生産に与えた影響を数量経済史の手法を用いて分析して

おり[19]、灌漑については、プロヴァンスを事例地として検討、所有権制度の改革により、灌漑建設に関わる取引費用が低減し、そのことこそが、19世紀において、灌漑整備が目覚しく展開することを可能にしたと主張した[20]。

リュフは、南西部ピレネー＝ゾリアンタル県プラード地方の灌漑組合について 14 世紀から 20 世紀までの歴史を追究し、旧体制期における共同体と領主との葛藤、19 世紀における公権力の介入とそれへの対応、他組合や非農業部門との水利用をめぐる軋轢、20 世紀における展開、水利用と遺産保護のバランスの中での組合の役割などを論じている[21]。

オーブリオとジョリーを中心とする共同研究では、中世から現代に至る水利用の権利が、プロヴァンス、アルプ、ピレネーについて扱われおり[22]、中で、デュモンが、ブリアンソネにおける灌漑について検討している[23]。また、この地域の灌漑については、デュモンとレストゥールネル、ジルベール、ラントゥリによる共著作もある[24]。

プロヴァンスのクラポンヌ灌漑用水路について詳細な分析を行ったソマ＝ボンフィヨンの研究では、用水路建設に尽力したアダム・ドゥ＝クラポンヌに関する分析、用水路に関する技術的な検討、水利用に関する研究、施設の維持管理に関する組織と技術の追究がされている[25]。

このように地域資源管理史研究の中で灌漑に関する成果も出されるようになっており、灌漑組合を分析の対象として取り上げるものも出現している。しかし、それでも、その蓄積は、いまだ十分なものとはいいがたい。堤防組合と同様、設立や運営の実態、一般受益者や国家、行政、地域の名望家などの役割、さらには、組合制度との軋轢や問題点、そして制度改正に向けた動きなど、これらに関わる分析は、十分に行われているとは言いがたく、さらなる検討が求められている状況なのである。

３ 日本における 19 世紀フランス農村史研究

日本では、19 世紀フランス農村史に関して、まずは、土地所有構造の展開や農民層の存在形態を、フランス資本主義の展開と関連付けて明らかにしようとするオーソドックスな諸研究がなされてきた。そこでは、革命期の分割

地農民の創出、形成、19世紀における彼らの存在形態と動向、土地所有構造や農業構造の変化などを軸にして論争が繰り広げられてきた[26]。

また、こうしたクラシックな研究に加え、ソシアビリテ論、アソシアシオン論に影響を受けた研究が現れてきた[27]。例えば、バス＝プロヴァンスやシャンパーニュの農村地域を対象に工藤氏が分析を行っており[28]、槇原氏も、教育、信用、政治、宗教に関係するものを取り上げ分析している[29]。こうした研究により、受動的で保守的なフランス農民像が塗り替えられるとともに、農村における近代化、政治化、民主主義化及び国民国家への統合の具体的な諸相が明らかにされてきたのであり、その意義を否定することはもちろんできない。大きな流れとして、成員の自発的意思よりなるアソシアシオンが広がりを見せていき、その中で、社会の近代化や民主主義の根付きが進んでいったことも確かであろう。しかしながら、こうした研究において見落とされてきた、異なる性格を持つ組織が農村において存在していたこともまた事実である。本書でこれからわれわれが見ていくことになる堤防組合は、これまでの研究で扱われてきたアソシアシオンとは異なり、自発的意思ではなく、ある種の強制をもって不同意土地所有者に組合参加を促す制度を持っていた。また、灌漑組合では、そうした強制が行いえない規定であったが、それが可能となるよう制度改正が要求され、激しい論争の末、やがては実現することになるのである。そこで、本書では、従来、研究対象とされてきた団体とは異なる性質を持つ、こうした組合について、それが多く見られたオート＝ザルプ県を対象に検討したいと考えるのである[30]。

第2節　課題と構成

これら研究史を受け、本書では、19世紀フランス南東部山岳地オート＝ザルプ県を対象に、堤防、灌漑の特徴について明らかにするとともに、整備されつつあった堤防組合、灌漑組合の制度や、そこで組合が抱えた問題、軋轢について検討、そうした問題の解決を図るべく出された制度改正の要求と、その実現へと繋がる動きについて、不同意土地所有者に対する組合参加の強制

の問題に着目しつつ、分析することを目的とする。

　本書の構成は以下の通りである。第1章では、オート＝ザルプ県の堤防の特徴について分析する。他地域では見られない激越な急流河川の氾濫により県内各地で被害が発生していたこと、それに対し、堤防をはじめとする防御施設の建設により対応が試みられていたこと、そして、河川や地形において顕著な特徴があることから、特色ある構造物や防御システムの構築が試みられていたことなどを、当地で活躍していた技師シュレルや県知事ラドゥーセットの著作等を通じて明らかにする。

　第2章では、堤防組合に関する制度として、共和暦13年のオート＝ザルプ県の急流と河川における構造物に関するデクレ[31]、1807年の沼沢地干拓に関する法、1865年の土地改良組合に関する法を取り上げ、官報や法令集、当時、出版された法律辞典や土地改良組合に関する解説書などの史料を通して分析する。共和暦13年のデクレと1807年法に関しては、堤防組合が不同意土地所有者にも参加を強制しうる組合として結成できる制度であったことを確認する。1865年法については、国家のイニシアティブを前面に押し出すのではなく、手続きを簡素化したりすることで、関係土地所有者における自発的な組合結成を促進するべく制定されたものであることを確認した上で、にもかかわらず、堤防建設は、防御に関わることであるがゆえに、多数の基準を満たすことで、少数の不同意土地所有者に参加を強制しうる許可組合として結成可能な制度となっていること、そして、さらには、1807年法の規定の存続により、強制組合の適用が事実上残ったことを指摘し、こうした制度をめぐる議会での議論について検討する。

　第3章では、オート＝ザルプ県における堤防組合について概要を押さえた上で、県東部エグリエの2つの組合の事例分析（ラ＝ミュール堤防組合とラ＝プレーヌ堤防組合）を通した検討を行う。ラ＝ミュール組合は、共和暦13年のデクレ及び1807年法にもとづき設立、認可されたもので、その手続きにおいて遅滞が生じ、堤防建設と組合運営に混乱をきたすこととなった事例である。ラ＝プレーヌ組合は1865年法により認可されたもので、少数の不同意土地所有者が関わる組合内紛争が惹起している事例である。これら組合について、オー

ト＝ザルプ県文書館所蔵の関係史料を中心に分析を行う。

　第４章では、オート＝ザルプ県における灌漑の特徴を、県高官ファルノーの灌漑に関する著作や第１章でも利用するラドゥーセットの著作などにより明らかにする。当県では、傾斜を持つ地形を利用した重力灌漑方式が取られていたこと、起伏に富む山岳地に位置するがゆえに、そうした自然条件を克服するための構造物の構築や創意工夫が行われていたことなどを指摘する。また、古くより建設されてきた小規模灌漑用水路に加えて、19世紀には、ギャップ灌漑用水路とヴァンタヴォン灌漑用水路というより規模の大きな施設の建設が企図されるようになったことも指摘する。

　第５章では、灌漑組合制度について、第２章でも参照した官報などの史料により検討する。堤防組合とは異なり、灌漑組合は同意土地所有者のみの組合参加が可能であり、不同意土地所有者に参加を強制することができない制度であったことを指摘する。そして、オート＝ザルプ県では、すでに19世紀前半より、こうした制度が灌漑普及において桎梏になるとして、その改正が提言されていたこと、65年法の制定過程でも、不同意土地所有者への参加強制を求める意見が出されながらも実現しなかったこと、そして、66年農業アンケート、ノール県などの県会や農業会議所、フランス農業者協会などから、65年法改正の要望が出されていたことを指摘し、こうした農村部や農業界の意見や要望について分析を行う。

　第６章では、オート＝ザルプ県における灌漑組合について概要を押さえた上で、県中北部のデ＝ゼルベ灌漑組合と県南西部のヴァンタヴォン灌漑組合を事例として取り上げ、ファルノーやヴェルネの著作、国立文書館所蔵の史料を利用して分析を行う。特に、後者は、灌漑組合に関しても、ある一定の条件を満たした上で、不同意土地所有者に参加を強制することを可能とするべく、65年法改正を目的とする法案を1873年に代議院（第３共和政期の下院に相当するもの）に提出したカジミール・ドゥ＝ヴァンタヴォンが中心となっていた組合である。改正法案提出の背景となる組合の実態や抱えていた問題点について見ることにしたい。

　そして、第７章では、灌漑工事などについて許可組合としての設立を認め

序章　課題と構成

ない制度の改正について、ヴァンタヴォンによる73年の法案提出から、88年法の成立へと至るまでの議論の分析を行う。そこでは、65年法の規定が桎梏となっているとして、制度改正に向けた法案が提出されたが、それに対して、所有権の尊重や組合目的の区分などの抽象的なレベルからの強固な反対にあい、法改正は難航、現場における制度の支障が訴えられるとともに、フランス1国レベルでの農業生産や食料供給の観点、また、フィロクセラや海外との競争といった危機に直面していた農業の保護の観点から制度改正の必要性が強調され、88年法においてようやく改正が実現に至ったのであった。この88年法制定に至る過程での議論を、官報、国立文書館所蔵の史料等を通して検討する。

　最後に、これら分析を受けて、総括を行い、終章とする。

第3節　研究対象地──オート＝ザルプ県──

1　概要

　オート＝ザルプ県[32]は、アルプ山脈西端、フランス南東部に位置する山岳県であり[33]、東はイタリア[34]、北はオート＝サヴォワ県とイゼール県、南はバス＝ザルプ県（現アルプ＝ドゥ＝オート＝プロヴァンス県）、西はドゥローム県と接している（巻末地図参照）。フランス・アルプ[35]は構造、気候、河川などの特徴から南北に区分され、オート＝ザルプ県は、一部分は北アルプに属するが、大部分が南アルプに属し、乾燥した気候[36]、急峻な地形[37]、多くの急流河川[38]が特徴である。県庁所在地はギャップ[39]で、パリからは直線距離にして550キロメートル余りとなる[40]。行政的には、ギャップ大郡（23小郡、123コミューン）、ブリアンソン大郡（5小郡、27コミューン）、アンブラン大郡（5小郡、36コミューン）の3つに分かれていた[41]。

　県人口は19世紀中葉に最大で約13万3,000人、1896年には約11万3,000人[42]、農村人口[43]は1836年頃に最大で約12万人、1896年には約9万8,000人[44]、全人口のうち農村人口の占める割合は90％近くであった[45]。人口密度は、1841年で、1平方キロメートル当たり23.3人で、フランスの中でも低位にある（フ

ランス全体では1平方キロメートル当たり63.3人であった)[46]。ただし、県内に存在する広大な荒蕪地など農業生産に当てられない土地面積を差し引いて計算すると、1平方キロメートル当たり90人以上となり、フランスの中でも上位となる[47]。

2 農業の動向

(1) 農業生産

当県の主要農産物は穀物、ブドウ、ジャガイモ、マメ類などである[48]。気候が穀物に適する山岳デュランス中流地域では、コムギが主に販売用として、ライムギや混合ムギが自給用として栽培され、余剰はブリアンソネや他県に移出されていた[49]。県全体で見ると、19世紀の前半には、コムギが拡大するが、混合ムギ、ライムギ、オオムギは減少、エンバクは停滞傾向にあり[50]、後半に入ると、鉄道開通による地域外からの移入の影響もあり、穀物に代わりジャガイモや栽培牧草、果樹が拡大している[51]。

ブドウは、デュランス川沿いの河谷地域などに見られ、シャンソール、ブリアンソネ、ユバイユなど、ブドウが栽培しがたい地域への移出が行われていた[52]。しかし、19世紀後半になると、フィロクセラの影響を受ける地域が出たり[53]、鉄道の開通による南部産ワインの流入で打撃を受けたりした[54]。

ジャガイモは、標高1,800メートルの高地にまで栽培されており、住民の食料、家畜の飼料として大きな役割を果たした。また、マメ類、野菜、クルミ、果樹なども展開していた[55]。灌漑の整備によって飼料用のテンサイ、メロン、ジャガイモ、野菜類の栽培が広がった[56]。食用油をとるためにクルミが栽培され[57]、果樹は、鉄道の開通により、19世紀の終わりごろから広がり、西洋ナシ、リンゴ、プラムなどが見られるようになった[58]。

他の作物としては、アサが、ヴァルゴドゥマールなどで栽培されていたが、ジャガイモとの競合や商品流通の拡大によって19世紀のうちに衰退していった[59]。クワは、1830年ごろより広がり始め、他地域では、19世紀後半に、病害の影響により衰退したところ、当県では、それほどの影響が出たわけではなく、第1次大戦期の労働力不足によって後退傾向が出た[60]。ラベンダーは、

序章　課題と構成

以前から存在はしていたが、19世紀末ごろより栽培が広がり始めた[61]。また、飼料作物種子生産も、栽培牧草や交通の発達にともない展開した[62]。日照が多く、乾燥した気候のもと、風通しもよいことから種子を完全に熟せしめ、害虫防除も効果的に行えるという有利さを利用したものである[63]。

畜産に関しては、ヒツジとウシが主なもので、あわせてラバやウマ、ヤギ、ブタなどが飼育されていた。ヒツジは、羊毛の供給、肥育、子ヒツジ生産を目的として飼育され[64]、ウシは、雄ウシが、主に役畜として利用されていたが、乳牛として利用可能で、経済的に有利な雌ウシが代わって増加した[65]。バターやチーズの生産が拡大し、市場向けの製品が生産され[66]、1855年頃からは酪農組合も広がりを見せた[67]。

高地放牧地を持つところでは、飼料の供給が豊富であり、畜産に有利な条件を備えていたが、それが存在しない地域では、夏季の飼料不足対策が必要となった。また、冬季において家畜を維持することは難しく、その頭数を減らすべく、秋のうちに売却されていた[68]。

(2) 農地形態と農業技術

農地形態は、いわゆる開放・不規則耕地が優勢であり、19世紀前半に作成された土地台帳の地籍図を見ると、短冊形の地条が集積する部分も存在はするが、矩形、台形、不整形多辺形のものや、形容しがたい不規則な形状をしたものなども見られ、種々雑多である[69]。

休閑は、ドライファーミングと位置づけることができる当県農業にとって、むしろ必要で、山岳デュランス中流地域では2年に1回行われる。5月から9月に耕起作業が3回行なわれ、土をほぐし、毛管現象を断ち、水分蒸発を防ぎ、土の深い部分を空気にさらし、有機物をよく変化させる効果があった[70]。また、ケラ地方エギュイーユの、とりわけ標高の高いところでは、8月25日頃の穀物播種期においてなお、ライムギの収穫が不可能であったため、休閑が余儀なくされると指摘されている[71]。

輪作に関しては、二年輪作から三年輪作への移行が進みつつあり、中耕作物や栽培牧草の導入によって改良されたとブリアンソネについて指摘がある[72]。

13

山岳デュランス中流地域では、輪作の中に中耕作物を導入する動きは限定的であった[73]。カブやテンサイは広がりを見せず、ジャガイモは拡大したものの、灌漑が必要であるために、穀物と同じ輪作体系の中に入れられたわけではなかった。むしろウマゴヤシ、アルファルファ、クローバーなど栽培牧草が輪作の変更をもたらすようなものであったが、実際には、これらも大きな広がりを見せたとは言いがたく、自然草地の代替として灌漑された区域に導入されるか、乾燥し、肥沃ではない土地に導入されるのみで、こうした作物が拡大したのは、ようやく20世紀にはいってからであると指摘されている[74]。

肥料は、畜糞が重要であったが、十分ではなく[75]、放牧地から拾い集めたり、移牧する家畜を畑に招き入れ、肥料供給したり、デュランス川の泥土の散布、木の枝やごみの類の利用、芝生塊を焼いて肥料とするなど、他で補充が行われた[76]。化学肥料の利用は、1880年頃の鉄道の開通によっても、それほど拡大はせず、1900年以降になって漸く増加し始めた[77]。

農具としては、半月鎌(faucilles)、鉈鎌(serpes)、鋤(pioches)、軽量犂(araires)などプリミティブなものが使われたが、ドンバール犂を大土地所有者が利用し、小経営もそれを借用、やがて、彼らも自費で購入するようになったということである[78]。

(3) 土地所有と経営

当県では土地の細分化が進んでいた。100ha以上の土地所有者層の割合はフランスの中でも最小のグループで[79]、10ha以下層の割合は非常に大きかった[80]。自作経営が優勢で、定期借地経営や分益小作経営の割合は限られており、1882年には、90％以上の経営が自作で（全国平均は79％）、定期借地経営は7％以下（全国平均は13.8％）、分益小作経営も全国平均の6.4％以下であった[81]。つまりは、当県では、小規模自作経営が優勢で、広大に存在する共同地[82]と出稼ぎなどによる副業[83]に補完されつつ、生活の再生産をしていたのである[84]。

本書で検討する堤防組合や灌漑組合などの土地改良組合は、受益地における土地所有者が成員となりうるものであったから、地主とともに、こうした

自作経営に従事する土地所有農民も参加主体となっていた。費用負担とリスクが伴うものの、成功の果実を、直接、手にする可能性が彼らにも開かれていたのであった。

(4) 当県農業の問題点

オート＝ザルプ県の農業生産水準は、集約的な農業が高度に展開したノール地方や大借地経営が確立したパリ盆地などと比べるまでもなく、フランスの中でも低位にとどまっていた[85]。実際、こうした県農業の状況を目の当たりにして、多くの問題点が当時より指摘されていた。県高官であったファルノーは農業生産、農業技術、農村生活について改良すべき点30を、全般にわたって列挙している[86]。また、1866年農業アンケートの県委員会による質問状回答でも、「農業の状況を改善するにもっとも適切な方法は何で、どのような方策をこの目的のために提案するべきと考えるか」という質問に対し、鉄道建設、灌漑整備、道路整備、飼料作の拡大、人造肥料導入、山岳地の植林、農業協会、農業共進会への援助、農業機械導入支援、スレート屋根住居への転換支援、農業信用の組織化、農業省創設などと回答している[87]。

しかし、オート＝ザルプ県の住民は、これら課題を前にして、なすすべなく、ただただ、手をこまねくのみというわけでは決してなかった。農業改良への志向や新たな動きも確かに見られた。そして、こうした動きの中に、本書で対象とする堤防の建設や灌漑の整備も含まれていたのである。「後者（灌漑を指す：筆者注）が土地を改良し、前者（堤防を指す：筆者注）がその面積を増加させ、保護をする。一方がまったく不毛な土地を美しくし、もう一方は、見ると悲嘆にくれてしまうような荒れた河岸に新しい生命を与える」と、ファルノーがしているように[88]、堤防と灌漑はいずれもオート＝ザルプ県の農業において有益な技術であることが認められていた。こうした施設の建設をとおして不利な条件を克服、改善し、農業改良を実現するべく、自然に対する働きかけをオート＝ザルプ県の住民は行ってきたのである。連綿として続けられてきた、こうした営みの一端についてこれから本書で見ていくことにしたいと考えるのである[89]。

●注
1 ）ル＝ロワ＝ラデュリによる気候史研究としては Le Roy Ladurie（1959）, Le Roy Ladurie（1967）, Le Roy Ladurie（1970）, Le Roy Ladurie（1973）, Le Roy Ladurie（1983）, Le Roy Ladurie（2004）, Le Roy Ladurie（2006）, Le Roy Ladurie（2007）, Le Roy Ladurie（2009）, Le Roy Ladurie Daux et Luterbacher（2006）, Le Roy Ladurie, Berchtold et Sermain（2007）, ル＝ロワ＝ラデュリ（2000）、ル＝ロワ＝ラデュリ（2009）などがある。
2 ）こうした研究としては他に Moriceau（2007）, Moriceau（2008）, Alleau（2009）がある。
3 ）Delumeau et Lequin（1987）, pp.459-476.
4 ）Bennassar（1996）。他にも、同様の研究として Blanchard, Michel et Pelaquier（1993）, Berlioz（1998）, Jouanna, Leclant et Zink（2006）, Walter（2008）, Mercier-Faivre et Thomas（2008）などがある。日本におけるヨーロッパ自然災害史研究としては、例えば、藤田（2001）、伊丹（2005）、伊丹（2006a）、伊丹（2006b）、宮崎（2009）、佐川（2009）がある。ヴェネツィアを対象に中世以来の自然災害や地域資源管理を扱ったベヴィラックワの研究の北村氏による訳業もある（ベヴィラックワ（2008））。
5 ）アントワーヌはアリエージュ県の河川氾濫について、被害の実態や補償、災害に関する認識などについて分析している（Antoine（1988）, Antoine（1989）, Antoine（1991）, Antoine（1993））。デザイーは、ルシヨンにおける増水の様相、河川改修の実態、技師の役割などについて分析を行っている（Desailly（1989）, Desailly（1990a）, Desailly（1990b）, Desailly（1995））。また両者による共同研究や、さらにメタイエといった研究者も含めた共同研究も行われ、過去の河川氾濫に関する地図の作成や、ルシヨンからセヴェンヌまで対象を広げた洪水被害の状況分析などがされている（Antoine, Desailly et Métailié（1994）, Antoine, Desailly et Métailié（1996）, Antoine et Desailly（1998）, Antoine et Desailly（2001）, Antoine, Desailly et Gazelle（2001））。
6 ）アルプ地方に関するものとして、例えば次のようなものがある。Peiry（1986）, Peiry（1989）では、1730年のサルド公国時代の土地台帳などを利用して、オート＝サヴォワ県のアルヴ川について分析が行われている。Martin（1998）は、地滑り対策として廃止排水路の再利用について研究しているが、その中で、過去の自然災害について触れている。Landon et Piégay（1999）はドゥローム川上流を対象に河川改修の歴史を跡付ける作業と分析を行っている。Dumas（2004）は、1651年と1859年のグルノーブルにおけるイゼール川氾濫について、水理学の大家パルデの推計をもとに分析を行っている（パルデと、インターネットによって現在公開されている彼の残した蔵書や資料については、Duband（2000）を参照）。
7 ）Fanthou et Kaiser（1990）, Fanthou et Gambier（1991）, Lahousse（1997）, Baraille, Blanshon, Gilbert et Lestournelle（2006）.
8 ）Favier et Granet-Abisset（2000）, Favier et Granet-Abisset（2005）, Favier et Granet-Abisset（2009）, Granet-Abisset et Brugnot（2002）, Lang, Cœur, Brochot et Naudet（2003）, Favier（2002b）, Favier et Pfister（2007）.
9 ）Cœur（2008）.
10）Cœur（2008）, pp.179-193, Cœur（2002）.
11）Thoral（2005）。なおThoral（2010）, pp.132-134で河川氾濫における地方行政の役割が触

序章　課題と構成

れられている。
12) 共同地の利用、管理については、とりあえず、Vivier（1998）、Pichard（2001）、Demélas et Vivier（2003）、Béaur（2006）、Charbonnier, Couturier, Follain et Fournier（2007）、Plack（2009）などがある。日本でも、湯浅（1981）が、旧体制期から19世紀前半における共同地の利用や耕地共同放牧について検討している。小田中（1995）は19世紀前半フランスの共同地政策や農民の対応について、佐藤（1996）と中島（2003）は革命期の共同地分割について分析を行っている。森林の利用、管理については、とりあえずCorvol（1987）があり、他にCorvol（1999）、Granet-Abisset（2005）、Corvol（2007）など、多くの研究が行われている。オート＝ザルプ県については、ブリアンソネについてVivier（1992）で分析されている。日本でも、フランスの森林に関する研究として、栗田（1997）、田崎（1997）、田崎（1998）、古井戸（2007）などがある。
13) 日本におけるヨーロッパ地域資源管理史研究としては、イギリスの沼沢地の管理に関する高橋（2005）、伊藤（2010）、ドイツを扱う藤田（1999a）、藤田（1999b）、藤田（2001）、フランスを扱う伊丹（2008）、伊丹（2009）などがある。また、田山（1988）は近世以来のドイツの耕地整理法制や農地整備法制について分析を行っている。
14) Billaud（1984）.
15) Suire（2006）.
16) Derex（2001a）.
17) 加えて、彼は、フランス全土の湿地史研究を展望する論考も発表している。その中で、湿地史叙述の必要性を説き、17世紀から19世紀における変化を跡づけ、フランスの湿地の全体像と特徴の把握、住民の連帯や抵抗、王権の対応、干拓の主体、技術、湿地がマージナルな存在になる過程などを、今後の研究課題として挙げている（Derex（2001b））。Derex（2004）では、旧体制末期の沼沢地をめぐる論争について分析している。Derex（2006）では、2002年に創設された湿地史グループの取り組みに関わらせながら、イギリスのフェン研究、オランダのポルダー研究、イタリアやスペインでの研究に比べ、フランスの湿地研究が立ち遅れていると指摘、このグループを、学際性を持ち、国際的比較を目指すもので、自然と人間の歴史の交差点に位置するとしている。
　　他に、関連する研究として、共和暦2年の池沼干拓に関するデクレについて分析するAbad（2006）や、2007年の『アナール・デュ・ミディ』誌の特集号に収録された諸論考もある（Abbé et Ferrières（2007））。
18) Lemonnier（1980）、Réault-Mille（2003）.
19) Rosenthal（1992）. 他に、オージュの排水について扱ったRosenthal（2004）もある。
20) Rosenthal（1992）, pp.120-121.
21) Ruf（2001）.
22) Aubriot et Jolly（2002）.
23) Dumont（2002）.
24) Lestournelle, Dumont, Gilbert et Lanteri（2007）.
25) Soma Bonfillon（2007）.
26) 19世紀フランスにおける農民層の存在形態や資本主義と農業・土地所有の構造との連関については遅塚（1965）がある。遅塚（1970）は、戦後との比較の中で、19世紀後

半の農民層の動向について触れており、遅塚 (1986) は、フランス革命の世界史的位置付けの考察に関わらせながら農民層の存在形態や農民革命の特質などについて分析している。吉田 (1975) も革命後の分割地農民、土地変革とフランス資本主義の展開に関する検討を行っており、遅塚氏との間で論争となった（この論争については小田中 (2002)、99-100 頁参照）。また、田中 (1978) の自小作前進論に着想を得た湯村 (1967) は、遅塚氏や吉田氏を批判しつつ、19 世紀フランス農民の動向を理解しようとした（他に湯村 (1984) もある。なお、湯村氏の論に対しては、吉田氏による書評がある（吉田 (1975)、340-359 頁））。パリ盆地における大借地農を分析する是永 (1975) や 19 世紀後半における小農、過小農について分析する是永 (1978)、19 世紀南フランスの農業発展の方向と関連付けながら、ガスパランの農業思想を分析した深沢 (1979)、フランスにおける土地近代化の歴史を旧体制期から 19 世紀前半にかけて検討した湯浅 (1981) もある。

他にフランス資本主義と農業構造の展開に関連する研究として、誉田 (1968) が 1840 年、1852 年農業統計を中心に分析を行い、大森 (1975) は 19 世紀末大不況期におけるフランス農業の構造変化と農業政策の展開について検討している。田崎 (1982) は、1862 年農業統計による分析を企てている。竹岡 (1986) は「重要なのは、農業の発展ないし停滞を経済発展のなかで独立変数としてではなく、むしろ従属変数としてとらえること」（竹岡 (1986)、15 頁）としながら、労働力、資本、食糧の供給の観点より、19 世紀フランス農業の発展と工業化との関連について再検討している。服部 (2009) は、フランス経済の発展における革命の影響を長期的に見るべきであると主張、革命の土地改革についても、1830 年ごろまでを視野に入れた分析、考察を展開し、農民層への土地移動の進行を明らかにしている（同じく服部 (1998) も参照）。

27) ソシアビリテとは、社交性、社会的交渉、社会的結合などと訳されているもので、集合心理学や社会学の分野で使われていた用語であるが、1960 年代にアギュロンによって歴史学に導入された（二宮 (2007)、206 頁）。アソシアシオンは恒常的で安定的な組織形態を想起させる用語であるが、より広く人と人とが目的を共有して結びつき合う、その結びつきをとらえるものとしても使われるものである（福井 (2006)、3-4 頁）。ソシアビリテやアソシアシオンに関しては、二宮 (1988)、二宮 (1994)、二宮 (1995)、二宮 (2007)、喜安 (1995)、工藤 (1995)、工藤 (2004)、工藤 (2007)、中野 (2003)、福井 (2006) などを参照。他に、高村 (2008) が 1901 年のアソシアシオン法の前史、制定過程を分析している。

28) 工藤氏は、旧体制末期バス＝プロヴァンス地方を対象に「農村社会のうちにアソシアシオンが形成される契機を探り、その新たな結合形態の歴史的性格を明らかにしようと」（工藤 (1988)、201 頁）している。1851 年のヴァール県の蜂起を対象とした工藤 (2008) では、山岳派秘密結社と既存のソシアビリテの諸形態との結合を指摘している。また、シャンパーニュにおける第 2 帝政期の祭典を対象とした工藤 (1993)、工藤 (1994) では、国家と地域社会が、かなり密接な結合を実現させていたとしつつも、「その結合も、地域社会の社会的結合関係のありように根差すローカルな政治文化の構造の中では、国家の企図に沿う形で実現されたのではなかった」（工藤 (1994)、64 頁）と論じ、第 3 共和政期の祭典の研究では、ローカルなヘゲモニー抗争を背景とした「共和主義的ソシアビリテ」の形成と村民の「自治体意識」のいっそうの高まりを指摘している

（工藤（1998）、45-46 頁）。
29) 槇原氏は、この研究において、従来の受動的で保守的な農民像に一定の修正を加えつつ、「一九世紀のフランス農村が経験したさまざまな社会変動や文化変容を、社会史の観点から捉え」、「アソシアシオン（結社、任意団体）の生成・展開過程を追うことによって、農村社会の近代化、とくに民主制の定着化の問題を考察」することを分析の目的としている。「一九世紀のほぼ全般を通して、農村社会に生まれた多様なアソシアシオンの変遷を追いながら、地方農村の変化の実態に迫ろう」とし、「とくにアソシアシオン的結合を媒介として、国家、政治的支配層の統治ベクトルと、地方の民衆、農民の主体的な実践とがせめぎあい、また接合される点に着目」（槇原（2002）、3 頁）しているのである。

また、槇原（2006）では、19 世紀フランス農村に関して、多くのアソシアシオンが叢生し、個人の自由や権利の平等の実質化で役割を果たし、自律的行動を促進するとともに、国民統合の不可欠な要素となったとされる（槇原（2006）、129 頁）とともに、アソシアシオンは文化的、社会的、経済的なものだけではなく、政治にもかかわりを持つようになり、国政上の争点を農村の場にもたらすことで、政治的多元主義の根付き、民主的な実践、政治的自由主義の志向が培われていったともしている（槇原（2006）、124-125 頁）。

なお、工藤氏や槇原氏の研究のほかに、例えば、都市部の職人に焦点を当てて近代フランス民衆のソシアビリテを追究した喜安（1994）が、マルタン・ナドの回想録分析においてリムーザンの農村における共同性について取り上げている。谷川（1997）は、「フランス革命において人びとの日常的心性（マンタリテ）や彼らが取り結んでいた社会的結合関係（ソシアビリテ）を変えたか否か、という設問」（谷川（1997）、17 頁）を念頭に置き、農村地域を射程におさめつつ、国民統合をめぐる共和派とカトリック教会のヘゲモニー闘争を跡づけている。

こうした研究以外にも、19 世紀フランス農民に関連するものとして、次のようなものがある。小田中（1988）や槇原（2000）が農村における政治化を論じている。小田中（1995）は、秩序原理と統治政策とに着目しながら、「財産所有や業績など後天的に獲得しうる資質を秩序原理とする」近代社会の確立を明らかにしようとし、穀物流通政策、共同地処分政策などの社会経済政策を対象に、全国的支配階層、地域支配階層、被支配階層の 3 者を社会構造をめぐるアクターとして設定、分析を行っている（小田中（1995）、9-20 頁）。西川（1984）は、ボナパルティズム体制の研究の中で、1851 年クーデターに対する農民の反乱を扱い、槇原（1982）、田崎（1987）は 20 世紀初頭であるが、ブドウ栽培労働者の争議について取り上げている。田崎（1984）は農業サンディカ運動の経済活動の法的性格について取り扱い、田崎（1985）は、農業組合を取り上げ、19 世紀末から 20 世紀初頭にかけてのフランス農村における団体主義的運動について分析している。
30) 槇原氏は「フランス革命を機に村落共同体の解体に拍車がかかったとしても、農民がアトム化された個人になったことなどなかったし、逆に共同体的な結合関係が牢固として農民を縛り続けていたわけでもなかった。おそらくは農村社会全般として、共同体的な帰属意識が弱まりながらも持続するなかで、新たに個人の自発的意思による

結合、アソシアシオンも徐々に地歩を占めたのである」(槇原 (2002)、276頁) とされている。

　福井氏も、「伝統的な、ないしは前近代的な結社的結合を近代的なそれと明確に区分するのは、構成員の選択自由の度合いである」(福井 (2006)、10頁) とし、「近代的な結社の考え方は、自由な選択によって個人同士が関係を取り結ぶ、という原則に立つ。これは伝統的なあり方とは根本的な相違といえる」(福井 (2006)、10頁) としている。

　当時のフランス農村における大きな流れや趨勢から見れば、自発的意思にもとづく組織や自由な選択によって取り結ばれる関係が広がりを見せつつあったと考えられ、こうしたことを筆者とて否定するわけではない。ただし、これからわれわれが見る堤防組合においては、革命後においてもなお、そのようにはならなかったし、灌漑組合に関しては、19世紀の間に、むしろそうした原則を変更し、構成員の選択の自由の度合いを制限することに結びつく制度改正が目論見られ、1888年に実現するに至ったのであった。

　こうした性格を持つ組合について、本書で検討するのは、歴史の傾向から外れるような組織を取り上げ、ことさらに異論を提出しようというのではない。ただ、現在、自発的意思にもとづく NPO や市民団体などのヴォランタリーな組織が、例えば、環境問題や自然保護への対応において活躍が期待されており、実際に尊い活動を実現しているものももちろん存在するが、同時に、財源やマンパワーの確保、受益と負担、主体となるべき組織の性格やあり方、リーダーの役割、地権者や行政との関係などにおいて課題を抱えている。また、例えば地球温暖化のように、不確実な要素を持つリスクへの対応に関しても、負担や協力、参加のあり方をめぐり、問題が生じている。そして、こうした、われわれが現在、抱えている問題に通ずるものが、19世紀フランス農村の堤防組合や灌漑組合をめぐる問題においても見ることができるのではないかと思われるのである。もちろん、本研究では、現代的課題に対する処方箋を描くことは行い得ないが、ここで扱う組合にかかる分析にも何らかの意義が認められるのではないかという問題意識が筆者の根底にあるのである。

31) デクレとは、1種の政令にあたるものである。
32) オート＝ザルプ県の地理については、Joanne (1882), Guiter (1948), Chauvet et Pons (1975) などを参照。
33) 県域の3分の1が標高2,000メートルを、10分の1が標高2,500メートルを越える (Chauvet et Pons (1975), p.17)。県内最高峰は、イゼール県との境、ペルヴー山塊のバール＝デ＝ゼクラン (標高4,103メートル、サヴォワ併合以前のフランス最高峰)、県内最低標高地は県南西端、デュランス川とビュエッシュ川の合流地点付近にあり (標高470メートル)、その標高差は3,000メートルを越える。よって、県域内での気温差は大きく、多様な植生を見ることができる (Guiter (1948), p.33)。
34) オート＝ザルプ県は国境を持つ県であるがゆえに、ブリアンソン、モン＝ドーファン、アンブラン、ギャップ、シャトー＝ケラなどに駐屯部隊や軍事的拠点を抱えており、その動向は、地域経済にも影響を与えていた。こうしたことについては、Thivot (1970), pp.334-340 を参照。
35) フランス・アルプについては、Blanchard (1925), Blanchard (1938), Blanchard (1941),

Blanchard（1943），Blanchard（1945），Blanchard（1949），Blanchard（1950），Blanchard（1956），Blanchard et Seive（1942），Veyret et Veyret（1979）などを参照。ヨーロッパ・アルプについては、Martonne（1946），Veyret（1972），Guichonnet（1980），エムブレトン（1997），上巻，331-384頁などを参照。

36) 山岳地に位置する当県の気候は厳しい。標高720メートルのギャップの平均気温は約10度で、より北方に位置するパリと同じぐらいである。さらに標高の高いブリアンソン（標高1,320メートル）では平均気温は7.5度となる。ただし、日照が多いことにより、山岳地の中では比較的気温が高く、周辺地域（ピエモンテ・アルプやアルプ・マリティーム、北アルプなど）と比較しても、晴天が多く、気候が乾燥していることが特徴である（Veyret. et Veyret（1970），pp.5-6）。他では見られないほどの高地での集落の存在と農業とが可能となっており（Vivier（1992），p.18）、ケラのサン＝ヴェランでは、標高2,000メートルを越える位置に集落が存在し、ヨーロッパでもっとも高いものであるとされている（Chauvet et Pons（1975），p.19）。

また、土地の傾斜の向きによる気候の相違も見られ、アドゥレ（adrets）と呼ばれる南向きの斜面は日が当たり、気温も高くなるが、ユバ（ubacs）と呼ばれる北向きの斜面は日陰で、気温が上昇しにくく（Guiter（1948），p.31.）、こうしたことで雪解けや植生、居住地の上限が変化するのであった。

37) 県東部は、アルプ造山運動における衝上現象によるナップ群の見られるアルプ内帯（Zone intra-alpine）と石灰岩質の中央山塊（Massifs centraux）の区分に含まれ（2つ合わせて大アルプ（Grandes Alpes）とされる）、とりわけ急峻な地形を持つ。県東部ほどの標高ではないが、石灰岩質の前アルプ（Préalpes）に含まれる県西部もまた、同じく急峻な山岳地である。他方、中アルプ河谷（Vallées méso-alpines）に含まれ、山岳デュランス中流地域（les pays de la moyenne Durance alpestre）とも呼ばれる中南部及び南西部は、デュランス川やビュエッシュ川の谷あいにおいて平地部が若干の広がりを持ち、中北部、ドゥラック川付近は、グルノーブル方面から続くアルプ地溝（Sillon alpin）の終端となっている（これら、アルプの地形的区分については Blanchard（1925）を参照）。

38) 県内河川の概要については La Brugère et Trousset（1877）p.43, Girault de Saint Fargeau（1851）volume 1, p.69, Chauvet et Pons（1975），pp.109-114 を参照。県内河川の水量の変動に関して、標高の高い河川であれば氷河や雪解けの影響が、標高が低くなるにつれて降雨の影響が大きくなることが指摘されている（Chauvet et Pons（1975），pp.110-112）。

39) ちなみに、ギャップは、フランスの最も高い位置にある県庁所在地である（Chauvet et Pons（1975），p.19）。

40) Joanne（1882），p.1.

41) Brun（1995），pp.19-20. 小郡、コミューンの数は1801年の時点のものであり、その後、1810年にバス＝ザルプ県より3コミューンを含む1小郡が編入され、ギャップ大郡は24小郡、126コミューンを数えることとなった（Brun（1995），p.21）。なお、アンブラン大郡は1926年に廃止され、ギエーストル小郡はブリアンソン大郡に、その他の小郡はギャップ大郡に編入され、現在、オート＝ザルプ県は2つの大郡に分かれている（Brun（1995），p.21）。

こうした行政的な区分とは別に、当県を、地理的なまとまりや歴史的経緯からブリ

アンソネ（県東北部ブリアンソン付近）、ケラ（県東部ギル川流域）、オー＝アンブリュネ（アンブラン付近高地）、アンブリュネ（アンブラン付近）、シャンソール＝ヴァルゴドゥマール（県中北部ドゥラック川及びセヴレス川流域）、ギャパンセ（ギャップ付近）、デヴォリュイ（県中西北部前アルプ高地）、ボシェーヌ（県西部ビュエッシュ川中流域）、バロニー（県西部ビュエッシュ川中下流域）、ララニェ（県西南部デュランス川及びビュエッシュ川最下流域）の10ほどの地域に区分することもある（巻末地図参照）。

42) Brun（1995），pp.32-33.
43) 中心集落に2,000人が集住しているかどうかを指標としてフランスの統計では都市と農村を区別している（Garden et Le Bras（1988），p.129）。
44) Brun（1995），pp.32-33. フランス全体で見ても、19世紀の後半、特に第3共和政期において農村人口は減少している（最大となる1846年から1911年の間に15.8%の減となっている（Garden et Le Bras（1988），p.130））が、オート＝ザルプ県でもこうした傾向が見られたのであった。こうした人口動向について、山岳デュランス中流地域に関してはVeyret（1944），pp.322-378, 県東部に関してはBlanchard（1950），pp.730-784を参照。
45) 全人口のうち農村人口の占める割合は、フランス全体では、1846年に75.6%であったのが、1886年には64.0%に低下している（Armengaud（1976），p.223）。オート＝ザルプ県において非農業部門の展開が制限されていたことがよく分かるであろう。
46) Chauvet et Pons（1975），p.388. オート＝ザルプ県は、バス＝ザルプ県と並び、フランスの中でも人口密度の低い県であり、アルマンゴーによる1801年、1846年、1886年の県別人口密度分布図からもそのことがわかる（Armangaud（1976），pp.216, 218, 219）。
47) 1836年のデータにより、課税対象土地面積から荒蕪地、不耕作地、森林を差し引いた面積による人口密度の県別分布を示すデゼールの地図によると、オート＝ザルプ県を含む22の県がヘクタールあたり90人以上となっている（Désert（1976），p.54）。なお、フランス全体では、ヘクタールあたり73人である（Désert（1976），p.53）。
48) 当時の県農業生産の概要についてはChauvet et Pons（1975），pp.274-276, 339-341, Thivot（1995），pp.33-92などを参照。
49) Blanchard（1950），p.145, Veyret（1944），p.481.
50) Thivot（1995），p.33.
51) Thivot（1995），pp.33-34, Chauvet et Pons（1975），pp.274, 340.
52) Blanchard（1950），p.143, Veyret（1944），p.483.
53) Chauvet et Pons（1975），p.340.
54) Veyret（1944），pp.484-485, Blanchard（1950），p.144.
55) Chauvet et Pons（1975），p.275.
56) Blanchard（1950），pp.151-153.
57) Chauvet et Pons（1975），p.275. なお、クルミは、余剰分が、地域内で販売されるだけではなく、グルノーブルやサヴォワ、ピエモンテなどにも移輸出されていたが、鉄道開通によって衰退した（Veyret（1944），pp.466）。
58) Chauvet et Pons（1975），p.275.
59) Chauvet et Pons（1975），p.275, Veyret（1944），pp.464-465.
60) Veyret（1944），pp.466-468.

序章　課題と構成

61) Veyret (1944), p.471.
62) Chauvet et Pons (1975), p.341.
63) Veyret (1944), p.468.
64) Chauvet et Pons (1975), p.276.
65) Chauvet et Pons (1975), pp.342-343.
66) Chauvet et Pons (1975), pp.276-277
67) Chauvet et Pons (1975), p.343. 特にケラにおいて組合が進展し、エギュイーユやアブリエで関連施設が建設されていった。マリウス・トワ＝リオンなるマルセイユの産業家の支援が効果的であったといわれている。1896年には、エギュイーユ小郡で16の組合が存在していた (Chauvet et Pons (1975), p.343)。
68) Blanchard (1950), p.155. Veyret (1944), pp.495-500 も参照。なお、ブリアンソネなど山岳地では、畜産、酪農および移牧の受け入れが貴重な現金収入源となっていた (Vigier (1963b), tome 1, pp.47-48. オート＝ザルプ県における移牧の受け入れについては、Thivot (1995), pp.44-51 を参照)。
69) 開放・不規則耕地については、ブロック (1959)、74-82頁を参照。実際、県東部エグリエ、県南西部ヴァンタヴォン、県中北部オーブサーニュ (現ショフェイエ) の地籍図を見てみると、確かに短冊形となった地条の集まる部分もあるが、多くは、形容しがたい不定形な耕地形態となっている (エグリエの地籍図は、A.D.H.A, P1055/1-23、ヴァンタヴォンの地籍図は A.D.H.A, P1181/1-24、オーブサーニュの地籍図は A.D.H.A, P1041/1-11)。なお、県内コミューンの地籍図は、オート＝ザルプ県文書館のウェブページで閲覧することができる (http://www.archives05.fr/arkotheque/plans_cadastraux/index.php)。
70) Veyret (1944), pp.452-453, Blanchard (1949), p.133.
71) Blanchard (1922), p.155. ただし、フォールやヴィヴィエにより、その間にマメ類などを栽培し、休閑にはしない例が指摘されている (Faure (1823), pp.88-92, Vivier, (1992), p.109)。
72) Vivier (1992), p.109. なお、1814年農業調査では、ブリアンソン大郡について、標高により変化する輪作のヴァリエーションが紹介されている (Comité des travaux historique et scientifiques (1914), pp.54-57)。
73) Veyret (1949), pp.454-455. なお、山岳デュランス中流地域に関して、ヴェレは、強制輪作が弱く、もしくは存在せず、北フランスとは様相を異にしていると指摘をしている (Veyret (1949), pp.441-442)。
74) Blanchard (1950), pp.135-136. 山岳デュランス中流地域の栽培牧草に関しては Veyret (1944), pp.455-457 も参照。
75) Chauvet et Pons (1975), p.274.
76) Blanchard (1950), p.132. Veyret (1944), pp.444-446 も参照。
77) Blanchard (1950), p.136, Chauvet et Pons (1975), p.342. ただし、ヴェレは、鉄道によって化学肥料がもたらされたことは決定的な一歩であったとしている (Veyret (1944), p.458)。
78) Blanchard (1950), pp.138-139, Thivot (1995), p.21, Chauvet et Pons (1975), p.274. ドンバールやその犂については、Boulaine (1996), pp.249, 273, Boulaine et Legros (1998), pp.67-87. Knittel (2009). なお、軽量犂は農民自ら組み立てることが可能であったが、ド

23

ンバール犂は不可能であり、地域外より購入する必要があった。その費用負担のために大土地所有者に比べて普及が遅れたとヴェレが指摘をしている（Veyret（1944），p.457）。

79）Vigier（1963a），p.158．なお、ヴィジエの研究は、県内の 44 のコミューンの標本調査によるもので調査面積は 164,669ha、県総面積の 34％を占める。このうち、92,608ha が共同地で、残りは 72,061ha となる。この中で、100ha 以上層の占める面積は 5,943ha にすぎない（割合にすると 8％）。他方、10ha 以下層は 42％で、5ha 以下層でも 22％を占めている（Vigier（1963a），pp.157-158）。ラファルグ＝ドゥ＝ベルガルドやピネ＝ドゥ＝マンテイエなどアンブランやギャップといった県中西部において、大土地所有者が存在しなかったわけではないが、1830 年には、1,000 フラン以上の地租を支払う者は、県に 5 名しかいなかった（Vigier（1963a），p.167．なお、バス＝ザルプ県には 17 名、ヴォクリューズ県には 60 名、ドゥローム県には 64 名、イゼール県には 173 名が存在した）。こうした大土地所有者の地域に与える影響力の限界をヴィジエは指摘しており（Vigier（1963b），tome 1, p.129）、バス＝ザルプ県と並んで貧弱な名望家と称している（Vigier（1963b），tome 1, pp.128-130）。

　なお、ムーランの掲げる地図によると当県における 100 ヘクタール以上の土地所有者の割合が高くでている（Moulin（1988），p.142）が、これは、コミューン所有の共同地によるところが大きく（Vigier（1963a），pp.51-52）、それを除くとむしろ大土地所有は限定的なものとなる。

80）オート＝ザルプ県の土地の細分化について、山岳デュランス中流地域に関しては Veyret（1944），pp.437-441, ブリアンソネに関しては Vivier（1992），p.102 を参照。

81）1882 年統計をもとにムーランにより作成された地図（Moulin（1988），pp.144, 146,147）とローランによる地図（Laurent（1976），pp.655-657）を参照。

　なお、ヴィジエは、1851 年の住民調査の数字を用いて、農業人口の中で、81％が自作農、5％が定期借地農と分益小作農、14％が農業労働者であり、この、定期借地農、分益小作農、農業労働者の比率はアルプ地方の中でも低いと指摘している（Vigier（1963a），p.158）。

82）オート＝ザルプ県の共同地は、県面積の 58％を占め（Vigier（1963a），p.157）、ブリアンソン大郡では 83％であった（Vigier（1963a），p.159）。なお、ブリアンソネの共同地については Vivier（1992）の中で扱われており、シャンソール＝ヴァルゴドゥマールについては Moustier（2007）が分析している。

83）オート＝ザルプ県の副業に関しては Granet-Abisset（1994）があり、Fontaine（2003）でもブリアンソネについて触れられている。オート＝ザルプ県では非農業部門の展開が弱く、ヴィジエは、羊毛業、製糸業、炭鉱・鉱山業、皮なめし業が見られる程度であるとしている（Vigier（1963b），tome 1, pp.106-107．ブリアンソネの炭鉱業と農業兼業炭鉱労働者については、Chancel（2005）を参照）。

　出稼ぎに関しては、ラドゥーセットの調査によると冬季にオート＝ザルプ県より 4,319 人（ブリアンソン大郡より 2,374 人、アンブラン大郡より 663 人、ギャップ大郡より 1,282 人）が行商人（1,128 人）、教師（705 人）、梳毛工（501 人）などとして他出している（Ladoucette（1820），p.123）。ブランシャールは、ラドゥーセットやシェによる数字から、総人口の 10％ほどが、すなわち壮健男子の半数が他出していたであろうとしている（Blanchard（1950），p.746．県東部における冬季の他出については、Blanchard（1950），pp.746-752）。また、ヴィ

序章　課題と構成

ジエによると、ギャパンセの住民は、夏季、バス＝プロヴァンスやコンタ地方においてクワの葉摘みを行っていたということである（Vigier (1963b), tome 1, pp.67-70）。
84）こうした農業経営は、もちろん、パリ盆地付近で見られたような資本主義的なものではなく、いわゆる分割地農民による経営であり、小農、もしくは農業経営だけでは家族の再生産が行いえない過小農によるものであったと考えてよいであろう。
85）例えば、ローランの作成した地図によると、1852 年にオート＝ザルプ県の農業生産額は 5,000 万フランを下回り（他に、バス＝ザルプ県やアルデッシュ県、ロゼール県など 11 県がこの数字を下回っている）、1882 年には 5,000 万フランを上回るが、8,000 万フラン以下である（他に、この数字を下回るのは、バス＝ザルプ県、アルプ＝マリティーム県、ロゼール県のみである）（Laurent (1976), pp.731-732）。土地生産性も労働生産性も全国平均を 25％以上、下回っていた（Laurent (1976), pp.731-734）。
86）ファルノーは、穀物、根菜、野菜、マメ類、牧草、ブドウ、油脂作物、工芸作物などの農産物生産や、畜産、酪農、家禽、養蚕、養蜂などの生産、そして、農具、共同地の利用、耕起作業、輪作、家畜の改良、肥料、干拓、灌漑、堤防建設などの技術、農村住居、備荒倉、農民の存在状況などの生活の面から改良が必要であるとしている（Farnaud (1811), pp.121-127）。
87）Ministère de l'agriculture (1867), tome 25, p.110.
88）Farnaud (1811), p.104.
89）人間の自然に対する働きかけについては、すでに、Vidal de la Brache (1922), Febvre (1922) や鉱物、植物、動物の採掘、乱獲、濫伐といった人間による破壊的開発にまで視野にいれた Brunhes (1910) など以来、クラシックな地理学や歴史学研究により扱われてきたものである（ブリュンヌについては、ドロール・ワルテール (2006)、101 頁も参照。また、関連して、近年のフランスにおける環境史研究の動向について、中島 (2007) がある）。こうしたことについて、ここで、あらためて、取り上げる理由は、1 つには、自然や大地に対する人間の働きかけについて、今一度、振り返ることが必要ではないかと考えるからである。古島氏は日本の「景観自体の形成の歴史を考え」、「各時代の国土開発の特徴を知ろうと」（古島 (1967)、11 頁）するべく、土地に刻まれた歴史を剔出しているが、「土地が田畑となり、特定の樹種の繁茂する林地になり、あるいは海岸が塩田・塩浜になるのは、単に自然が与えたままの姿を受けとっているのではなく、荒々しい自然の暴力の一面を制御しつつ、人間の生活空間を変えるための努力を積み重ねてきた結果である」（古島 (1967)、6 頁）ところ、「人間の努力が自然を変えうるという知識は、眼の前で大きな自然変容の進行している姿を見ている今の人には共通のものであるが、このような変化は、大規模土木機械の駆使しうる高度の文明の所産であると考えられやすい。大規模なダムや高速道路は人間労働の所産であると考えても、平和な田園風景は、自然の恩恵をすなおに受け取り、利用するものと考えて、名もない祖先の努力は無視されやす」（古島 (1967)、7-8 頁）く、「日常的な生産・生活の営みのなかで、長期にわたって労働を投下しつづけ、少しずつ自然の様相を変え、人間生活に適合するものとしてきながら、その過去の努力の忘れ去られている側面」（古島 (1967)、9 頁）があるとして、そこに氏は眼を向けようとされているのである。筆者もまた、本書で扱うフランスのオート＝ザルプ県の堤防と灌漑に関しても、同様のことが当てはまるの

ではないかと考えているのである。
　加えて、昨今の環境保全や自然保護の動きに鑑みて、人間の自然に対する能動性のあり方について再認識する必要があるとも考えている。すでに、よく知られていることのようにも思えるが、人の手がついていないような原生的な自然は、現実にはほとんど残されてはいない。何らかの形で人間による働きかけの影響を自然は受けているのであり、よって、残された貴重な原生的自然の保全にかかる事柄もさることながら、同時に、自然に対する人間の働きかけや能動性のあり方もまた改めて取り上げるべきものであろう。こうした働きかけには、確かに大規模ダムのように自然を支配し、屈服させ、修復不可能なまでに、それを破壊する性質を持つものあろうが、他方では、自然の性質をよく把握した上での、人間の日常的な生活や生産のための、知慮分別をもった賢明な利用といった再評価すべきものもあったのではないかと筆者は考えており、こうしたことから、本書では、人間の自然に対する能動性のあり方の一端として、オート＝ザルプ県の堤防と灌漑を取り上げることにしたのである。

第1章
オート゠ザルプ県における堤防

第1節　はじめに

　ここで検討するオート゠ザルプ県の河川は、小規模、急傾斜という特徴を持ち、融雪や強雨による増水流、土石流、泥流、場合によっては空気流により、農地や人命に多くの被害を与えていた。セーヌ河やロワール河中下流部など北フランスの河川とは様相を異にしており[1]、むしろ日本の河川に近く、実際、県内最大河川デュランス川の縦断面曲線は、木曽川や吉野川よりは緩やかであるが、信濃川と同程度の勾配を持ち、利根川や最上川などよりは急である（図1-1参照）[2]。

　こうした急流河川への防御のための構造物として、当県では、堰堤、水制、堤防などが見られた。石張り土堤や石壁が構築されたり、日本の水制と類似した、木や粗朶で枠とし、石を詰めたものが利用されていた。規模は、1キロメートルを超えるものもあったが、せいぜい数100メートル程度のものであり、より小規模で簡素なものも見られた。いずれも河川を制御することで、住居や農地を氾濫被害から守ろうとするものであったが、例えば、20世紀において建造されてきた大規模ダムなどとはもちろん異なり、自然を大きく改変するものではなかった。技術的、エネルギー的、財政的制約もあいまって、むしろ、現地の自然条件をよく把握し、場合によってはそれに合わせたり、模倣することで対応しようとした。そのためには、特徴ある当県の急流河川に関する知識や経験の蓄積が重要であり、自然をよく知ったうえで、能動的な働きかけを地域住民は行っていたのである。

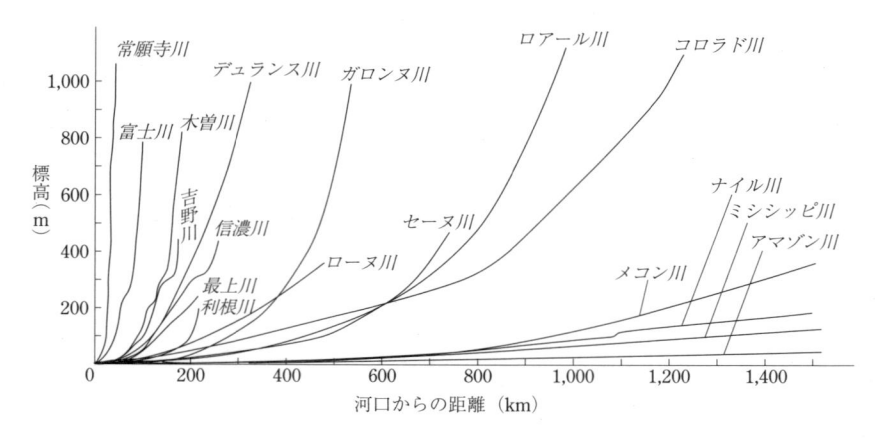

図 1-1　デュランス川と他河川の縦断面曲線
出典）阪口他（1986）、220 頁、高橋（2008）、287 頁。

　本章では、こうした急流河川による被害やそれへの対応について、当県アンブランの技師として活躍したシュレル[3]や県知事ラドゥーセット[4]、県高官ファルノー[5]などの同時代人の著作[6]、および県文書館の史料を利用して、検討することにしよう。

第2節　河川の氾濫と被害

1　概　要

　峻険な地形を持つオート゠ザルプ県には、多くの急流河川や渓流が存在しており、融雪や夏季の強降雨によって増水、氾濫を起こし、地滑り、雪崩、雹などとともに、県内各地で被害を頻繁に発生させていた。
　ファントゥーとケゼールが14世紀から20世紀に至るオート゠ザルプ県の1,513の自然災害を対象とし、統計分析を行っている。河川の氾濫は1,095で最も多く、72.4％を占め、うち、県北東部ヴァルイーズにおいて43の増水が記録されており、最多となっている。月別に見ると、春季の終わりから夏季

の初めに多く記録されており、降水と雪解けによるものとされている[7]。

　ブリアンソネの急流を対象とした研究でバライユらは、増水が多いコミューンとしてサン＝シャフレを挙げている。また、1950年から1999年の間の94回の増水のうち、春季に26回、夏季に62回起こっていること、春季にはデュランス川やギル川など大きな河川において増水が、夏季にはより規模の小さな急流において被害が発生していることを事例を挙げて指摘している[8]。デュランス川などでは、春に、何日もの降水の後、雪解け水に増幅されて氾濫が起きるのに対して、それに注ぐ、より小さな急流の氾濫は瞬時に起こり、夏季の激しい嵐の際に最も多く発生するとしている[9]。

　同時代人によってもこうした様が伝えられている。ボネールは、県内では、航行可能な河川でも十分な水量に恵まれず、急流の類のものしかなく、規模に違いはあれ、デュランス川、ドゥラック川、ビュエッシュ川、ロマンシュ川、ギル川が河谷に氾濫、浸入し、さらに小さな急流も、少々の強雨でも増水し、わずかな長雨であっても雷のような轟音を出し、大きな岩が激しい音響とともに転がり、すべてを引っ繰り返し、住居や村を襲い、瓦礫と残骸で埋め尽くすとする[10]。

　シュレルも、県内に多く存在する渓流は最大の難儀であり、山腹を浸食し、平野部に堆積物を吐き出し、河床が拡大し続けることで、土地が不毛となり、交通が遮断され、産業もなく、耕地も乏しく、非常に貧しい、この地域には、こうした禍害は痛ましく、労苦と忍耐とをかけてようやく耕地を作り上げることができるところ、10年の汗の結晶が、渓流によって1時間で根こそぎされてしまうと嗟嘆しているのである[11]。

　このように、確かに、規模に相違はあるものの、県内河川はいずれも急流の様相を呈しており、予兆として気流をも伴うケースも含みながら、濁流が、大音響とともに、岩石、砂利、土砂、泥土を押し流し、家屋、耕地、道路、橋梁、堤防を破壊し、家畜や人命に被害を及ぼしてきたのであり、激越な水流、土石流によって、河川沿岸が瓦礫で埋め尽くされ、それまでに築き上げられてきた営為が、短時間で無に帰することとなったのであった。

2 被害の例

オート゠ザルプ県における河川氾濫による被害の例をいくつか見てみよう。

(1) 1810年のギル川による被害

1810年9月14日から16日にケラでギル川が氾濫した。その被害調査が、同年10月7日に行われた[12]。5コミューンで被害が確認され、その評価総額は約111万フランとされた(表1-1参照)。

特にギル川源流近くのリストラとアブリエで被害が激しく、リストラはほとんど完全に破壊され、不毛の地と化した。牧草地、耕地、工場、家屋、用水路、橋、堤防、樹林が流失し、年間量に近い降水により地滑りが起き、住民の不安をあおり、彼らは、その藁葺の住居に1週間ほどは、あえて入ろうとはせず、穀物、飼料、財産を高台に運び出していた。家畜は森林を彷徨う羽目に陥った。アブリエでも、同様の被害が確認され、他の3つのコミューンについても、穀物、飼料、橋梁、道路に被害が認められている[13]。

(2) 1841年のエグリエ・ラ゠ミュール地区における被害

後に見るが、1841年に、同じギル川が、第3章で研究対象とするエグリエのラ゠ミュール地区で氾濫、被害が発生している。堤防建設が企図されていたが、手続きの遅滞により、氾濫への対応をし損なったのである。堤防受益予定地の一部において耕地が砂利地となり、経済的価値が低下、喪失したために、堤防建設費用にあてる賦課金の減免が申請されている。

この年の洪水、氾濫による被害は、県全体では71コミューンで確認されており、総額27万1,000フランと評価された(コミューンあたり約3,900フランの被害)[14]。エグリエでは4,510フランと評価されている。この額は、平均よりもやや大きい程度のものにすぎない。他のコミューンにおいては、例えば、シャトールーでは7万2,210フランもの被害が発生しており、ル゠ノワイエでは、2万100フランの被害が確認されている。さらに、5コミューンが1万フラン以上の被害額となっている(表1-2参照)。また、1841年は、被害が多く発生した年でもない。ファントゥーらの研究によれば、被害が多く発生したのは、1818

第1章　オート＝ザルプ県における堤防

表1-1　ケラ地方におけるギル川の氾濫被害（1810年）

コミューン	被害額（フラン）
アルヴィユー	12,650.04
シャトー＝ヴィル＝ヴィエイユ	120,420.70
エギュイーユ	131,980.88
アブリエ	444,340.66
リストラ	404,235.29
計	1,113,627.57

出典）A.D.H.A., F3405 より作成。
　注）史料では、5コミューンの合計値が1,113,625.00 フランと記載されているが、各コミューンのフラン以下の端数を省いて算出したものと推測される。

表1-2　主な洪水被害コミューン（オート＝ザルプ県：1841年）

コミューン	被害額（フラン）
シャトールー	72,210
ル＝ノワイエ	20,100
ラ＝ボーム	16,220
サン＝ジャック	15,795
レ＝コスト	11,820
サン＝テティエンヌ＝アン＝デヴォリュイ	11,180
モンモール	10,390

出典）A.D.H.A., 6M718 より作成。

年、1829年、1856年、1863年である。よって、もちろん、被災住民にとっては多大な災厄ではあったことは間違いないが、当県ではより激甚な被害が何度も生じていたのであり、ラ＝ミュール地区で起きた被害は、多かれ少なかれ県内いずれかの地域で発生していたといいうるようなものであった。

(3)　1856年のブリアンソン付近の被害

1856年5月末には、ブリアンソン付近で、デュランス川、ギザンヌ川、セルヴィエール川が氾濫、その被害に関する報告書が県文書館に残されている（表1-3参照）[15]。

暖雨と日射により始まっていた融雪が、5月25日から29日の間に続いた強

表1-3　ブリアンソン付近の洪水被害の概要（1856年）

ブリアンソンと城砦を結ぶ橋付近　　20メートル（通常の20倍）の増水	ラ＝サール、シャントメルル　　家屋倒壊、土地流失
フォントヴィル　　半数の家屋、土地流失　　他の家屋も破壊又はその恐れ　　工場流失、その上流の木橋の除去作業　　増水で流される住民の救出　　サント＝カトリーヌ上流、湖の如く	モネティエ、ジベルト　　土地流失
	サン＝シャフレ　　木橋の除去作業、土地流失
	フォンヴィル　　ほとんどの土地流失
セルヴィエール　　土地流失被害	ギザンヌ川とデュランス川の合流地点付近　　水嵩通常の30倍　　土地、家屋、石橋流失
プランピネ　　村全体流失	

出典）A.D.H.A., 15J16 より作成。

雨と胡桃大の雹により、さらに促進された。27日から増水し、29日には1848年とほとんど同じ水位に達し、ギザンヌ川沿いの村から悪報が届くようになった。29日から30日の夜間、水嵩はさらに増し、デュランス川、ギザンヌ川、セルヴィエール川が氾濫し、夜明けには各地から救援が要請された。豪雨により、土地、樹木、岩石が轟音を立てて急流を流れ、液状化した泥が、それらや家屋の瓦礫を流亡せしめた。奔流疎通の隘路となっていた橋梁を破壊するなどして対処しようとしたが、惨害は拡大し、デュランス川は通常の20倍の水位に、ギザンヌ川は30倍以上の水位に達し、6月に入っても高水位が続き、被害はやまず、復旧作業が軍によって続けられたのである[16]。

(4) 県内の渓流による被害

　県内の渓流における氾濫、土石流、泥流による被害の例をシュレルが紹介している（表1-4参照）。いずれも激烈な様相を呈していることがわかるが、このような激しい災禍の例は限りなくあり、毎年毎年、繰り返されているとシュレルは指摘している[17]。

第1章　オート＝ザルプ県における堤防

表1-4　渓流における氾濫・土石流・泥流の例

発生年	渓　流	概　　　要
1821	ボスコドン	気流で橋板が飛ばされ、次いで水流。
1836	リフ＝ベル	河床から4メートル高い地点に巨岩が飛越。
1837	クーシュ	激しい砂塵の旋風。岩石が道路を飛越。
1837	グラーヴ	泥土、岩石が氾濫。家畜、住民に被害。
1838	ムーレット	山地に少雨後、岩石が風で転がり、堤防倒壊。泥流。
1838	ショーマトゥロン	水流が橋を越え、橋板5メートル上昇。
記載なし	サン＝ジョゼフ	各増水時、石膏を含む大水、激しい水流。

出典）Surell (1841), pp.35-36 より作成。

第3節　氾濫に対する防御

1　防御のための構造物

　このような急流河川氾濫への対策として、当県では、堰堤、水制、堤防などの構築物の建設、設置が進められていた。堰堤は、水流を横断するような形で建設される構造物で(図1-2参照)、河床の浸食を防ぎ、勾配を断ち、水流を緩和することが目的である。渓流の、特に源流近く、標高の高いところで利用されていた。通常、空積み石壁(murs à pierres sèches)として建設され、水流により抵抗することができるよう、上流に向かって凸の形状をとり、根元の洗掘に対しては、捨石による補強がされ、堰堤の両端の浸食に対しては、形状や設置方法を工夫するとともに、堰堤上流部の河岸保護のための壁を設置して対応した[18]。

　水制は、河川の流れの中に向かって建設される構築物である（図1-3参照）。水流を対岸へと向けることで河岸の一定部分を防御するのに効果的とされたが、それは同時に難点にもなった。水制には、練積み石壁(murs à chaux et sables)、空積み石壁や三角枠(chevalets)、直方枠(coffres)などの枠類が利用された。このうち練積み石壁はより強固なため好まれたが、実際には、経済性に優れた空積み石壁がよく利用された。枠類は、木で枠組みを構築し、その中に石を

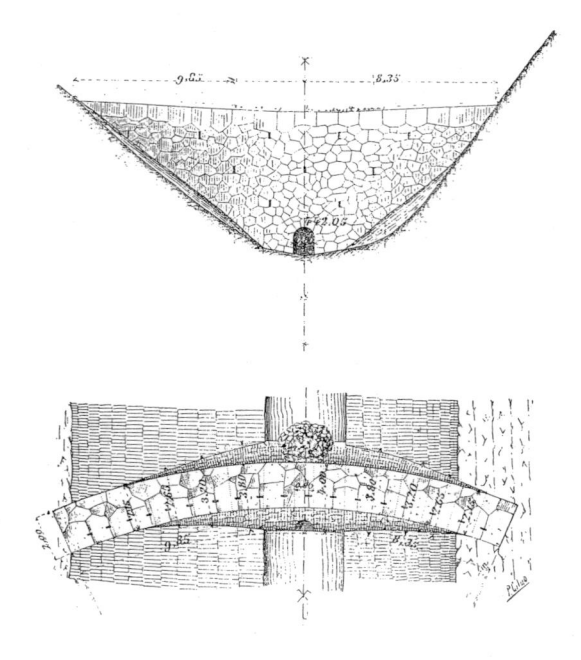

図 1-2　堰堤の例

出典）Lévy-Salvador（1896），p.351. より作成。
注）上の図は堰堤を正面から見たもの。下の図は堰堤を上から見たもの。

つめることで水流に対しようとするもので、非常に普及していた。もっとも、これは、いわば、仮の防御であり、効果ある範囲は非常に制限され、大増水で破壊されてしまうことが多かった。しかし、設置は容易で費用がかからず、流失するのと同様に迅速に再建でき、資力に乏しい土地所有者であっても可能であるという利点があった[19]。

　堰堤や水制とともに、水流に平行となるように設置される堤防も整備が進められていた。ペレ（perré）と呼ばれる石張り土堤（図1-4参照）や練積み石壁が利用されていた（図1-5参照）[20]。上流からの沃土供給を妨げることや、対岸住民に被害を与えかねないといった欠点も指摘されている[21]が、前者の問題に

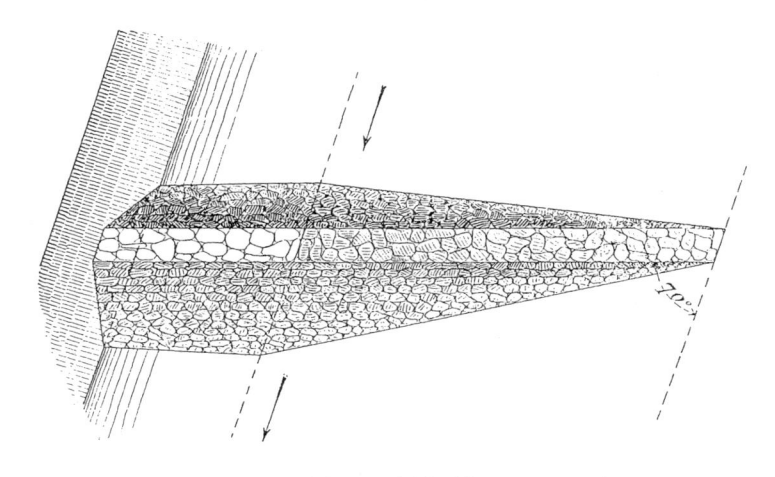

第1章　オート＝ザルプ県における堤防

図 1-3　水制の例
出典）Lévy-Salvador（1896），p.396. より作成。

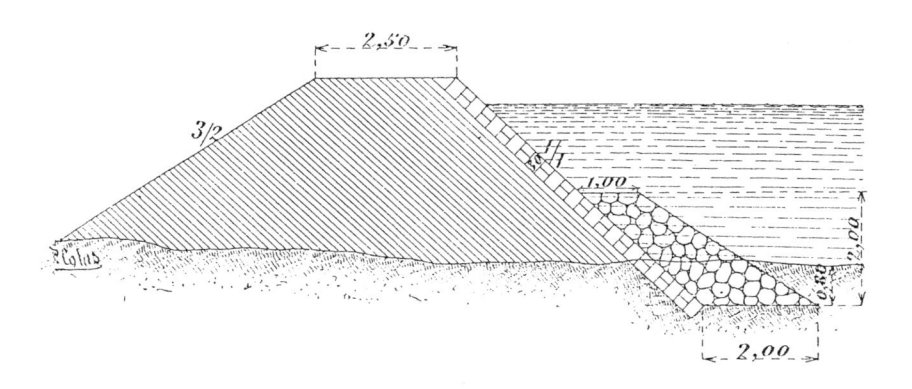

図 1-4　堤防（石張り土堤）の例
出典）Lévy-Salvador（1896），p.385. より作成。

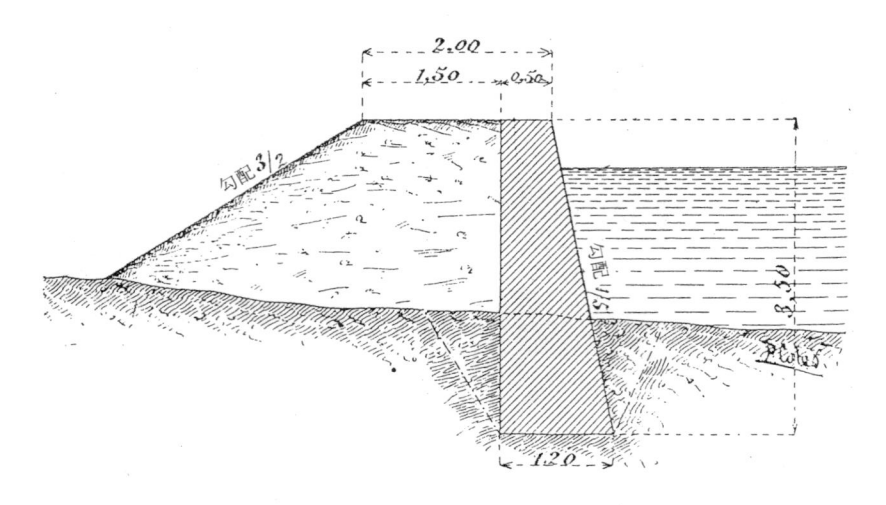

図 1-5　堤防（石壁による防御）の例
出典）Lévy-Salvador（1896），p.388. より作成。

は、流水客土や灌漑と組み合わせた工事を実施することで、後者の問題には、堤防付近の住民の異議、不満の調整を行政が行うことで対応がされようとしていた[22]。

　これら構造物には激しい氾濫に対するための工夫が施されていた。そもそも、堰堤は、オート＝ザルプ県の河川、とりわけ渓流が、急な傾斜を持ち、土石流や泥流をともなう激甚な氾濫を引き起こすという特徴にあわせ、急傾斜を中断し、渓流上流部における河床洗掘に対応するべく建設されたものである。堤防に関しても、北フランスでも見られる土堤だけではなく、練積み石壁など、より強固なものが建設されたのは、傾斜の急な河川や渓流に有効に対処するためのものであった。水制に関しても同様の理由で、練積み石壁が利用されていた。また、枠類も広く利用されているが、これは、財政的な制約の中で急流氾濫に対処するためのものであった。県内急流河川は、他では見られないような激烈な被害をもたらしており、自ずと、通り一遍の防御法

で事足りるわけはなく、平地での静水流への対応を目的としたものとは異なる性質を持つ構造物が必要になったのであり、実際にそれが利用されていたというわけである。

さらに、こうした特徴ある構造物を連続的に設置したり、複数の種類のものを組み合わせることで、急流氾濫に効果的に対応しようとしていた。例えば、複数の堰堤を連続して建設し、より長い範囲を防御しようとする試みが見られた[23]。また、連続水制も、同じ防御を行うのでも延長がより短くてすみ、堤防ほど強固に建設する必要がなく、より経済的であるとされ、行政ではあまり注目されていなかったと言われているが、住民の間では広がりを見せていたということである。水制を連続的に設置することで、それぞれの間に堆積物がたまっていき、自然と土堤が形成されていくとともに、河道が定まるとされる[24]。さらには、水制と堤防とを組み合わせて建設することも行われており、この場合、水制は、捨石のように堤防の根元を守る役割を果たすものとされていた[25]。

また、カーブした表面を持つ石張り土堤を植生[26]で強固にし、根元補強のための水制を置くとともに、その先端保護のために、さらに、加えて、壁を構築するというフィアールのシステムと呼ばれるものもあり、洗掘を小さくし、経済性に優れるという利点を持つ。このシステムは、後に見るように、デュランス川において導入されていた[27]。

2 河川の特徴把握と防御施設

オート＝ザルプ県に見られる河川氾濫防御のための構造物やその組み合わせによるシステムは、当県の河川が持つ顕著な特徴に適切に対応するためのものである。したがって、それを十分に理解し、把握する必要があり、そのために、ファルノーの述べるところによると、非常に広い実践的な知識と特に長い経験が技術者に必要であった[28]。

よって、中央より派遣されてくる技師には当県急流河川に関する知識と経験不足に泣かされるケースも出た。ショルジュ渓流よりマルフォス渓流に導水路を開鑿しようとする工事が、欠陥を持つ計画にもとづき、実行されようと

したが、現地住民による反対が起こり、結局、中止となったことを、シュレルが取り上げている。ここでは、中央から派遣された技師主導の計画が地域の特徴を知悉した住民の意見により棄却されているのである[29]。こうした事態が生じたのは、技師の経験不足によるものとされているが、しかし、シュレルは、あえて、そうしたことはやむをえないことであるともいう。というのも、他から来た者に、この地域についての正確な知識を求めることはできないからとしている。後、再び計画実行の話が持ち上がるが、その時には、別の技師が、住民の懸念を確認し、報告書の中で計画の欠陥と危険を明らかにした。こうした事例から、当県の技師にとって、渓流に関する正確な知識を持つことが、いかに重要かがわかるであろうと、シュレルは強調するのである[30]。

また知識と経験による自然条件の把握だけではなく、自然を模倣するような手法をとることも、シュレルは主張している。両岸堤防によって河川を閉じ込める技術について論ずる際、河床に堆積が起こることに加え、渓流河道が移動するため、両岸に建設する2つの堤防の間隔を広く取りすぎてはならない点にシュレルは注意を喚起しているが、その2つの堤防の間隔は机上の計算で決定することはできず、通常の静水流に関して正確に適用できる計算であっても、当県の急流に関しては大きな誤りのもとになるとし、決定のためには、問題となる渓流を遡り、横断面をいくつか取って、比較するにまさることはなく、その平均値が採用しうるもので、さらに、この平均値と、類似の渓流において、自然に両岸堤防の形となっている箇所、もしくは人工的にそうなっているところと比較することが適切であるとする[31]。通常の河川によく適用できる理論に依拠した机上の計算に頼るのではなく、むしろ、自然を、もしくは他の成功例を観察し、それを採用することが望ましいとしているのである。堤防という人工物を構築することで自然の河川の動きを制御しようとしているのであるが、そこでは、学に依拠した計算によるよりも、自然を模倣することの方が望ましいとシュレルは主張しているのである。

さらには、自然の特徴をよく知ることで、うまく飼いならすことができるのであって、急流制御においても、その力をかわすことで、うまくコントロー

ルすることができるといったことも主張されている。ファルノーは、いかなる種類のものであれ、もっとも強固な構造物であっても、急流の水勢にあまりにも強く抵抗するよう設置する計画の成功はまれであり、どのような防御であっても常に流勢と平行でなければならないとする。それが水流の暴威に打ち勝つ唯一の方法であり、人間の情熱と同様、それを服従させるには、いわば、それを騙し、晦(くら)ますことが肝要で、多くの場合、横溢に対し斜方向の抵抗を設けることのみが適切であるとする[32]。つまり、ファルノーは、奔流の勢いを真正面から受け止めるというのではなく、それを巧みにいなすよう構造物を設置すべきと主張しているわけである。急流河川の氾濫から人命や農地、財産を守るために堤防などの構築物を設置することは、自然を制御し、支配しようとすることに繋がるが、ここでは、そうした傾向が必ずしも前面に出ているというわけではない。むしろ激流をうまくかわすことが志向されているのである。19世紀のオート＝ザルプ県の急流河川を目の当たりにした県高官や技師は、激しい氾濫に対する防御の限界を認識しつつ、自然をよく知り、その特性を把握し、場合によってはそれに倣ったり、力をかわすような形で、構築物を設置することが肝要であるとし、それを実行しようとしていたのであった。

　こうした姿勢は、自然を大きく改変しようとするものではなく、ましてやそれを力ずくで服従させようというものでもない。例えば、巨大ダムによって景観を大規模に改変し、多くの集落を廃村に追い詰めつつ、自然を制御しようとした20世紀に見られる治水事業とは大きく異なる性格を持つものとしてとらえることができるであろう[33]。技術的な条件や工学的制約、エネルギー面での制約があり、大規模な工事を実施することが、そもそも不可能であったという事情によるものでもあろうが、自然に働きかけを行いつつ、それを改変はするが、大規模に破壊するというのでは決してなく、自然を擬(なぞら)える形をとったり、それをよく知ることで、うまく制御しようとした点に特徴があるといえるのである。

　もっとも、こうした防御システムには限界があり、実際、失敗に終わるものもあった。そうしたことから批判が寄せられていたり、無駄で、無益なも

のとの評価があったこともまた事実である。例えば、ショルジュの防御工事について無駄金の浪費であり無用のものであるという意見が出されていた。それに対して、シュレルは、次のように述べる。両岸堤防によって渓流を封じ込めることができないケースもあると認めつつ、確かに、防御施設の構築は、被害を遅らせるにとどまるものかもしれないが、そのこと自体、すでに価値あることであり、とりあえずの仮防御であったとしても利益がないわけではないとする。そして、ロンバルディやイゼール県の例も引きつつ、こうした工事は無意味なものではなく、むしろ、「人間技術の忍耐による、最も賞賛すべき記念物の中で誇る」べきものであると反論し[34]、こうした仮防御により、解決策の応用に時間を稼ぐことができるとする。よって、こうした工事を中傷、非難するのではなく、逆に奨励し、可能な方法すべてでもって住民を後押しするべきであろうと主張するのである。試行錯誤を積み重ねる中から新たに有効なシステムを生み出すことができるのであり、非力に見える防御法であっても、決して意味なきものではないと、その意義を主張しているのである[35]。

このようにオート＝ザルプ県で見られた防御法によっても河川を完全に封じ込めることが不可能な場合もあり、失敗に帰したものもある。しかしながら、それらが徒事に過ぎないもので空しい努力の積み重ねであったというわけでは決してない。試行錯誤を重ねながらも、荒ぶる自然に対し、防御を試み、その方途を改良していったというわけである。

3 事 例

それでは、ここで、オート＝ザルプ県に建設された堤防など防御施設の例を見てみよう。

(1) デュランス川の小規模防御施設

デュランス川のラルジャンティエールからルモロンまで（おおよそ60から70キロメートル程度の区間）の堤防や水制などの施設をラドゥーセットが列挙している（表1-5）。ルモロンやロッシュブリュンヌには1キロメートルを越える規

第1章　オート＝ザルプ県における堤防

表1-5　デュランス川の防御施設（ラルジャンティエールからルモロンまで）

コミューン	防御施設	総延長（メートル）
ラルジャンティエール	堤防	80
シャンスラ	堤防	1,372
ラ＝ロッシュ	堤防、水制	1,253
サン＝クレパン	堤防、水制	1,455
レオティエ	堤防、水制	952
エグリエ	捨石	450
リズール	捨石	295
サン＝クレマン	堤防	971
シャトールー	堤防	230
サン＝アンドレ	堤防	117
サン＝ソヴール	水制、堤防	78
アンブラン	壁、水制、堤防	1,763
ピュイ＝サニエール	堤防、水制	191
サヴィーヌ	堤防	352
プリュニエール	堤防、水制	1,234
ショルジュ	水制	1,060
ルーセ	水制、堤防	352
エスピナス	堤防	700
テユ	堤防	659
ロッシュブリュンヌ	堤防	1,220
ルモロン	堤防	1,430

出典）Ladoucette（1848），pp.232-234 より作成。
注）シャンスラの堤防には樹木で保護されているものがある。
　　レオティエの水制は、粗朶、三角枠よりなり、捨石、砂利が付属している。
　　エグリエの捨石は、三角枠、粗朶が付属している。
　　サン＝クレマンの堤防には捨石付属のものがある。
　　ルモロンの堤防は、石張り土堤で、捨石、ヤナギ、砂利が付属している。

模の施設が見られる（それぞれ1,430メートル、1,220メートル）が、数100メートル規模のものが多く、ラルジャンティエール、ラ＝ロッシュ、サン＝クレパン、サン＝ソヴール、サヴィーヌでは数10メートル程度の水制や堤防など小規模な構造物も見られる。また、シャンスラでは樹木で保護された堤防が、レオティエやエグリエでは粗朶、枠類、捨石が設置されていたり、ルモロンでは捨石やヤナギにより強化された堤防が見られた。いずれにせよ多数の小規模施設が乱立している状況であり、デュランス川が完全に閉じ込められているわけではない。ラドゥーセットは、さらなる整備の実施が必要不可欠である

としており、水害に十分対応できていない状況が窺えるであろう[36]。

(2) ヴァシェール渓流の例

アンブラン付近、レ=ゾール、サン=ソヴール、バラティエを流れるヴァシェール渓流は氾濫を繰り返していたため、堤防建設が順次行われていた[37]。

1804年に渓流の危険性が認識され、渓床維持のため渓岸を砂利や植生で補強する工事が実施されたが、予算上の問題などにより中断を余儀なくされ、後、暴風雨により工事の成果も破壊されてしまった。

1844年、45年、46年に渓流が氾濫した。防御施設として、バラティエ（原文ではバラタンBaratinとあるが、おそらくバラティエのことであろう）において、渓流左岸に延長227メートル、高さ5メートルの練り積みの堤防が建設された。しかし、デュランス川合流地点までの800メートルは防御されず、不十分であり、その延長が技師より提起されたが、費用の懸念より組合は反対、ラドゥーセットは、堤防が延長されないと、下流域の土地、村道、王立道は被害を免れえないであろうと危惧している。

また、バラティエとレ=ゾールでは、かねてより、捨石とヤナギの植生を持つ延長1,250メートル、幅4メートルの堤防が設置されており、さらにそれとは別に、バラティエの集落の向かい、渓流右岸にもベイルによって大工事がなされていた。捨石と木枠により補強された石材による堤防で、建設以来9年、多くの急増水に見舞われたが、石ひとつ流失することはなかったとラドゥーセットは伝えている。下流にもう1つ堤防が設置されていたが、これは1846年の洪水で流されてしまった。枠で支えられた木板で堤防前面が覆われていたもので、その枠は、鉄杭により巨大な梁に固定され、砂利の中に深く埋め込まれていた。非常に強固なもので、渓流防御技術について最も経験豊かな者が流失することがないと考えていたものであったが、流失したという訳である。ラドゥーセットは、大きなブロックを入れた木枠こそが、渓流に対することができる防御構造物であると経験によりわかるとし、流失した堤防に代わり、このシステムが採用されるべきであるとするものの、同時に、非常に費用がかかる難点を指摘する。

第 1 章　オート＝ザルプ県における堤防

　ラドゥーセットは、1846年の洪水に大きな成功をもって耐えた6つの木枠による水制も紹介しており、枠の空間が大きなブロックで満たされるとともに、隙間には小さな石が入り、あたかも壁のようになり、一体で、大きな抵抗となると述べている。

(3) 堤防建設による農地造成の例

　34頁や本章注21で触れているように堤防の難点の1つとして、河川上流より運ばれてくる沃土の供給が妨げられてしまうことが指摘されているが、その解決のため、堤防の建設とともに流水客土や灌漑を組み合わせて農地を造成することが行われていた。ファルノーは、堤防の建設により土地を守り、急流河川の限界を固定するだけでは不十分であり、河岸に造成された土地が耕作できるようにすることも必要であるとする。対象となる区域を河床よりも低くし、その際に出てくる砂利で堤防を築きつつ、増水の際に堤防に設けた水門を開けることで、十分な厚さの土壌で覆うことができるとし、そうした例としてソールスにおけるデュランス川の工事を挙げている。25年前には、破壊による光景しか見られなかったところ、良好な果樹園と生産物により、いわば県の庭園へと転生させたとする。さらに、デュランス川だけではなく、ビュエッシュ川やドゥラック川も肥沃な土壌を水の中に含んでおり、同様の例がいくつもあるとしている[38]。

　ラドゥーセットは、アンブラン付近のデュランス川右岸における医師ロシニョールの取り組みを紹介している。1844年から46年にかけて堤防が建設されるとともに、あわせて流水客土による農地造成が行われ、穀物、ジャガイモ、野菜、マメ類が栽培されるに至った。堤防は延長300メートル高さ3メートルで、石材により建設、大きなブロックによる捨石で補強されており、その費用は1万フランであった[39]。

　また、ラドゥーセットは、デュランス川においてフィアールのシステムが導入され、成功を収めた例も挙げている。技師長シャボールによる連続水制のシステムを基にしてフィアールが改良し、37頁で触れたような防御システムを作り上げたのであった。1826年以来、整備が進められ、2,200メートルに

43

わたりデュランス川の氾濫から保護し、100ヘクタール以上の農地を作り出した。連続堤とすれば18万2,000フラン以上かかると試算されるところ、3万7,000フラン程度の費用で完成させたのであった。連続堤よりも低コストで防御を実現しつつ、流水客土、灌漑によって肥沃な農地を造成し、県内他コミューンやイゼール県においてこれに倣う動きが出た。これにより、フィアールは、農業中央王立協会と全国産業奨励協会の2つの金賞を受賞するに至ったのである[40]。

　もっとも、後、このシステムの欠陥も明らかになる。1841年のデュランス川の増水には辛うじて耐えたものの、フィアールの後を受けたオーベールが同じシステムで農地を守ろうとしたところ、付近住民との対立を引き起こし、結局、1842年7月26日から28日の激烈な氾濫によって破壊されてしまったのである。1843年11月にもさらに被害を受け、それでもなお、オーベールはデュランス川制御のために尽力したが、フィアールのシステムの採用は断念、よりコストをかけた防御施設が、そこに建設されていくこととなったのであった[41]。

第4節　小　　括

　本章で見たように、山岳地に位置し、急傾斜を持つ河川が多く存在していたオート＝ザルプ県では土石流や泥流を伴う激しい洪水、氾濫が、各地で頻発していた。その様相は、平地の広がる北フランスなどとは大きく異なるものであった。こうした急流河川の氾濫の被害を避け、人命と財産を防御するために、堰堤、水制、堤防などの構造物が建設されてきた。そこでは、激越な奔流に対応するべく、強固な構造物が建設されたり、それらを組み合わせることで防御システムを開発し、災害を防ごうとしたのであった。が、そこでは、ひたすらに、自然を制御し、服従させようとしてきたわけではなかった。むしろ、自然の特徴をよく把握し、場合によっては自然を擬えたり、勢力をかわしたり、いなしたりするような方策で、被害を避けようとしてきたのであった。こうした防御施設やシステムは、功を奏する場合ももちろんあっ

第1章 オート＝ザルプ県における堤防

たが、失敗に帰するものも存在した。しかしながら、そうした試行錯誤も含めながら、オート＝ザルプ県の住民は、災害を単に受忍するというのではなく、自らの生存や生活条件を改善するべく、自然に対して能動的に働きかけてきたのであり、急流河川における防御施設は、その営みの証といえるものなのである。

●注
1）いわんや、ウィットフォーゲル（1991）で分析される水力社会の河川とは、大きく様相を異にしている。
2）高橋氏や阪口氏らは、地形的に日本と近いアルプなど上流部では、大陸河川であっても日本のものと似た様相を呈していることや（高橋（2008）、268頁）、河川工法が類似していたり、水制が同型であることを指摘している（高橋・阪口（1976）、490頁、阪口・高橋・大森（1986）、206-207頁を参照）。
3）シュレルは生年が1813年、没年は1887年で、一般技師として、1836年、オート＝ザルプ県アンブランに赴任、1842年にローヌ河の氾濫対策のためヴィエンヌに移り、後、アヴィニョン、ボーケール、アルルで堤防建設に従事、1853年には南部鉄道会社の求めにより、鉄道建設に転じている（Noblemaire（2002）, pp.4-5, Favier（2002a）, p.1）。

　アンブラン在任時の1838年に『オート＝ザルプ県の急流に関する研究』（Surell（1841））は著され、1841年に出版された（出版の経緯については、シュレル自身が序文で触れている（Surell（1841）, pp.v-vi））。1870年には、第2版（Surell（1870））が出版され、1872年にセザンヌによる第2部が付け加えられている（Cézanne（1872））。この著作は、急流氾濫の原因を山岳地における森林の後退に求め、その根本的な解決として植林の必要性を説いたもので、山岳地の植林や復元・保全政策を促すきっかけとなり、1860年、1864年、1882年の一連の法制度の制定に繋がるものとされている（Favier（2002a）, p.1）が、同時に、オート＝ザルプ県の急流氾濫に関する検討や当地で利用されている堤防などの防御法の解説もされており、本書において、その記述を史料として利用する（この著作に関してはVeyret（1943）も参照）。

　なお、山岳地の植林や復元・保全政策については、とりあえずCézanne（1872）, Corvol（1987）, Métailié（1999）, 是永（1998）、196-200頁を参照。
4）ラドゥーセットは、1802年から1809年にオート＝ザルプ県知事の職にあった人物で、歴史、民俗への関心を持ち、大郡長、県会議員を務めたシェ（彼自身オート＝ザルプ県の地理、歴史、民俗などに関わる著作（Chaix（1845））を著している）や県事務総長ファルノーの助力を得て、1820年に『オート＝ザルプ県の歴史、地誌、旧跡、慣習、方言』（Ladoucette（1820））を、1834年に第2版（Ladoucette（1834））を、1848年には、大幅に増補した第3版（Ladoucette（1848））を刊行している（Gennep（1946）, pp.9-10）。
5）ファルノーは、1766年に生まれ、1842年に没し、1793年からオート＝ザルプ県事務総長、1815年に一旦、退くも、後、その職につくこともあった人物で、晩年は県会

議員も務めた（Ladoucette (1848), pp.276-277）。文筆家でもあり、オート＝ザルプ県の農業改良、灌漑に関するものなど、本書でも史料として利用する著作を残している。

6）シュレルやラドゥーセット、ファルノーらの刊行物は、県知事や県高官、技師が残したものであり、当県の堤防や灌漑施設、組合の実態を窺う上で、有益な情報を提供するものとなっているが、行政や地域有力者の立場で書かれたものであり、限界があるものといえるかもしれない。しかし、彼らも、行政や技師の主張を、ただ繰り返していたというわけではなく、本章で見るように、むしろ、現地の特徴をとらえようと努めていたことが窺える。こうしたことから鑑みるに、ここで取り上げる刊行物が、当時の堤防、灌漑について知るにあたり、有用なものであることを否定することはできないであろう。

7）Fanthou et Kaiser (1990), p.329.

8）Baraille, Blanchon, Gilbert, Lestournelle (2006), pp.19-20.

9）Baraille, Blanchon, Gilbert, Lestournelle (2006), pp.16-17. シュレルは、河川増水の原因として、6月のはじめの融雪と終夏の嵐とを挙げ、後者によってより激しく、予測し難い氾濫が起こるのに対し、融雪による増水は期間が長くなり、突発的な性格がうすれ、予測もしやすいとしている。さらに、融雪増水による被害は広範囲にわたるが、嵐によるものは局地的であるとも指摘している（Surell (1841), pp.33-34）

10）Bonnaire (1801), p.3.

11）Surell (1841), pp.xiii-xiv. なお、シュレルは、規模、傾斜、水量などにより、県内の水流を、河川（rivières）、急流河川（rivières torrentielles）、渓流（torrents）、小流（ruisseaux）の4つに区分し、増水の態様が異なることを指摘するとともに、中でも渓流が際立って特徴的であり、他ではみられないものとしている（Surell (1841), pp.6-10）。また、急流や河川の性質によって増水の様子が異なることについて、徐々に増水し、水の流速が増し、石を転がし、やがては土手を越えて広がり、被害をもたらすようなものもあれば、突如として泥流をもたらすものもあり、さらに、雷のごとく起こる場合もあり、前兆として激しい風が流れ込み、直後に雪崩のように水が流れ、岩石が転がされ、あたかも可動堰のごとくであり、石塊が跳ねるような激しさで、嵐により石が飛ばされ、砂埃の中で岩石が動き始めるさまは自然を超えた力によるもののよう様子を伝えている（Surell (1841), p.34）。

12）A.D.H.A., F3405.

13）交通路の被害により、チーズ、バター、牛肉、牛乳を地域外（県内だけではなく、ラッグドックやプロヴァンス）に、穀物を地域外から輸送することができなくなってしまったこと、付近では地震が起きており、地割れが大きく、水を含み、地滑りの危険性があること、急流の河床が埋まり谷間全体に被害が起こること、この地域が徐々に崩壊し、ほとんど耕作不能になりつつあることから、支援と措置を政府に要請しているのである（A.D.H.A., F3405）。

14）A.D.H.A., 6M718.

15）A.D.H.A., 15J16.

16）報告書の中で、シャンセル兄弟の工場が流されたことも触れられており、その工場によって生活が成り立っていた500家族について案じられている（この工場については、

第1章　オート=ザルプ県における堤防

Vigier (1963b), tome 1, p.107 や Thivot (1970), p.396 を参照)。

17) Surell (1841), pp.35-36.
18) Surell (1841), pp.43-45. ここで、シュレルは、こうした堰堤がオート=ザルプ県では広がっているとし、ヴィラール=ダレーヌの成功例を挙げている。
19) Surell (1841), pp.62-65. 本章注2でも触れた高橋氏らの見解にもあるように、こうした水制は日本のものと類似していたと考えられる。日本の水制についてはとりあえず、安芸 (1972)、481-497頁、宮村 (1985)、60-65頁、富野 (2002)、大熊 (2007)、105-106頁を参照。

なお、県西南部のメウージュ流域では籠類に類似するものの存在も指摘されている。ヤナギなどを使った籠で、円錐形をしており、それを寝かせ、石を詰め、差し穂から、水による堆積物を通してヤナギが根を張るとますます堅牢な構築物となるというのである (Ladoucette (1848), p.403)。
20) Surell (1841), p.63.
21) 沃土供給を妨げかねない欠点については、Lévy-Salvador (1896), pp.359-361、対岸への影響にかかる欠点に関しては、Surell (1841), pp.51-55 を参照。
22) 実際、第3章の事例としてみる県東部エグリエのラ=ミュール地区のギル川右岸の堤防工事に関連して、付近住民による異議申し立てが出されている (A.D.H.A., 7S270)。工事に関連する堰堤や水路によって、住民が被災のリスクに晒されることとなったとの異議や堤防新設工事における既存堤防破壊に対する異議が出されている。これら異議は大郡庁、県庁を通して技師の調査にまわされた。問題解決に向け一定の方向性を導き出すため、専門家である技師の意見が聴取され、判断の材料とされたというわけである。いずれにせよ、このように、堤防建設は、付近の住民を巻き込んだ、緊張を漲らせるような対立の火種を孕むものであった (ラ=ミュール地区の堤防建設に伴う付近住民の異議については、伊丹 (2005) を参照)。
23) Surell (1841), p.45. ただし、こうした連続堰堤に関してシュレルは欠点も指摘している。源流に近づくと河床の傾斜が大きくなり、1つの堰堤により保護できる河岸の長さは急速に短くなる。よって、必要となる費用は増加するが、こうした所では、防御の対象となる土地の価値がますます減少してしまうと指摘しているのである。
24) しかし、河床や河岸所有地に、より大きなスペースを取る必要があり、渓流が屈曲している場合には設置が困難なことから、堤防のほうが広がりを見せるようになったということである (Surell (1841), p.49)。
25) Surell (1841), pp.48-50.
26) 植生を持つ堤防の有効性については、ファルノーも触れている。根による堤防強化とともに、ヤナギ、ハンノキ、ポプラの枝が水流を断ち、流勢を緩和することも指摘しており、水防林のような利用法を示しているのである (Farnaud (1811), p.108)。しかし、こうした植生については欠点もあると、次の注27で見るようにシュレルは指摘している。
27) Surell (1841), pp.66-70. もっとも、このシステムに関しては、堆積物により河床が上昇している場合には利用できないこと、堤防を保護するためには水制の間隔が広すぎること、その難点解消を狙い間隔を狭めると、今度は、経済性に支障が生じてしまう

ことといった欠点が指摘されている。さらに植生に関して、石張りの土堤では、根によって石がはがされ、歪みが生じ、破壊につながることや、植生により水流速度が緩められることで摩擦が増加し、破壊の原因となるという指摘もある（Surell（1841），pp.68-69）。

なお、このシステムがスピナスにより提案されたものの実施に至らなかったことについてシュレルが触れており、こうしたことは残念なことで、なぜなら、渓流に対する堤防に関しては経験が不足しており、新たな方策を早急に受け入れるべきで、たとえ、失敗したとしても避けるべきことは何かをそこから知ることができ、意義あることだからとしている（Surell（1841），p.67）。

28）Farnaud（1811），p.106.
29）トラルは、イゼール県の研究で、堤防建設における技術面と行政面での技師の協力について明らかにしている（Thoral（2005），pp.113-115）。こうしたことは、本県においても同様に見られたところであるが、ただし、本県の急流河川はきわめて特異な性質を持っていたために通常の学問の枠にははまらないところがあり、よって、有効な防御策を講ずるためには、現地の自然条件や状況を正確に把握する必要があるとともに、技師の知識だけではなく、同時に、現地住民の中に蓄積されていた経験もまた大きな意味を持っていたのであった。

ちなみに、近世日本における治水技術の農民的性格を古島氏が指摘している。治水が領主・農民両者の関心事となるとしつつ「自然の観察と長年の経験の蓄積、さらには特定の施策の効果の測定といった試みが必要であり、その上で地域差を伴った条件に適応しうる方策が生まれているのである。そこでは外部に成立した技術に関する単なる知識だけでは実現しえない経験的な性質を持って」（古島（1972a）、428-429頁）おり、「領主側とともに、農民側にも治水技術を発展させるための観察・試験の機会がある」（古島（1972a）、429頁）としているのである（治水技術の地域性については、古島（1972b）、471-480頁も参照）。われわれが見ているオート＝ザルプ県の状況に通ずる所があるといえよう。

また、本文で見たように、その特異な性質を正確に把握して、はじめて、オート＝ザルプ県の急流河川の氾濫対策が可能となるわけであるが、こうしたことは「河川には世界、または日本に共通した性格があるとともに、それぞれの河川ごとに著しい固有の特性がある。それは（中略）、河川の現象に影響を与える自然的ならびに社会的要因が、各河川ごとに異なるからである。それぞれの河川の個性に着目した場合、それを"河相（river regime）"という」（高橋（2008）、8頁）とする河川観に通ずるものがあるといえよう（なお、河相論を唱えたのは安藝氏で、河川を生成変化するものとして動態的に捉えている点が特徴的である。氏の河相論については、安藝（1944）、高橋（2008）、8頁を参照）。

30）Surell（1841），pp.82-83.
31）Surell（1841），pp.72-73
32）Farnaud（1811），p.109.
33）20世紀に、オート＝ザルプ県では、セール＝ポンソン・ダムが、治水、用水、電力供給を目的にデュランス川に建設された。貯水量は12億立方メートルで、当時、ソ連を除き、ヨーロッパ最大のものであった。竣工は1961年で、建設費は6億2,500万フ

第1章　オート＝ザルプ県における堤防

ランであった（Chauvet et Pons（1975），p.550. 建設までの経緯については、Bordes（2005），pp.232-239を参照）。フランスにおけるテネシー川流域開発公社とも呼ばれるものである（Bordes（2005），p.239）。この開発により、サヴィーヌとユバイユのコミューン領域において水没による自然や景観、付近住民の生活に大きな影響が出たのであった。なお、セール＝ポンソン・ダムと地域住民の対応については、Bodon（2003）がある。また、このダムの建設によるアルプ地方の自然と住民生活の変容より着想を得て、ジャン・ジオノがシナリオを書き（Giono et Allioux（1958））、フランソワ・ヴィリエ監督で映画が製作されている（L'eau vive. 邦題『河は呼んでる』）。この映画では、ダムの建設やアルプ山岳地におけるヒツジの放牧、プロヴァンスからの移牧の様子や、デュランス川の氾濫、住民による水防活動なども活写されている。この映画に関しては、Meny（1978），pp.81-107, Citron（1990），pp.506-509を参照。

34) Surell（1841），pp.76-77.
35) Surell（1841），p.77. ただし、シュレルは、あらゆる防御法について肯定的に評価しているわけではない。例えば、渓流において一定の水路を掘削し、不断の浚渫によって維持しようとするデルベルグ＝コルモンのシステムについては次のように批判している。渓流における被害の原因が、その流路が定まらないことにあるとし、その是正を狙ったものであるが、原因と結果を取り違えたものであると評するとともに、浚渫は多大な労力のかかる作業であり、持続的な成果をもたらさないとする（Surell（1841），pp.79-80）。なお、ラドゥーセットもこのシステムについて触れている（Ladoucette（1848），pp.750-752）。また、守るべき地点から激流を遠ざけ、別の地点へと向けることを試みた渓流の流路変更についてもシュレルは批判している（Surell（1841），pp.81-83）。両岸堤防を建設し、直線的に水を流下せしめようとするファーブルのシステムもシュレルは紹介しているが、オート＝ザルプ県の渓流には適応不可能と否定的に評価している（Surell（1841），pp.78-79）。
36) Ladoucette（1848），pp.232-234.
37) Ladoucette（1848），pp.229-232.
38) Farnaud（1811），pp.110-111.
39) Ladoucette（1848），p.213.
40) Ladoucette（1848），pp.291-292. 他に、ヴィトゥロールでもフィアールのシステムが採用されており、堤防を強固に建設し、土地を嵩上げし、ヤナギ、ハンノキ、ポプラなどを植えて浸水防止をし、成果を挙げたとされ、水制も、より多くの注意を払って建設されているため、洗掘を受けていないということである。ここでは、費用が惜しみなく投入されていると指摘がされている（Ladoucette（1848），p.294）。
41) Ladoucette（1848），pp.292-294. 結局のところ、フィアールのシステムは、オート＝ザルプ県の急流には適さないとされるようになった。実際、ロジーヌ、ララーニュの同様の施設も破壊されており（Ladoucette（1848），p.294）、他にも、プラン＝ドゥ＝ヴィトゥロールでもヴィトゥロール男爵と付近住民によりフィアールのシステムの導入が進められていたが、資金不足により1829年以降は中断に追いやられたということである（Ladoucette（1848），pp.300-301）。

第2章
堤防組合制度と参加の強制

第1節　はじめに

　フランスでは、1865年法によって統一的な土地改良組合制度が定められることとなるが、それ以前には、関連する諸種の法やデクレなどで規定がされていた。堤防組合に関しては共和暦13年のデクレと1807年法がある。共和暦13年のデクレは、オート＝ザルプ県における堤防建設を対象に定められたもので、関係土地所有者の受益に応じた費用負担が規定されている。1807年法は沼沢地干拓に関する法であるが、堤防建設に関しても触れられており、沼沢地干拓に準じた規定の適用が定められている。いずれの制度でも、強制組合という形で堤防組合が結成され、不同意土地所有者であっても、行政の命令によって、仮に誰一人として建設を望まないようなケースであっても、組合参加、建設費用負担が強制的に求められる。

　1865年法では、土地改良組合制度が整理され、自由組合と許可組合の2つが設定された(加えて、例外的なケースとして強制組合としての結成もありえた)。自由組合は賛同土地所有者によって結成されるもので、許可組合は、法に定められた多数の基準を満たすことで、少数の不同意土地所有者に対して組合参加を強制できるものであった。そして、堤防組合は、この許可組合としての結成が認められていたのである。

　後に見る灌漑組合とは異なり、堤防組合に関しては、住民や財産の防御という公益を目的とするものであるがゆえに、組合結成が関係者の自由意思よりも優先することが認められていた。そこで、本章では、堤防建設に関係す

る、これらの法制度について検討することにしたい[1]。

第2節　1865年法以前の堤防組合制度

1　概　要

　65年法以前の土地改良組合は、強制組合、自発的意思組合、独立組合の3つに区分することができる[2]。指標としては、行政の関与の有無と組合結成における参加強制の有無があり、強制組合は、行政が関与するとともに、不同意土地所有者も参加を強制されることとなっていた。自発的意思組合にも行政は関与するが、不同意土地所有者は参加を強制されることがなかった。そして、独立組合は、行政の関与なく運営されるものであった。そして、こうした区分は、組合の目的とする工事の性格に応じたものであり、ここで対象とする堤防組合は強制組合として設立されていた。

　強制組合は衛生改善や洪水に対する防御などを目的とし、関係する土地所有者はすべて組合に参加する義務がある。不同意者、不参加者の存在によって他の者の財産が危険にさらされることがないよう組合への参加が強制されるのである[3]。所有者の同意なく、その意に反してさえも行政によって強制組合は組織されえ、1807年法による沼沢地干拓や堤防建設などで結成されるとガンは指摘している[4]。

　堤防建設に関わる組合が結成される場合、関係土地所有者は参加が強制されるとともに、受益に応じた費用負担が強制される。収用の対象となった場合には、見合った補償により、それに応じなければならない[5]。たしかに、この時期のフランスでは民法典の規定もあり、所有権の絶対性が強いといわれている[6]が、それでも所有権が制限される場合もあり、プフィスターは国家による収用や他者もしくは隣人の権利の観点から所有権が制限されうることを指摘している[7]。ルノーも権利乱用の問題や鉱山経営との関わり、公的収用との関連で所有権が制限を受けることがあったとしている[8]。パトゥーも隣人との関係の中での地役権、権利の乱用、収用、鉱山経営に関連して所有権の絶対性に制限が加えられることを説明し[9]、一般利益の観点より立法者が

所有権に制限をおくような分野がいくらか存在していたと、パトゥーは具体的な分野を挙げているわけではないが指摘をしている[10]。

また、契約の自由の観点からも強制組合の規定は問題となりうるが、ガンは、契約によることなく生ずる義務に関する民法典第1370条の規定を取り上げ、組合の工事が所有権を制限、変更する場合でも、公共利益にかかるのであれば、所有権の侵害とはならないとしている[11]。

要するに強制組合に関しては、公益が優先され、所有権が制限されるということであり、しかもその点については取り立てて異論が出されていたというわけではなかったのである。

2　共和暦13年のデクレ

共和暦13年のデクレは、オート＝ザルプ県における堤防建設に関わる規定で、共和暦11年フロレアル14日の河川の浚渫に関する法の条項に基づき河川沿岸住民に協力を義務付けたものである[12]。コミューン長による堤防建設の申請、橋梁土木技師による調査、計画の作成、県知事の許可、代議会の任命、工事の入札、費用の分担といった一連の手続、必要な工事が行われない場合に関する規定、堤防建設計画や費用負担への異議に関する規定などが含まれており、このデクレにより不同意土地所有者に対してであっても参加の強制が可能であるとされたのであった。

デクレの草案は県高官ファルノーが中心となって作成した。1805年に、彼自身のものを含め、ギャップ周辺の多くの土地が河川氾濫の被害を受けたことをきっかけに、堤防建設に関する制度の整備が必要と認識、河岸土地所有者だけではなく、氾濫のリスクから離れていると考え、防御工事に消極的な者も含め、関係者に協力をさせることが適切で、道理にかなうものであるとし、当時の県知事ラドゥーセットに制度の整備を提言したのである。つまりは、不確実な点のある河川の氾濫リスクを十分に認識しないような者に対し、例えば、熟議や討議、コミュニケーションを積み重ねたとしても、合意形成に至るとは限らないのであり、こうしたことから生じうる災害対策の不備や被害発生を避けるべく提言がされたというわけである。この提言を受け、ファ

ルノーや技師などを構成員とする委員会が設立され、デクレ案が検討された。委員会と県庁において案が承認された後、オート＝ザルプ県知事の要請とともに、中央に送られ、ほとんど修正されることなく、共和暦13年テルミドール4日のデクレとなったのであった[13]。

　このデクレに基づき堤防が建設される場合、シュレルによると、おおよそ次のような手続きに従うことになっていた。まずは、県知事に堤防建設の申請が提出され、それを受け、知事は、橋梁土木技師に対して現地調査を命ずる。しかるべきであれば、構造物に関する計画を作成させ、入札の実施、工事の実行となった。そして、技師が工事を監督、竣工を受け、引渡しの手続きを行う。費用は、代議会によって作成された台帳に基づいて関係者の間で分担されることとなる[14]。

　組合の運営は代議会[15]が中心となっていた。主要な関係土地所有者の中から5人が県知事により任命され[16]、その中から代議長（ここではsyndicと呼ばれているが、代議長にあたるものである）が1人選ばれることと定められている。代議長は会議をまとめ、静粛を保ち、公的秩序に反する提案がされないようにする[17]。代議会の任務としては、工事の利益と不都合に関する討議、堤防や構築物の修理と管理、水路や河川の浚渫、洪水や氾濫を防ぐために必要な施設の建設・維持に意を払うこと、地域に必要とされる防御のための正当な方策すべてを提供することなどがある[18]。

　費用は、所有地の受益の程度に応じて、関係土地所有者の間で分担され、費用負担に関する異議については県評議会（県知事の諮問的行政機関の役割や行政裁判所の役割を果たすもの）が判断を下すと規定される。また、いかなる土地所有者も、工事の賦課金のために、1年間のうちに、他の課税額すべてを差し引いた純収入の4分の1を超えて徴収されることはないと定められている[19]。

　このデクレ制定によりオート＝ザルプ県で堤防建設が促進されたといわれており、ファルノーは、このデクレは、期待を超えるものであり、この貧困な県に行政がもたらした最大の恩恵の1つであり、優良で生産的な土地を保護する多くの堤防が建設され、その正当性から誰もこれに反対の声を上げることはなかったと評しているのである[20]。

第2章　堤防組合制度と参加の強制

3 **1807年法における堤防組合制度**

　共和暦13年のデクレの他に堤防建設に関わる法制度として、1807年の沼沢地干拓に関する法がある。この法は、広く公共事業に関する規定を含み、堤防建設にも触れており、それを根拠とする堤防組合も結成されていた。次章で見る事例でも、ひとたび共和暦13年のデクレで組合を結成した後、1807年法に基づき国王の認可を受けている。そこで、次に、この1807年法についてみてみることにしよう。

　1807年9月9日、国務委員モンタリヴェ、ルニョー、プレによって立法院に法案が提出され（そこでは、干拓と公共事業を目的とする法案として提出されている）[21]、モンタリヴェが趣旨説明を行った[22]。同月16日、法制審議院のカリオン＝ニザとシャロンの法案に関する発言がされ、結局、賛成163、反対79で成立した[23]。

　この法の趣旨は、モンタリヴェの報告で次のように説明されている。沼沢地の瘴気の悪影響から人口を守り、広大な土地を農業に提供することが統治者の所存であるが、実際には干拓は進んでいないとし、理由として、沼沢地の所有権が十分に尊重されてないことと、沼沢地所有は特別な規則に服すべきと所有者が認識していないことをあげる。そして旧体制期以来の沼沢地所有者と干拓請負業者との間の所有権上の問題や収用における所有権侵害について見た上で、コタンタン、ロッシュ＝フォール、アルル、エーグ＝モルト、ブールゴワン、マルセイエットにおける事業の成果を紹介、同様の成果をフランス全体に広めるため、現制度の欠陥是正を目指したということである[24]。

　また、沼沢地は一般利益、健康、人間の生活、土地生産物増加に非常に密接に関係しており、特別な規則により、行政の権威に基づき、直接、管理されると所有者に明らかにすることが必要と皇帝が認識した旨モンタリヴェは説明し、沼沢地取得者は、その所有権は他とまったく異なると弁えるべきとする。そして、沼沢地所有者と請負業者との関係を明確化し、工事による価値増加分の一部分を前者から後者へ移すべきとの原則を打ち立てる。これにより旧体制期において不当に所有権や価値増分の移転を強いられていた沼沢地所有者の権利を尊重しつつも、沼沢地の所有が公益性の名の下に、特別の

制限を受けることを明確化、ここに個有の法令を制定し、一般利益においてこれに服するべきことを主張[25]、それにより、行政が必要と認めた場合、強制組合設立を可能とする根拠を確立すべしとしたのである。

1807年法は12の章、59の条文からなり[26]、堤防建設については第7章第33条、第34条で定められ、この規定をもって強制的に堤防組合が結成されるものと解されている。不確定要素を孕む河川氾濫リスクを低く見積もる者や費用負担を忌避する者などについて合意形成を行うことなく、こうした者も含めて組合を結成することが可能というわけである。

第33条では、堤防建設の必要性は政府により確認され、受益者となる土地所有者が受益に応じて費用負担を行うことが定められている（ただし政府により補助が認められる場合もある）[27]。第34条では、行政的手続や特別委員会の介入が沼沢地干拓と同様に行われると規定されている。行政的手続は次のように行われる。まず、県知事が工事の調査を橋梁土木技師に行わせる。そして、関係土地所有者に仮の代議会を結成させ、その意見を聴取し、図面、県知事の見解などとともに工事に関する書類として公共事業省に送付する。関係する工事の計画、技術、会計について意見を述べることなどを任務とする橋梁土木総評議会への付託の後、県知事に戻される。そして事前調査が行われるとともに、公的収用が関わる場合には公益性認定の調査が行われる。それを受け、書類は再び公共事業省に送り返され、国務院（国家元首の諮問的行政機関の役割や行政裁判所の役割を果たすもの）に提出、行政規則について討議された後、国家元首によるオルドナンス（一種の命令にあたるもの）かデクレの形で組合が認可される運びとなる[28]。

組合運営や工事の実施について定める規約は、ほとんど定式化されており、約40の条項が5つの章に置かれていた。第1に、組合の目的、代議会の構成、更新、役割、権限、議決の方法など組合組織に関する規定が、第2に特別委員会について、権限、構成、召集、議事に関するもの、第3に、計画の作成、承認、入札、監督、引き渡し、支払い、実行された工事にかかる会計の公表、予算の作成など、工事の実行や支払いに関するもの、第4は、徴収官もしくは会計員の選択、保証金とその返還、台帳の作成、その公示、承認、徴収、会

計員の責任、支払いと報告に関する義務など、台帳と徴収に関するもの、第5は、台帳に対する異議、工事の際の取締りの方策、違反行為の確認と防止、技師や他の係員に対する報酬、旅費、他の費用の支払いに関する権限などを定めた雑則が置かれていた。さらに、公的収用が行われる場合には、別に1つの章か条項が規則の中におかれた[29]。

　組合が結成され、県の命令により組合運営の中心的役割を担う代議員が指名されると、工事に向けた手続きが行われる。図面の作成、受益地の分級、工事と異議申し立ての受付、費用の配分が行われた。受益地範囲の決定、分級、費用負担に関する異議については、国務院に出されるものは除き、特別委員会が判断することとなる[30]。

　この特別委員会に関しては、1807年法の第10章で規定されている。7人で構成され（第43条）、事業現場や事業対象について見識を最も持つと思われる人物の中から選ばれ、皇帝が指名する（第44条）。権限は、受益地における等級区分、評価、図面の正確性確認、認可に関する条項の実行、工事の引き渡し、台帳の作成と確認、沼沢地維持のための方法を組織することにあり、堤防工事においても同様の任務につく。

　この特別委員会の制度が設けられたことについて、モンタリヴェが趣旨説明の中で触れている。多様な利益、評価、地域の特性、利点と欠点を十分に把握するために、現地や対象構造物をよく知り、その聡明さ、思慮深さ、職務により推薦される人物から構成される。当該工事の、いわば特別な裁定者となり、その工事だけを担当、できる限り配慮を尽くし、上位権力の信頼と公的評価に応えるべきものである。その有益な影響力が工事のいかなる段階でも与えられ、常設で、最も見識があり、利害関係者間の紛争すべての裁き手たるべしということである[31]。また、シャロンも、特別委員会が紛争を裁くため形成され、裁きを受ける者の安全の確実な保障のため、特定の利益や地域感情の影響から離れて任命されるものであるとしている[32]。

　このように特別委員会は地域における受益者の利害関係調整のために特に設けられたものであり、地域の実情をよく知るとして選ばれた有力者[33]が判断を行うということになっていた。しかし、65年法制定時に、この制度が複

雑であり、手続きが煩瑣になるということから、その簡略化が求められることとなるのである。
　また、制度の複雑さに関しては、組合結成の手続において公共事業省などの上級官庁の承認が1807年法では必要であり、それが煩雑であるとの批判もされていた[34]。実際、次章で事例とするエグリエ・ラ＝ミュール堤防組合では、1807年法の規定に基づく組合認可を目指していたが、まさに、上級官庁との手続きのやり取りおいて時間が空費される状況が生じたために、堤防建設において桎梏になるとともに、急流の氾濫による被害を受けることになるのである。
　こうした問題については、ナポレオン3世による分権化推進の中で、例えば、1852年の分権化に関するデクレにおいて、関係土地所有者の全員一致の賛同が得られた場合には、県知事アレテ（一種の命令にあたるもの）によって堤防組合を結成することができるように改められ、負担が軽減されていった。そして、次に見る65年法で、その方向性がさらに推し進められ、関係土地所有者の全員一致でなくとも、定められた多数の基準を満たせば、県知事アレテによって堤防組合を結成することが可能になったのであった。

第3節　1865年法における堤防組合制度

　先に触れたように65年法以前には、土地改良組合を統一的に扱う法令はなく、1807年法など、種々の法令で別個に定められていたが、こうした複雑な状況が65年法によって整理された。分権化の流れを促進するべく、組合設立における手続きの簡素化や特別委員会制度の廃止などの改正が行われるとともに、各種行政的便宜について規定された。土地改良組合結成に対する農民の自発的イニシアティブを引き出すべく、こうした措置が取られたのであった。
　そこでは堤防建設や沼沢地干拓、灌漑、排水工事などの8つが組合の目的とされた。自由組合と許可組合の2種類が土地改良組合として設定され、後者は、関係所有者数とその所有地面積に関連付けて計算される多数の基準に

第 2 章　堤防組合制度と参加の強制

よって結成が許可され、不同意少数者に対しても組合参加を強制しうる制度となっていた。そして、灌漑を目的とするものとは異なり、堤防建設を目的とする組合は、許可組合として結成することが可能な規定となっていたのであった。そして、さらに、例外的な形であるが、多数の基準による許可組合が結成されない場合においても、行政が必要に応じて1807年法を用いて強制的に組合を結成しうる規定も盛り込まれ、事実上、強制組合の制度も残されたのであった。

1　1865年法制定の経緯

(1) 63年草案

1863年5月31日の立法院議員選挙の後、ナポレオン3世は、国務院長ルーエールにあてた同年6月23日付け文書の中で、分権化を推し進めるよう指令した[35]。これに基づき、関係手続きの簡素化を企図して、土地改良組合に関する法案[36]が作成され、1863年12月11日付で国務委員デュボワにより国務院に提出された。

この63年草案は、章立てはされておらず、全体で18条からなるものである（表2-1参照）。土地改良組合の目的として、堤防建設など6つ（表2-2参照）が挙げられている（第1条）[37]。

小郡判事が総会を招集、主宰し（第2条）、全員一致の参加が得られた場合、そこで組合が結成される（第3条）。また、第1条で挙げられている目的のうち、最初の3項目に関しては、多数の基準を満たしたとき――受益者の半数が賛同し、その受益地内の所有地面積が全体の3分の2を超える場合、もしくは受益者数の3分の2が賛同し、その所有地が受益地面積の2分の1を超える場合――県知事アレテによって組合が結成される[38]。しかし、第1条第4項、第5項、第6項に関しては、賛同土地所有者しか組合に含むことができない（第4条）。また、土地所有者が拒否もしくは欠席の場合でも、第1条に挙げた事業が関係者によって実行されることが有益であると県知事が判断した時には、仮代議会を任命し、工事にかかる手続きの後、国務院デクレによって公益性を必要に応じて認定した上で、関係土地所有者を土地改良組合に結集せしめることとなる（第5条）。

表2-1　1863年草案の概要

第1条	土地改良組合の目的	第10条	組合参加者および代議会の構成
第2条	総会の招集	第11条	賦課金徴収
第3条	全員一致の場合の組合結成	第12条	賦課金の上限
第4条	多数の基準による組合結成	第13条	組合結成等に関する異議申し立て
第5条	関係所有者の拒否、欠席の場合の仮代議会結成	第14条	土地の収用
第6条	仮代議会による計画等の調査	第15条	工事の不実施等の場合の措置
第7条	工事計画と代議会提案の調査	第16条	組合の解散
第8条	工事計画等の農商務公共事業省への転送	第17条	手続き等にかかる行政規則
第9条	国務院デクレによる組合結成	第18条	既存の法の扱い

出典）筆者による作成。

表2-2　1863年草案における土地改良組合の目的

1. 堤防建設
2. 浚渫等工事
3. 非衛生湿地の改善
4. 灌漑と流水客土
5. 排水工事
6. 農業経営用道路と他の集団的利益を持つ農業改良工事

出典）筆者による作成。
注）1864年政府案における土地改良組合の目的もほぼ同じ内容となっている。

　ただし、灌漑、排水、農業経営用道路と農業改良に関しては、賛同土地所有者しか含むことはできない。が、堤防建設などその他の事業に関しては、全土地所有者によって事業利益に応じた費用負担がされると規定されている（第10条）。

　この草案では、事実上、3種類の土地改良組合が想定されており、第3条で規定されているものは後に見る自由組合に、第4条のものは、後に見る許可組合に、そして第5条のものは強制組合に相当するものと考えることができる。そして、第4条、第5条により、堤防組合は不同意土地所有者であっても参加が強制されうる規定となっているわけである。

第2章 堤防組合制度と参加の強制

表2-3 1864年政府案の概要

第1章　土地改良組合	第12条　受益者の多数
第1条　土地改良組合の目的	第13条　関係所有者と第三者による異議申し立て
第2条　土地改良組合の種類	第14条　国務院デクレによる組合の結成
第3条　土地改良組合の法的行為	第15条　賦課金の徴収
第4条　無能力者等の組合参加の手続き	第16条　異議申し立て
第2章　土地改良自由組合	第17条　土地の収用
第5条　土地改良自由組合の結成	第4章　雑則
第6条　公示	第18条　補助金のある場合の代議会
第7条　公示のない場合	第19条　工事の不実施等の場合の措置
第8条　土地改良許可組合への転換	第20条　総会、代議会等組合運営に関わる行政規則
第3章　土地改良許可組合	第21条　既存の法の扱い
第9条　土地改良許可組合の結成	
第10条　県知事による審査	
第11条　総会の開催	

出典）筆者による作成。

(2) 64年政府案

1864年3月9日、10日、12日、31日に土地改良組合に関する法の政府案作成のため、国務院で議論がされ、同年4月6日にデュボワ伯爵によって立法院（第2帝政期の下院に相当するもの）に提出された[39]。4章、21条からなる（表2-3参照）。

この法案の趣旨についてデュボワが説明をしている。農業改良事業は、総括的視点と長期にわたる持続的な資力と信用を不可欠とするのが通例であり、堤防や浚渫、非生産的で不衛生的な土地の征服、改善、灌漑や流水客土において孤立した努力は無力であるとし、これら事業は結集された努力と組合精神の協力とを必要としており、こうした協力を保障することを法案は目的としているとする。そして組合を律する規定は、様々な法の中に分散しており、正確さと調和を欠き、多くの遺漏があると述べ、法的無能力者の組合参加の手続きや条件、裁判における代議員による代表、紛争処理の管轄、収用における適用法などの問題を指摘し、改善の必要性を訴える。そして、これまでの制度の歴史を振り返った上で、いかなる法令も土地改良組合制度について完全で固有な形で定めておらず、こうした問題の最重要な側面——手続きや通

達を簡潔にし、事業精神と私的利益のイニシアティブを飛躍させること――を扱う時機が到来しているとする。組合が実行しようとしている複雑で困難な事業を、国家の協力を完全になくして行うことは、確かにできないとしつつも、過度な公的権力集中化によって形成された保護により、無力をもたらす怠惰と臆病との遺憾な習性を人々が持つこともありうるとし、国家に依存するのではなく、自発的に組合を結成することを容易にすることで、集団的事業を促進する必要があると強調するのである。かいつまんでいえば「無力な孤立を実り多き組合に代えること」で「利益、資本の協力と市民の自発的行動によってフランスにおける農業、工業、商業の飛躍を促進する」という、デュボワによると、皇帝が発したものであり、立法院も賛意を表しているという思想に忠実ならんとしているというわけである[40]。

　法案の第1章には総則的な規定が置かれている。63年草案と同様、6つの組合の目的が列挙されている(第1条)[41]。土地改良組合は、自由組合と許可組合の2種とされている(第2条)。既存の法制度の欠陥を補綴すべく、土地改良組合に法人格を認め、裁判において代議員が代表することが認められるとともに、取得、売却、移転、借り入れ、抵当設定が可能となった(第3条)。無能力者、未成年者、禁治産者、生死不明者について手続きをとることで組合参加を有効とすることができると規定されている(第4条)。

　第2章では自由組合について規定されている。行政の関与なく関係者の同意によって創設されるものである(第5条)。従来、明確にされていなかった結成や規約などの手続が、この章で定められている。第3章では許可組合について規定されている。堤防建設、浚渫等工事を目的とするものに関しては、第12条で規定される多数の基準――63年草案第4条と同様の基準――を満たすことで許可組合として結成されうるとされた。ただし、第12条の多数の基準を満たさない場合でも、県知事が意見を付けて国務院に関係書類を送付し、国務院は、必要に応じて工事の有用性を認定し、組合を結成すると規定されており(第14条)、事実上、強制組合の結成を認めたものとなっている。そして、第15条以下で、賦課金の徴収、異議申し立て、土地の収用について許可組合が享受する行政的便宜に関する規定がおかれている。

第2章　堤防組合制度と参加の強制

表2-4　1865年委員会案の概要

第1章　土地改良組合	第14条　沼沢地干拓、塩田、衛生改善の場合の所有地譲渡
第1条　土地改良組合の目的	
第2条　土地改良組合の種類	第15条　賦課金の徴収
第3条　土地改良組合の法的行為	第16条　異議申し立て
第4条　無能力者等の組合参加の手続き	第17条　異議申し立ての期限
第2章　土地改良自由組合	第18条　土地の収用
第5条　土地改良自由組合の結成	第19条　地役権の設定に関する異議
第6条　公示	第4章　総会における所有の代表、代議員
第7条　公示のない場合	第20条　総会参加
第8条　土地改良許可組合への転換	第21条　代議員の数
第3章　土地改良許可組合	第22条　代議員の選出
第9条　土地改良許可組合の結成	第23条　補助金を受ける場合の代議員
第10条　県知事による審査	第24条　代議長、助役
第11条　総会の開催	第5章　雑則
第12条　受益者の多数	第25条　工事の不実施等の場合の措置
第13条　関係所有者と第三者による異議申し立て	第26条　1807年9月16日法、共和暦11年フロレアル14日法

出典）筆者による作成。

表2-5　1865年委員会案における土地改良組合の目的

1. 堤防建設
2. 浚渫等工事
3. 沼沢地干拓
4. 塩田経営用施設
5. 非衛生地もしくは湿地の改善
6. 灌漑と流水客土
7. 排水工事
8. 経営用道路と他の集団的利益を持つ農業改良工事

　出典）筆者による作成。
　注）成立した65年法では、第5項は、非衛生湿地の改善とされている。

(3) 65年委員会案

　64年政府案は、スネカを議長とし、エシャスリオー男爵を書記とする委員会[42]により検討され、翌年5月3日に委員会案として修正が加えられた形で立法院に提出された[43]。この案は、5章、26条からなり（表2-4参照）、成立した65年法とほぼ同一の内容となっている。法案の趣旨説明の冒頭で、スネカ

は、土地改良組合に関する政府案は、農業の利益に関するもので、損害を予防し、生産を増加させるという2重の目的を持ち、帝国政府が粘り強い意志で実現を追求してきた計画の重要な一部分であると確認した上で、それに変更を加えたということである[44]。

委員会案では、組合の目的の中に、沼沢地の干拓と塩田経営に必要な構築物建設が新たに入れられている（表2-5参照）（第1条）[45]。63年草案では3種の組合が存在したが、委員会案では64年政府案同様、自由組合と許可組合にしている（第2条）。そして、組合の目的として、第1条第1項から第5項を持つものについてのみ、許可組合としての結成を認め（第9条）、第6項から第8項までを目的とするものについては、自由組合としてしか結成できないこととされた。堤防、浚渫、沼沢地干拓に関しては、1807年法や共和暦11年法によってすでに定められていることとのつながりで、塩田に関しては、少数の関係者の抵抗によって、一部が開発されないままでいることはできないとされたことで、そして、湿地改善は沼沢地干拓と同様に考えられたがゆえにこのような規定とされたのであった[46]。

64年政府案第14条に置かれていた事実上の強制組合を認める規定はなくなっている。手続きが簡素で迅速であるというメリットは認めるものの、同時に、所有権の保障についても考慮しなければならず、集団的利益の多数が反対し、ほぼ全員、もしくは全員が抵抗するときに、その意志に反して組合を結成できるかとし、委員会案では退けたとされている。また、ギヨマンが、第1条の最初の3項目に関しては強制的に組合を結成できるように第9条を修正し、それにあわせて、第14条で、県会の意見を入れて、強制組合結成を可能にするような案を出したが、それも受け入れられることがなかったということである[47]。

さらに、政府案では、行政規則によって定めるとされていた組合の代表等に関する規定が、委員会案では、第4章の代議会等の規定として追加されている。そこでは、組合における利益は所有から生ずるのであり、よって所有の代表は利益に比例するべきこと、代議員の選出は受益者総会に属するべきであること、代議員の行為は公益に反しない限りで自由であることが枢要点

として委員会で確認され、それに基づき、代議員の選任、代議長の選任等について規定されたのであった[48]。

また、委員会案では1807年法と共和暦11年法に関する規定が第5章第26条において付け加えられた。64年政府案においては、既存の法令の中で法案に反する規定は廃止するとされていたが、これに対して委員会案では、政府案第14条を退けたことに伴い、1807年法と共和暦11年法の規定を保持すべきとして、第1条の第1項から第3項に関しては、許可組合が結成されない場合に、これらの法が適用されうるとされた。事実上の強制組合の残存である。同時に、1807年法の条項に関して、特別委員会については、県評議会にその権限を移し、賦課金徴収、収用、地役権については、許可組合に準じた扱いとすることとなったのであった(第26条)[49]。

この法案の趣旨について、スネカは、農業の富を増加させるための尊く実り豊かなイニシアティブを援助するためのものであるとする。そのため、委員会は努力を惜しむことなく、法の実施においてありうべき困難に目をつぶることなく、結成において支援はされるものの強制はされない組合の力を、活動において援助はされるものの支配はされない組合の力を信奉しつつ、しかしながら、同時に、公益性により必要とされる上級行政当局と統治に関わる措置については、それを取り除くことはしないとしているのである[50]。つまりは、強制ではなく支援を、支配ではなく援助を与えることで、組合の自発的設立を促そうとのスタンスが基本線であり、原則である。こうした動きを通して農業生産の増加を目論むというわけである。あくまで組合結成のイニシアティブを促進するものであり、国家による組織化を推し進めようというのではない。しかし、公益性に関わるものには、なお、行政当局が権限を保持するのであり、ここで問題にしている堤防に関しても、それが当てはまる。そこでは、多数の基準による許可組合としての結成や行政のイニシアティブによる強制組合としての結成が制度的に可能となるような構成がとられているのである。

委員会案は、1865年5月19日に一般審理および第14条までの逐条的審理が行われ[51]、翌日、残りの条文案が審理された[52]。第24条で若干の技術的修正

がなされた後、投票により法案は可決され、元老院に送付された。翌月9日に法案に関する説明、同月13日に審理が行われ、そこでも同じく投票を経て、可決されたのであった[53]。

この65年法の成立により、組合に関わる行政的手続きが簡素化され、各種行政的便宜が図られた。繰り返しになるが、この法は、国が組合に積極的に関与するというよりも、関係土地所有者の発意を促し、それをサポートすることに主眼を置いたものであった。土地所有者のイニシアティブを引き出すことで農業における組合結成を促進し、ひいてはフランスの農業生産を増加せしめようという意図を持った法制度として位置づけることができよう[54]。しかし、堤防等に関しては、法の持つこうした方向性の中にあっても、多数による少数に対する参加の強制や1807年法による組合設立の強制がかかる場合が制度的に存在した。関係受益者の自発的イニシアティブを促進しようという趣旨の法制度の中にも、それとは異質の論理が組み込まれているというわけである。

2 1865年法における堤防組合制度──許可組合としての設立──

65年法第9条により、堤防組合は許可組合として県知事アレテによって設立されうると規定された。満たすべき条件としては、第12条の多数の基準で、これにより不同意土地所有者に対する参加の強制が可能となった。多数の基準は、受益者の過半数が賛同し、その受益地内の所有地面積が全体の3分の2を超える場合、もしくは受益者数の3分の2が賛同し、その所有地が受益地面積の2分の1を超える場合となっている。つまり全員一致が求められることなく、多数の基準を満たすことで、少数の不同意者の合意を取るまでもなく、組合の結成が可能となり、賛同者のみで組合を結成せざるを得ないという事態に陥ることもないというわけである。

こうした規定には取り立てて異論は出てはいなかった。第5章で見るように、灌漑組合に関しては、許可組合制度の適用を求める声に対し、農業改良を目的とするこの種の組合には認められないとの声が優勢を占めたが、堤防組合に関しては、防御を目的とするものであるがゆえに、問題なく、多数の

第2章　堤防組合制度と参加の強制

基準による強制が認められることになったのであった。

　もっとも、許可組合に与えられる行政的な便宜に関する規定には、議会において、所有権尊重の立場から反論が出されることとなった。許可組合に与えられる行政的便宜としては、以下のようなものがある。賦課金に関して、代議会が台帳を作成し、県知事がそれを承認し、効力を与えることで、直接税に準じた形で徴収が可能になる（第15条）。受益地範囲、等級区分、賦課金の分担、徴収、工事実施に関する異議は県評議会で判断される（ただし国務院で判断されるものは除く）（第16条）。これは、先に見た1807年法とは異なる規定である。そこでは特別委員会が受益地範囲等に関する異議の判断を行っていたが、手続きの複雑さにより改正が要求されていた点がここに実現したのであった[55]。また、組合員の資格や組合の効力について、賦課金台帳公示後4ヶ月を過ぎると異議を唱えることができないと規定し（第17条）、異議申し立てを一定期間内に制限することで、組合の財政的な支援獲得を容易にしている[56]。さらに、土地収用に関して、国務院デクレによる公益性認定を受け、村道に関する1836年5月21日法の条項に従って実施されることも定められている（第18条）。そして、地役権設定に関する異議について、1854年6月10日法に基づき、小郡判事を第1審として訴えが出されると規定されている（第19条）[57]。これら規定の中で、第17条や第18条、第19条に対して、所有権をより厚く保障する必要を訴える立場から反対意見が出され、議論が戦わされた[58]。しかし、許可組合制度そのものに関しては、異論は出されなかった。一部の少数者の反対により、他の者の安全がリスクにさらされることは肯ぜられなかったというわけである。

3　1865年法における堤防組合制度——強制組合としての設立——

（1）強制組合としての設立に関する規定

　65年法では、堤防と沼沢地干拓に関しては1807年法、河川浚渫に関しては共和暦11年法により強制組合として結成可能な規定が第26条で置かれていた。自由組合によっても許可組合によっても堤防建設、河川浚渫、沼沢地干拓に関する組合が結成されない場合には、これらの法に基づいて強制的に組

合が結成されうるという規定である。

　こうした規定について、65年委員会案報告の中でスネカは次のように説明する。土地所有の保障を考慮に入れるとともに、不賛同者が多数の場合に果たして組合結成が可能かという観点から、公的利益と私的利益との調和が取れていないと判断され、64年政府案第14条が削除された。ただし、それにあわせ、許可組合が結成されない場合に限り、1807年法と共和暦11年法の効力を持たせる条文を第26条として委員会は追加、こうした措置は公的利益に関し、特別法による規定を保持する必要があると判断したからであったとしている[59]。このような規定は立法院でも議論されているが、そこでは、強制的な組合結成が問題視されてなくはないが、むしろ所有の保障のあり方が議論の中心になっている。

(2) 一般審理における議論

　法案の一般審理の中でギヨマンが、事実上の強制組合について規定していた政府案の第14条を削除し、かわりに第26条で堤防建設と河川浚渫に関して1807年法の規定の適用を可能とした委員会案に非難を浴びせている。公共の利益に関する場合に強制組合は必要であるが、しかし、それとともに所有に対する重大な保障も必要であるとする。すなわち、堤防建設などには、所有者の意思に関係なく、行政により実施を強制する規定が必要であると力説しつつも、同時に、その場合には所有権に対する保障をないがしろにするわけにはいかないとし、委員会案ではこうした点において不十分であるとギヨマンは指摘する。そしてさらに進んで、非常に大きな災害に対して国が防御を行わなければならないとする1858年の都市洪水に関する法を取り上げ、むしろこの法の規定に従うべきだとする。つまりは農業に関する工事や改良に関しては組合が有効であると認めながらも、大規模な洪水などへの対策は、まずは国が行うべきとするのである[60]。こうした意見に対して、ジョソーは強制組合を廃止したのは全面的に賛成であるとし、デュボワ伯爵も同調するが、詳しくは後の条文ごとの審理に委ねられることとなった[61]。

第2章　堤防組合制度と参加の強制

(3) 政府案第14条をめぐる議論

委員会案第14条の審理の中でも、法案検討委員会によって削除された政府案第14条をギヨマンが取り上げている。ここでは、それを削除するのではなく、県会の意見に基づき強制組合を結成できるよう条文を変更するべきと主張している[62]。これに対しスネカは、強制組合の削除について、組合を結成することを望まない者を組合員とすることができるか、こうした場合には単なる強制的な税となってしまうし、こうした類の組合はどのように機能するであろうかといった点を疑問とし、ギヨマンが提案した県会の意見に基づく強制組合の結成を可能とする修正を却下しながら、結局のところ、保護と防御に関する工事について1807年法を存続させることを法案検討委員会は選択したと説明する。なおもギヨマンは不十分とするが、1807年法が問題となっていることから第26条の審理の中で議論されることとなった。

(4) 第26条をめぐる議論

第26条は、堤防建設、河川浚渫、沼沢地干拓工事について、自由組合、許可組合、いずれも結成されない場合、1807年法もしくは共和暦11年法により、土地改良組合が結成されうるという規定であり、事実上強制組合を認めるものとなっている。この条文について、ギヨマンは、並外れて危険であるとする。自由組合と許可組合ではあらゆる保障がなされているものの、この条文で扱われる1807年法と共和暦11年法によるものに関しては適当な保障がつけられておらず、問題があると指摘する[63]。

これに対し政府委員フランクヴィルは堤防の建設と河川の浚渫の2つについて次のように述べる。これら工事は任意で行われてきたのではなく、政府が必要と認めた場合に義務的に行われていたこと、この2つの工事は同じものとはいえないが、いずれも水害予防を目的として行われることを指摘しつつ、従来、認められている権限を政府から取り去ることは適切でないとする。実際には、工事が必要と考えていても、署名をあえて行わないものが農村には存在し、それがゆえに、許可組合の多数を満たすことができずに、結果として工事が行われないケースが多く出るのではないかと思われると述べる。さ

らに、堤防工事や河川の浚渫では固い連帯が必要であると指摘し、イゼール川のグレージボーダンでの工事の例を挙げている。そこでは川の両岸にそれぞれ17ほどの組合が存在し、それぞれが連携しながら堤防を建設しなければならず、ひとつの組合がそれを無視したならば、谷あいすべてが洪水被害を受けることとなるところ、1858年に実際にそうしたことが発生した。ゆえに、こうした工事には連帯が必要であり、所有者の代わりに政府に権限がないと嘆かわしい結果となり、河川浚渫も同様とする。また、法案検討委員会で、多数によって組合が結成されない場合、強制的な組合結成を可とするよう政府が要求したが、適当でないと判断され、代わりに1807年法と共和暦11年法の条項を維持することを要求し、それが受け入れられたという事情も明かしている[64]。つまりは、従来からの政府の権限を維持するとともに、署名手続きを要する許可組合制度の農村部への浸透や実質化に関わる危惧（実際、第3章で見るエグリエ・ラ＝プレーヌ組合の設立時に類似の事態が出来している）や、受益範囲が広域にわたるケースでの連携構築の必要から、先に見た64年政府案第14条を廃するかわりに、第26条で、1807年法と共和暦11年法の条項維持を主張したのであった。

　結局のところ、ギヨマンの意見は入れられず、第26条も委員会案どおり採択され[65]、堤防等に関しては、従前の法に基づき強制組合として結成されうることとなった。が、条文案に反対したギヨマンも組合の強制的結成そのものを否定していたわけではなく、その点、両者に大きなへだたりがなかったことを、ここでは確認しておこう[66]。

第4節　小　　括

　本章で見たように、堤防組合に関しては、65年法以前であっても、65年法以降であっても、何らかの形で不同意土地所有者に対して組合参加を強制することが可能な制度となっていた。共和暦13年のデクレと1807年法においては、たとえ、関係土地所有者のうち、誰1人として組合結成に賛同しないといった極端な状況であったとしても、行政により、代議会が結成され、受益

第2章　堤防組合制度と参加の強制

者に費用負担が課せられるという制度となっていた。例えば、河川氾濫のリスクは不確実な点を含むがゆえに、工事実施に賛同しない者が存在したとしても、熟議や討議を重ね、合意を形成することなしに、組合に参加させえたのであり、このようにして不確実な要素を孕むリスクに対する予防的措置を実現可能なものとしようとしたのである。

　65年法においては、多数の基準を満たした場合、堤防建設を目的とする組合は、許可組合として結成されることが可能となり、少数の不同意土地所有者もまた、組合に参加せざるを得なくなる。そして、それによって賦課金などの負担が生ずることとなった。こうしたことは、組合の中での軋轢や紛争を引き起こす要因となりかねないもので、実際、次章で見るエグリエ・ラ＝プレーヌ組合では賦課をめぐる紛争がおきている。また、さらには、例外的な形ではあるが、65年法でも、1807年法の規定により、堤防組合が強制組合として結成されうる規定まで残されたのであった。この規定に関しては、ギヨマンによる反対は出たが、土地所有者に対する保障を厚くすべきという意見で、強制組合の結成そのものに対する異論ではなかった。

　結局、堤防建設など防御や公益に関わるものは、許可組合にせよ強制組合にせよ、何らかの形で不同意土地所有者に対して参加の強制がかかりうる規定自体には強い反対は出されなかった。自発的イニシアティブによる組合結成を促進しようとする65年法においても、こうした規定に対して異論が出されていたわけではなかった。こうした点、後に見る灌漑組合とは全く異なっていたのである。

●注
1）堤防建設において関係土地所有者に強制がかかるのは、いわば当然とする向きもあるかもしれないが、序章でも述べたように、現在の環境や資源の問題を鑑みるに、不確実なリスクへの対応や公益性が絡む事柄における関係者への強制のあり方を考察することが必要と思われるし、実際、次章の事例で組合参加を強制された成員による軋轢が生じていることや、灌漑組合では、ただちに、この種の強制が認められなかったことから、本章では、堤防組合制度における参加の強制に焦点を当てて見ていくことにする。
2）65年法以前の土地改良組合の区分の仕方は論者によって異なっており、本書では、

強制組合、自発的意思組合、独立組合の3つに分けておいたが、ドゥボーヴによる公共事業辞典では、行政の関与しないものとするものとに分類し、後者をさらに自発的意思によるもの（associations volontaires）と強制によるもの（associations forcées）の2つに分けている（Debauve (1879), p.87）。ガンの土地改良組合に関するマニュアルでは、行政の関与しないものとして独立組合（associations indépendantes）、同意なく行政によって組織される強制組合（associations forcées）、そして自発的意思による許可組合（associations volontaires autorisées）の3つに分類しており（Gain (1884), p.36.）、ゴドーフルの土地改良組合に関する解説書では、強制組合（associations forcées）と自発的意思組合（associations volontaires）の2つに分けており（Godoffre (1867), p.16）、自発的意思組合の中にドゥボーヴのいう行政の関与しない組合に相当するものを含めている（Godoffre (1867), pp.52-53.）。

3）Debauve (1879), pp.87-88.
4）Gain (1884), pp.38-46.
5）こうしたことに関連して、ガンは、ドゥモロンブやオーブリ、ローを援用しながら、収用が宣告された場合、補償を受けるかわりに譲渡を行わなければならないことや、公共の安全や衛生、国富の保持や増加のため、公共利益において所有権の行使が制限されることを指摘している（Gain (1884), pp.16-17）。
6）Pfister (2004), pp.102-104, Patault (1989), pp.216-219, Renaut (2004), pp.86-87 などを参照。
7）Pfister (2004), pp.104-105.
8）Renaut (2004), pp.87-93.
9）Patault (1989), pp.220-231.
10）Patault (1989), p.225. なお、所有権の絶対性を規定するフランス民法典においてなお、こうした所有権の制限が行われることについては、稲本（1979）、107頁、原田（1980）、34、39頁、吉田（1990）、194-205、214-215頁、小田中（1995）、120頁も参照。
11）Gain (1884), pp.19-21. 所有権の自由と同様、民法典制定当時から、契約の自由が強調されつつも、同時に各種の限定と制約をも伴っていたことについては、山口（2004）、17頁を参照。
12）共和暦11年法は、航行不能河川の浚渫に関するもので、旧慣によると問題が生ずる場合や旧慣そのものが存在しない場合に行政にその解決の権限を与えたものであり、河川浚渫に関する土地改良組合の結成を義務としたものである（Gain (1884), pp.35-36）。費用負担は工事による受益に応じたものとされ（第2条）、県知事の監督のもと台帳が作成され、租税と同様に徴収が行われる（第3条）。賦課の徴収や負担者の異議、工事に関する反対は、県評議会（国務院が判断するべき政府への提訴は除く）に提訴されること（第4条）が規定されている。
13）Farnaud (1885), pp.188-189. Thivot (1970), pp.162-163 も参照。なお、デクレの条文は、Surell (1841), pp.254-255, Ladoucette (1848), pp.752-754, Champion (1858-1864), tome 4, pp.LXXX-LXXXII, Cœur (2008), pp.275-276 に収録されている（シャンピオンの著作については、Cœur (2000) を参照）。
14）Surell (1841), p.56.
15）デクレの条文では委員会（commission）となっているが、代議会に相当するものである。
16）モリゾーによると実際の手続きは次のように行われた。土地所有者からコミューン

第2章　堤防組合制度と参加の強制

　長へ代議会結成の申請が出され、コミューン長は主要土地所有者を挙げた推薦文を加えて、大郡長にそれを送付、大郡長は申請された代議会の必要性について、意見を述べつつ、候補者を提案するといった手続きが取られたということである（Morizot (1821), p.8）。
17) Morizot (1821), p.8. なお、モリゾーはコミューン長がいる場合には、彼が問題なく代議長となるとしている。
18) Morizot (1821), pp.8-9.
19) デクレの第11条による。費用に関しては Morizot (1821), pp.13-14 も参照。
20) Farnaud (1885), pp.189-190. なお、後、バス＝ザルプ県とドゥローム県も共和暦13年のデクレと同じ条項が適用されることとなった（Farnaud (1885), p.190）。1806年9月16日のデクレである。
21) *Gaz.*, le 10 septembre 1807, p.985.
22) *Gaz.*, le 11 septembre 1807, pp.987-989.
23) *Gaz.*, le 17 septembre 1807, p1014, *Gaz.*, le 18 septembre 1807, pp.1016-1017. 第1帝政期には、国務院が法案を作成し、法制審議院が、それを検討、立法院が、両者の主張を踏まえて可否を決することとなっていた。ちなみに、法制審議院と立法院は実権を失いつつあり、前者は、この年の8月に廃止が決定していた（Rémond (1965), pp.250-251）。
24) *Gaz.*, le 11 septembre 1807, p.987. なお、この法案の趣旨説明は、Poterlet (1817), pp.120-132 にも収録されている。
25) *Gaz.*, le 11 septembre 1807, pp.987-988.
26) 1807年法の条文は Poterlet (1817), pp.132-149, Duvergier (1836), tome, 15, pp.171-183 を参照。
27) 費用負担に関して、モンタリヴェは、従来、誤った法解釈を行う者がいることを指摘しつつ、堤防が土地所有の防御のみを目的とするのであれば、土地所有者の負担となり、航路と土地所有を同時に目的とする場合には、行政規則の定めるところに従い、通行税により担われる分と土地所有者により担われる分とに負担を応分するものとしている（*Gaz.*, le 11 septembre 1807, p.988）。シャロンも、以前は、労役や賦役によった、この種の負担は、以降、堤防によって防御される土地所有者の負担となると説明している（*Gaz.*, le 18 septembre 1807, p.1017）。
28) Godoffre (1867), pp.16-18, Gain (1884), pp.40-41. なお、後に触れるように、分権化に関する1852年のデクレにより、関係土地所有者が全員一致で組合結成に賛同した場合、県知事に組合設立の権限が認められており、手続が、ここにあるものよりも簡素化されている（Gain (1884), p.87）。
29) Godoffre (1867), pp.18-19.
30) Gain (1884), pp.86-87.
31) *Gaz.*, le 11 septembre 1807, pp.988-989
32) *Gaz.*, le 18 septembre 1807, p.1017. ただし、所有権に関する紛争は通常の裁判所の権限となることも同時に触れている。
33) なお、第3章で事例とするエグリエのラ＝ミュール堤防組合では、85頁で見るように、近隣コミューン長、判事、公証人、軍病院関連業者、退役軍医といった地域の有

力者が任命されている。こうした人物の地域調整能力が期待されるとともに、その影響力が行使されうる形になっているのである。

34) Surell (1841), p.256.
35) ナポレオン3世によるルーエール宛文書は、*Mon.*, le 28 juin 1863, p.909 に収録されている。なお、後に見る64年政府案報告の中で、デュボワ伯爵は、この文書に表明されている自由の精神が法案に刻印されているとしている (*Mon.*, le 21 avril 1864, n.234, p.540)。
　　また、65年委員会案の一般審理の答弁末尾では、この文書の指令に基づき、公共事業関係では、鉱山や冶金設備、村道、建築線の法改正が検討されたこと、加えて、事案に係る通達に3〜5年が費やされ、詳細で長期にわたる2度の調査、1度の準備検討が必要な状況に鑑みて、皇帝の意図に応えるべく、土地改良組合制度の簡素化、分権化措置が取られたことが述べられている (*Mon.*, le 20 mai 1865, pp.629-630)。実際、次章で見るラ＝ミュール堤防組合の事例では、設立に関わる中央の行政当局とのやり取りにおいて時間が空費され、時宜にあった堤防建設を行うことができず、河川の氾濫被害を発生させてしまう事態が生じている。
36) A.N., F10/4363.
37) 加えて、組合の結成、総会における所有の代表、組合の組織——代議員の選挙と権限——、工事の実行と確認、国家補助の場合の行政による監視、賦課金台帳の作成とその徴収、雑則を内容とする7章、43条からなる行政規則の草案も、デュボワによって提出されている (A.N., F10/4363)。
38) なお、こうした多数の基準に関連して、国務院で議論されていた法案 (ただし、63年草案とも64年政府案とも異なるもの) へのナドー＝ドゥ＝ビュフォンによる1864年3月5日付コメントの中で、記録されていないほど以前より、灌漑組合が広く普及していたルシヨンなどの地域で、3分の2の多数によって少数者に組合参加が強制されていたとされている (A.N., F10/4363)。
39) *Mon.*, le 21 avril 1864, n.234, pp.540-541.
40) *Mon.*, le 21 avril 1864, n.234, p.541.
41) デュボワの説明によると、第1条については、農業経営用道路とその他の農業改良について追加したことが、これまでの制度には含まれないものであるということである (*Mon.*, le 21 avril 1864, n.234, p.541)。
42) 議長と書記のほか、ルーロー＝デュガージュ、ラ＝ギスティエール、キュレ、パジェジー、ギヨマン、ランブレヒト、ミレーが委員となっている。また、国務院からデュボワ伯爵とフランクヴィルが検討委員会に出席している (*Mon.*, le 28 mai 1865, n.218, p.681)。
43) *Mon.*, le 28 mai 1865, n.218, p.681, *Mon.*, le 29 mai 1865, n.218, p.687.
44) *Mon.*, le 28 mai 1865, n.218, p.681.
45) スネカの説明によると、委員会の検討におけるギヨマンの修正要求を受け、沼沢地干拓と塩田施設の建設が政府案に加えられた。沼沢地干拓に関しては、1807年法に規定されているものを受け継いだものである。塩田施設の建設に関しては、とりわけ西部において、塩田は、多くの土地所有者の間で分割されており、所有地全体の保護と製塩の保障に必要な工事や作業の性質により、彼らの利害は密接に関係していること、各塩田にはエティエと呼ばれる海水導入のための主水路、この海水を循環させるため

の内水路、内水溝、蒸発による最初の濃縮を行う貯水池を持つが、これら水路や貯水池は特別の所有を、すなわち、すべての関係者に共通の所有をなすこと、それぞれが、その利益に応じて、保全と維持の責任を負わなければならないこと、関係者が協力しながら、定期的にエティエや水路、溝、貯水池、堤防、水道橋、橋、橋梁、水門など他の構築物の維持を行うことでしか、塩田は、その目的を果たしえないことを指摘した上で、一般に広く消費され、農業にとって非常に貴重な塩の生産の増加に、これらの構築物の施工、保持、維持に単位と手段を与える組合は有用な効果をもたらすであろうとし、土地改良組合の対象となりうるものとして第1条に含めたということである。また、スネカによると砂丘固定も土地改良組合の目的に入れるべきとする意見があったが、それは結局実現しなかった（*Mon.*, le 28 mai 1865, n.218, p.681）。

46) *Mon.*, le 28 mai 1865, n.218, p.681.
47) *Mon.*, le 28 mai 1865, n.218, p.681.
48) *Mon.*, le 29 mai 1865, n.218, p.687.
49) *Mon.*, le 29 mai 1865, n.218, p.687.
50) *Mon.*, le 29 mai 1865, n.218, p.687.
51) *Mon.*, le 20 mai 1865, pp.628-631.
52) *Mon.*, le 21 mai 1865, pp.637-640.
53) *Mon.*, le 14 juin 1865, p.804.
54) 65年法については、Aucoc（1879）, pp.559-640 でもあつかわれており、この法の性格について、1789年以降も行政当局の権限が強かったところ、それを、軍事、治安、司法に制限する流れが出てきており、65年法においても、個人のイニシアティブを重視し、組合設立を促進し、その活動を容易にする方策が取られていると解説している。しかし、同時に、堤防のような災害対策工事を目的とする組合に関しては、より大きな保護が与えられるべきであるとし、多数による組合設立が可能となっていることも指摘している（Aucoc（1879）, pp.562-564）。バトゥビーも65年法の解説をしている（Batbie（1885）, pp.267-279）が、自由組合において全員一致を得ることはほとんど不可能であり、許可組合でも第12条の多数の基準を得ることは困難をともない、組合普及に限界があったと指摘している（Batbie（1885）, pp.278-279）。
55) 1865年8月12日付公共事業大臣通達による（Debauve（1879）, pp.93-94）。
56) 1865年8月12日付公共事業大臣通達による（Debauve（1879）, p.94）。
57) 地役権設定に関する異議について、灌漑に関する2つの法（1845年4月29日法、1847年7月11日法）、排水に関する法（1854年6月10日法）、ガスコーニュの荒蕪地に関する法（1857年6月19日法）、コミューン有沼沢地・荒蕪地利用に関する法（1860年7月28日法）などで定められていたが、土地改良許可組合に関しては、このうち1854年法に基づくとされたのである（1865年8月12日付公共事業大臣通達による（Debauve（1879）, p.94））。
58) 第17条については異議申し立ての期限に関して、賦課金台帳公示後ではなく、最初の賦課金支払いの日から4ヶ月以内とするよう反対が出された（*Mon.*, le 21 mai 1865, p.637）。このようにすることで、関係土地所有者による異議申し立ての期間を長く取り、所有権の保障をより厚くしようというわけである。

第18条については、収用の際、村道に関する法（1836年法）によるのではなく、収用

に関する一般的な法であり、所有権に対する保護がより厚い公的収用に関する法（1841年法）によるべきであるとする異論が出された（*Mon.*, le 21 mai 1865, pp.637-638）。元老院における議論でもル＝ロワ＝ドゥ＝サン＝アルノーが、収用を41年法によるのではなく36年法の規定による点を、所有権を侵害するものであるとして非難している。こうした意見について元老院報告者のボワンヴィリエは、36年法による審査でもこれまで問題になっておらず、こちらの方が手続きが簡潔で適切であるとしている（*Mon.*, le 14 juin 1865, p.804）。なお、許可組合の5つの目的のうち3つ、沼沢地干拓、塩田、湿地衛生改善に関する工事の際の所有地譲渡に関するもので、組合の計画に参加しない土地所有者は工事区域に含まれる所有地を譲渡し、村道に関する1836年法の収用の規定に基づき補償金を受け取ることができると規定する第14条についても、同様に、所有権保護の観点から、1841年法によるべきであるとの異論が出されている（*Mon.*, le 20 mai 1865, p.631）。

第19条に関しても、1854年法に依拠することは一般法からの逸脱であり、所有権の侵害につながるとして批判を浴びている（*Mon.*, le 21 mai 1865, p.638）。

以上のような、許可組合における行政的便宜と所有権保護をめぐる議論については、伊丹（2006a）、132-135頁を参照。
59) *Mon.*, le 28 mai 1865, n.218, p.681.
60) 後に見るように、灌漑工事に関わることで、同様に、大規模なものには、国の役割がより重視されるべきとの主張が1866年農業アンケートで出されている。同じく、後に見るヴァンタヴォン灌漑用水路では、特例として、国が幹線水路の建設の任を負うことになっている。治水にしろ、灌漑にしろ、工事の大規模化に伴い、地域社会だけでは対応不可能な状況が出現しつつある様が窺えよう。
61) *Mon.*, le 20 mai 1865, pp.628-629.
62) ギヨマンは、最適の判断者であり、もっとも自然で権威を持つ代表たる県会が、こうした問題に意見を述べることで、組合による公的利益の満足と所有権への満足にいたるとしている（*Mon.*, le 20 mai 1865, p.631）。
63) *Mon.*, le 21 mai 1865, p.639.
64) *Mon.*, le 21 mai 1865, p.639.
65) *Mon.*, le 21 mai 1865, p.639.
66) なお、元老院における議論で、ル＝ロワ＝ドゥ＝サン＝アルノーが、共和暦11年法の規定が残り、それが本来の浚渫工事のみならず流路の整備などにも拡大され、強制されることについて所有権の侵害だとして非難しているが、ボワンヴィリエは、そうした拡大解釈は行われず、従来どおりの適用がなされるとしている（*Mon.*, le 14 juin 1865, p.804）。

第3章
オート゠ザルプ県における堤防組合

第1節　はじめに

　第1章で見たようにオート゠ザルプ県には急流河川が多く存在し、その増水、氾濫による激烈な被害が多発しており、対応のために堤防の建設が県内各地で進められていた。こうした構築物は、第2章で見た共和暦13年のデクレ、1807年法、1865年法などの制度的枠組みの中で結成された堤防組合によって建設されてきたのであった。そこで、本章では、当県の堤防組合について、1901年の土地改良組合に関する全国調査[1]を手がかりに、その概要を押さえた上で、県東部エグリエ・コミューン[2]に存在した2つの堤防組合——ラ゠ミュール堤防組合とラ゠プレーヌ堤防組合——の事例を、県文書館に収められている両組合の関係史料を通じて検討することにする。

　ラ゠ミュール堤防組合は、ギル川がデュランス川と合流する地点のやや上流部、右岸に堤防を建設するために、1838年に県知事アレテによって、そして1840年に国王のオルドナンス（王令。この場合は、デクレに相当するもの）によって認可されたもので、堤防の竣工は1847年であった。後に見るように、この工事は支障なく遂行されたわけではなく、遅滞が生じることでギル川氾濫に対応できない事態に陥ってしまった。その背景として行政手続に伴う時間の空費といったことが見え隠れしており、こうした点について見ることにしたい。

　ラ゠プレーヌ堤防組合は1882年に県知事アレテによって認可されたもので、1888年に賦課をめぐって紛争が起こっている。そこでは、組合に参加するこ

とに同意しなかった者が賦課に対して協力的ではなく、組合運営に支障をきたしている旨の訴えが出されているのである。65年法の、多数の基準による組合参加不賛同者への強制に関する規定が問題となっているというわけであり、こうした点について検討しよう。

第2節　オート＝ザルプ県の堤防組合の概要

　1901年に行われた土地改良組合に関する全国調査の補綴集計表によると、調査時、フランス全土において活動していた土地改良組合は6,688あった。堤防組合として738、灌漑組合として3,914、浚渫組合として1,170、湿地改善・干拓組合として799、塩田組合として20、その他の組合として47が数えられている[3]。土地改良組合が多く存在するのは、オート＝ザルプ県(954組合)、ヴォージュ県(812組合)、バス＝ザルプ県(779組合)、ピレネー＝ゾリアンタル県(448組合)、コート＝ドール県(335組合)などである(表3-1参照)。10組合以下の土地改良組合しか挙げられていない県は25県で、1つも挙げられていない県も存在する(表3-2参照)。

　活動中の堤防組合が多く存在する県としては、バス＝ザルプ県(194組合)、オート＝ザルプ県(126組合)、ドゥローム県(71組合)、イゼール県(43組合)がある。オート＝ザルプ県でカウントされている126の堤防組合[4]のうち、強制組合は25組合[5]、許可組合は77組合、独立組合は24組合[6]である。

　オート＝ザルプ県の堤防組合の特徴として規模が小さいことを指摘することができる。他県では受益地面積が1,000ヘクタールを超えるものも存在する[7]が、オート＝ザルプ県には、それほどの規模のものはなく、最大は、マンテイエのリフ＝ラ＝ヴィル組合(受益地面積500ヘクタール)であり、次いで大きいのは、同じくマンテイエのムーラン組合(受益地面積390ヘクタール)で、両者を含めても、300ヘクタール以上の組合は3つに過ぎない(表3-3)。100ヘクタール以上300ヘクタール未満のものも4つしかなく、10ヘクタール未満のものは53組合存在する。受益地の平均面積は、灌漑組合でありながら、堤防に関しても組合目的にしていると組合一覧表で記載されているものを加えて計算

第3章　オート＝ザルプ県における堤防組合

表3-1　活動中の土地改良組合が100以上挙げられている県一覧（1901年）

県　　名	堤　防	灌　漑	浚　渫	湿地改善・干拓	塩　田	その他	合　計
オート＝ザルプ	126	821	1	3	0	3	954
ヴォージュ	0	625	179	8	0	0	812
バス＝ザルプ	194	552	9	7	0	17	779
ピレネー＝ゾリアンタル	24	389	1	34	0	0	448
コート＝ドール	1	9	324	1	0	0	335
ブッシュ＝デュ＝ローヌ	16	128	10	48	0	1	203
ドゥローム	71	112	14	2	0	0	199
ヴァール	5	120	67	2	0	0	194
オート＝ピレネー	6	169	0	0	0	0	175
ヴォクリューズ	17	88	44	20	0	0	169
アルデッシュ	24	129	1	0	0	0	154
シャラント＝アンフェリウール	13	0	4	110	18	2	147
オート＝ガロンヌ	1	131	7	0	0	0	139
アルプ＝マリティーム	6	116	0	0	0	1	123
オー＝ラン（ベルフォール）	0	118	0	0	0	0	118
イゼール	43	26	15	17	0	0	101
フランス全体	738	3,914	1,170	799	20	47	6,688

出典）B.D.H.A., supplément au fascicule Z, pp.96-101 より作成。

表3-2　土地改良組合が0とされている県一覧（1901年）

アリエージュ
カンタル
クルーズ
ジェール
メイエンヌ
オワーズ
オルヌ
セーヌ
タルン＝エ＝ガロンヌ
オート＝ヴィエンヌ

出典）B.D.H.A., supplément au fascicule Z, pp.96-101 より作成。
注）オワーズ県について、補綴集計表では活動中組合数は0とされており、組合一覧表では4つが正規に活動しているとされている（B.D.H.A., fascicule Z, p.100）が、詳細を明らかにすることはできなかった。

表3-3 堤防を目的に含む組合の受益地面積別分布（オート＝ザルプ県：1901年）

受益地面積	組合数
300ha 以上	3
100ha 〜 300ha	4
50ha 〜 100ha	24
20ha 〜 50ha	39
10ha 〜 20ha	29
10ha 未満	53
計	152

出典）*B.D.H.A.*, fascicule Z, pp.13-17, 177-190, 248, 266, 299-316, *B.D.H.A.*, supplément au fascicule Z, pp.40-41, 76-83 より作成。
注1）1901年の時点で活動中の組合を対象としている。
注2）堤防だけではなく灌漑をも目的とするものも含む（30組合）。
注3）不定面積とされているもの（1組合）、誤植により受益地面積が不明のもの（1組合）、受益地面積の記載のないもの（2組合）は除いている。

しても約35ヘクタールに過ぎない[8]。河川そのものの規模が小さく、流域面積も小さいため、河川氾濫の被害は、確かに激越なものとはなるが、その範囲は、例えば、デュランス川下流域に比べても狭く、そのため、堤防組合の規模自体も小さくなることがわかるであろう。せいぜいいくつかのコミューンが関係する程度の、もしくは、コミューンレベルにも達することなく、いくつかの集落に関係する程度のささやかな規模のものであったということができる。よって、大規模な組合に比べると利害関係は複雑とはならず、調整すべき範囲も、比較的、狭く、地域における共同的関係の中で処理されうるレベルのものが大半であったといえよう。

しかし、だからといって、組合運営がスムーズに進められ、支障や紛争が惹起しないというわけではなかった。実際、これから見るエグリエの2つの事例では、それぞれ組合の中で混乱や紛争が引き起こされているのである。

第3章　オート＝ザルプ県における堤防組合

第3節　エグリエ・ラ＝ミュール堤防組合の事例

　ここで研究対象とするラ＝ミュール堤防組合は1838年に関係住民によって組合設立の動きが始まり、同年9月22日に県知事アレテによって組合が結成され、関係各局や対岸住民との調整・折衝の後、1840年7月20日の国王のオルドナンスによって認可されている。そして、それを受け、堤防工事に関する入札（総額1万1,000フラン）が、同年11月12日に行われ、竣工、引渡しは1847年6月20日であった。

　この工事は、支障なく遂行されたというわけではなく、手続きの遅滞、不正工事の実施、ギル川の氾濫、工事の遅延とそれに関する訴訟など、問題を抱えながらのものであった。第2章（58頁や注35）で触れたような、65年法制定前に問題視されていた行政手続の複雑さによる桎梏とその改善のための簡素化の必要といった課題が、このラ＝ミュール堤防組合の事例において見え隠れしていたのであった。

1　組合の設立

（1）共和暦13年のデクレに基づく組合の設立

　1838年8月5日にラ＝ミュール地区に土地を持つ住民がエグリエ・コミューン役場に集まった。コミューン長ジョゼフ・アルジャンスがラ＝ミュール地区の所有地を保護するため緊急に堤防を建設することが望まれているとし、それについて集まった住民に討議を促した。住民は、その土地を保護することは利益にかない、そのためには堤防を建設するしかないと結論付けた。そこで、堤防建設のための代議会が設立され、ジャン・ローギエ、ミシェル・ミシェル、ピエール＝ローラン・ジャック、ジョゼフ＝アレックス・ジョーベルジャン、ローラン・ディの5名が代議員として指名され、この議事録の写しが大郡長と県知事に送付された[9]。

　同年9月22日には、共和暦13年テルミドール4日のデクレに基づき、県知事アレテによって組合が認可された。引き続き上記5人を代議員とし、コミュー

ン長の召集に応じて堤防建設について討議することとされた。また、関係する行政的手続きはアンブラン大郡庁を通して行われることが定められた[10]。

(2) 1807年法に基づく組合の認可

その後、1807年法による組合の認可に向けた手続きが進められた。組合認可のための国王オルドナンスを求める1839年8月5日付け県知事の文書によると、次のような経緯でことは進められた[11]。1838年10月8日に代議会が開催され、問題となる堤防建設の必要性があらためて確認され、翌年1月4日には一般技師シュレル[12]による堤防建設計画が作成された。3月1日には代議会による事前調査の完了が確認され、受益者の反対は見受けられなかった。ただ、計画変更の必要が代議会により認識されたようで、同月25日、計画に手を加えることをシュレルに依頼、翌月1日にそれがなり、24日と26日に代議会と受益者がその変更を承認している。

このように手続きが進められていく中で、ギエーストルなど付近のコミューン住民より計画に対する異議が出された。この異議に対しシュレルの報告書が7月20日に、そして、7月29日に技師長による報告書が出され、そこでは、付近住民の異議に関連して計画を修正する必要はなく、シュレルの計画を承認、堤防建設実行のため国王のオルドナンスを要請するべきとされた[13]。

これを受け1839年8月5日に知事により堤防建設に関する文書が作成され、ギル川右岸における堤防建設の許可を国に求め、建設費用の負担、賦課金台帳作成とその徴収、それに対する異議について定めるとともに、これら取り決めは、国王のオルドナンスによって最終的に確定するものとされ、翌日付で、関係書類が公共事業省へ送付され、橋梁土木総評議会航行部の議事へまわされることとなった[14]。

しかし、橋梁土木総評議会航行部では、対岸住民の異議について計画の修正必要なしとした技師らの見解が覆された。公共事業省から県知事に宛てた8月29日付文書で計画見直しの必要が伝えられ、9月5日に技師長へ指示がされている。シュレルによって修正案が作成され、その案が、翌年1月17日に技師長より県知事に向け送付、代議会の承認と対岸住民の賛同とともに同月

第3章　オート＝ザルプ県における堤防組合

表3-4　エグリエ・ラ＝ミュール堤防組合規約の概要

第1章　代議会の構成	第3章　賦課金台帳とその徴収
第1条　組合の結成	第20条　賦課金の徴収
第2条　代議会	第21条　徴収官
第3条　代議員の交代	第22条　賦課金台帳の作成と徴収
第4条　代理の禁止　代行代議員	第23条　未徴収賦課金
第5条　代議長	第24条　賦課金徴収の方法・権限
第6条　代議長による代議会招集、主宰	第25条　徴収官による会計報告
第7条　代議会の開催	第26条　代議会の検査　県知事への送付
第8条　代議会の任務	第27条　代議長による会計検査
第9条　代議会の議事	第4章　特別委員会
第2章　工事とその実施	第28条　特別委員会の構成
第10条　新規の工事	第29条　特別委員会の招集
第11条　入札	第30条　特別委員会の任務
第12条　維持・管理のための工事	第31条　特別委員会決定に対する異議
第13条　入札の形態	第32条　特別委員会の任務の終了
第14条　緊急工事	第33条　費用負担
第15条　緊急工事の監督	第5章　雑則
第16条　工事代金の仮払い	第34条　賦課金台帳に対する異議
第17条　工事代金の清算払い	第35条　技師に係る各種費用の負担
第18条　予算書・決算書の公示	第36条　軽罪と違警罪
第19条　県知事への報告	第37条　オルドナンス実行の責任

出典）A.D.H.A., 7S270 より作成。

20日に公共事業大臣に転送された[15]。そして、1840年7月20日に国王のオルドナンスが出され、1807年9月16日法に基づき組合が、ようやく認可されることとなったのであった[16]。

2　組合規約

1840年7月20日のオルドナンスで組合の規約が制定されている（表3-4参照）。

第1章は組合の構成について定めたもので、利益に応じた費用分担により堤防を建設するため受益者が集まり組合を創設すること（第1条）、多く課税されているものの中から県知事が選ぶ5人の代議員によって運営が行われていくこと（第2条）が定められ、代議員や代議長、代議会について規定されている（第3条から第9条）。特に、第8条で、代議会の役割として①工事計画の検討と実施方法の討議、決定、②入札について意見を述べること、③毎年、技師

の報告をもとに工事費を決定すること、④技師とともに工事を監督すること、⑤代議長と徴収官の会計の監査、⑥特別委員会による基準額をベースにした賦課金台帳の作成、⑦鑑定人の選定、⑧行政からの問いあわせに対し、組合の利害について意見を述べること、⑨組合員に利すると思われることの提案が挙げられている[17]。

第2章は、工事実施に関するもので、新規の工事および維持のための作業に関する規定（第10条から第13条）、緊急工事や特別に必要とされる作業に関する規定（第14条、第15条）、工事に対する支払いに関する規定（第16条、第17条）が置かれている。また、その内容を受益者に知らせ、意見を聴取することを鑑みて、代議会が毎年の予算執行について公開すること（第18条）や、県知事に対して毎年、工事について報告が行われること（第19条）が定められている[18]。

第3章は賦課金台帳とその徴収に関するもので、賦課金徴収事務はエグリエ・コミューンの直接税徴収官が行うことやその際の手順が定められるとともに（第20条から第25条）、代議会が賦課金徴収と会計についてチェックすることが規定されている（第26条、第27条）[19]。

第4章は土地の評価を任務とする特別委員会に関するもので、工事に利害関係のない地域の有力者の中から選ばれた7名からなる特別委員会が設置されること（第28条）、特別委員会により、関係する土地の分類が行われ、それが賦課金算定の基準となること（第30条）や、特別委員会の決定に対する異議申し立て（第31条）、特別委員会の解散（第32条）、特別委員会に関する費用（第33条）について規定されている[20]。

第5章は雑則であり、賦課金に関する異議申し立て（第34条）、技師に係る各種費用負担（第35条）、違反行為に関する処理（第36条）について定められ、最後に国務院公共事業部がこの規約の実行を担当することが規定されている（第37条）[21]。

この規約によると、代議員や特別委員は受益者が選出するわけでなく、彼らが一堂に会して意思決定を行う総会の規定すらない。組合の運営は、県知事によって任命される代議員によって基本的に行われるのであって、受益者

の意見が反映する場面は極めて少ないといえよう。ただし、そうした場面がまったくなかったというわけではなく、賦課金に対する異議申し立てや予算の公開の規定において、彼らの意見を提出する機会が与えられている。代議会のイニシアティブが大きなものとなってはいるが、それは絶対的なものではなく、場合によっては受益者による反対も可能であったというわけである。

3 組合の構成

(1) 代議員

代議員は先に見たジャン・ローギエ、ミシェル・ミシェル、ローラン・ディ、ジョゼフ＝アレックス・ジョーベルジャン、ピエール＝ローラン・ジャックの5名である。モン＝ドーファン在住のアルシヴィストであるローギエが代議長で、後に見る第1次賦課金台帳によると272フラン34サンティームが課せられており、88人の受益者の中ではかなり大きな額で、彼が有力者であったことが窺えよう。ミシェルとディもモン＝ドーファン在住であり、それぞれ賦課金は、448フラン48サンティームと249フラン41サンティームとなっている[22]。このように、モン＝ドーファンの住民がラ＝ミュール地区に土地を所有し、代議員として堤防組合の舵取りに参加しているのである。

もちろんエグリエ住民からも代議員は出ている。残りの2人、ジョーベルジャンとジャックがそれで、両者とも農民であった。堤防建設に関する賦課金は、第1次賦課金台帳によると、ジョーベルジャンは143フラン62サンティーム、ジャックが141フラン31サンティームとなっている[23]。

(2) 特別委員

リスク評価を任務とする特別委員は、1840年12月31日に県知事より公共事業省に送付された推薦リストに鑑みて、翌年1月31日に国王により指名されている。判事バプティスト、ギエーストル・コミューン長ベルトレ、レオティエ・コミューン長ドムニー、リズール・コミューン長ブラン、サン＝クレマンの公証人ボナルデル＝アルジャンティ、モン＝ドーファンの軍病院関連業者アルベール同じくモン＝ドーファンの退役軍医オーディベールの7名

表3-5 受益者の居住地による分布

居住地	人数(人)	割合(%)
エグリエ	54	61.36
モン＝ドーファン	29	32.95
サン＝クレパン	2	2.27
アンブラン	1	1.14
ギャップ	1	1.14
記載なし	1	1.14
計	88	100.00

出典）A.D.H.A., 7S270
注）エグリエ・コミューンは含んでいない。

表3-6 受益者の賦課金額による分布

金額(フラン)	人数(人)	割合(%)
400フラン以上	1	1.14
200 – 400	5	5.68
100 – 200	23	26.14
50 – 100	23	26.14
50フラン未満	36	40.91
計	88	100.00

出典）A.D.H.A., 7S270
注）エグリエ・コミューンは含んでいない。割合の各欄を足し合わせても100.00％とはならないが、四捨五入をしているためである。

表3-7 受益者各層の賦課金合計額

金額(フラン)	各層合計額(フラン)	割合(%)
400フラン以上	448.48	5.88
200 – 400	1,424.66	18.67
100 – 200	3,138.31	41.13
50 – 100	1,702.69	22.32
50フラン未満	915.81	12.00
計	7,629.95	100.00

出典）A.D.H.A., 7S270
注）エグリエ・コミューンは含んでいない。

で、いずれも近隣コミューンのコミューン長など地域の有力者が任命されている[24]。

(3) 受益者

　第1次賦課金台帳によると受益者は88人で(それとは別にエグリエ・コミューンが受益者としてリストアップされており、賦課金は256フラン62サンティームである)、エグリエとモン＝ドーファン、サン＝クレパンといった付近のコミューンの住民がほとんどであり、地域在住者以外はアンブランとギャップの者がそれぞれ1名、記載なしが1名である(表3-5)。賦課金の額を見ると、400フラン以上のものが1名（代議員ミシェル・ミシェル）、200フラン以上400フラン未満のものが代議長ローギエ、代議員ディを含め5名、100フラン以上200フラン未

第3章　オート＝ザルプ県における堤防組合

表3-8　主な受益者

氏　　名	居住地	賦課金(フラン)	役　職
ミシェル・ミシェル	モン＝ドーファン	448.48	代議員
フラヴィアン・ブーヴィエ	エグリエ	330.03	
クロード＝ミシェル・アルベルタン	モン＝ドーファン	325.30	
ジャン・ローギエ	モン＝ドーファン	272.34	代議長
ローラン・ディ	モン＝ドーファン	249.41	代議員
ルイ・アルジャンス	モン＝ドーファン	247.58	
エティエンヌ・ボナベル	エグリエ	172.69	
フィリア・ブラン	モン＝ドーファン	169.29	
シモン・フィリップ	モン＝ドーファン	169.24	
ジョゼフ＝ヴィクトール・エイマール	モン＝ドーファン	165.50	
エティエンヌ・メルキオン	エグリエ	163.68	
アンドレ・アルベール	モン＝ドーファン	155.90	
フェリックス・アルブラン	モン＝ドーファン	154.61	
アントワーヌ・スーシュ	モン＝ドーファン	150.32	
ジャン・ジェラール	エグリエ	150.29	
ジョゼフ・アルジャンス	モン＝ドーファン	149.33	
ジョゼフ・ブラン	モン＝ドーファン	146.70	
ジョゼフ・ジョーベルジャン	エグリエ	143.62	代議員
ピエール＝ローラン・ジャック	エグリエ	141.31	代議員
ジョゼフ・コミエ	エグリエ	140.11	

出典）A.D.H.A., 7S270

満のものが23名となっている(表3-6参照)。各層の賦課金額合計を見ると100フラン以上200フラン未満層が計3,138フラン31サンティーム(総額の41.13％)を占め、50フラン未満層は915フラン81サンティーム(総額の12.00％)に過ぎない(表3-7参照)。なお、賦課金額上位20名のうち、モン＝ドーファン在住のものが13人、エグリエ在住のものが7人となっている。代議員は、全員、この中に入っている(表3-8参照)[25]。

4 工事をめぐる混乱とギル川の氾濫

(1) 工事をめぐる混乱

　組合の認可を受け、工事入札が1840年11月12日に行われた。エグリエの役場で、コミューン長と特別委員、橋梁土木技師、コミューン会議員2名と組合代議員の立会いの下、入札者が募られ、土木事業者フランソワ・アティエなるものが、1万1,000フランで落札している。石工親方ピエール・エイマールなるものが保証のために土地を提供している。支払いは3分割で、工事の半分が終了した時点で代金の3分の1、工事終了時にさらに3分の1、そして終了後1年たった時点で3分の1が利子をつけて支払われることとなった[26]。

　1841年3月6日および同月12日には特別委員会が開催され、受益地の等級区分が行われた。そこではリスクにより受益地が4つに区分され、それぞれの中でさらに耕地および荒地について3つの等級付けがされ、賦課金の基準額が定められた。この基準額により同年5月19日に賦課金台帳（第1次賦課金台帳。後に見るように1845年に賦課金台帳が改定されるため、この台帳を第1次賦課金台帳と呼び、1845年のものを第2次賦課金台帳と呼ぶことにする）が作成され、同年7月23日に県知事によって効力が与えられた[27]。

　このように入札、台帳作成に関わる手続が法制度に則って行われたのであるが、しかし、その裏側では、法に反する形で工事が、代議会の独断で着手されており、次に見るような混乱を招くこととなってしまった。

　1841年4月4日付けの代議会による大郡長宛文書で、受益者にとって善しと判断し、入札調書においても必要とされている堤防基礎工事に独自に着手したこと、そして、それに当たり、ブドウ畑や耕地における作業の事情で受益者が工事に従事することができなかったため、労働者を雇ったことを報告し、それにより費用が嵩むであろうが、やむをえない措置であり、というのも、受益者自身による工事が可能な時期まで待つことも考えられたが、それでは、災害に対応できかねないため、仕方がなかったとするのである。こうした事情から、独自に基礎工事に取り掛かったところ、請負業者より損害を申し立てられ、契約解除の話が持ち上がっており、代議会としても、より経済的な方法で堤防工事が行えるよう善処を求めると願い出ているのである[28]。

第 3 章　オート＝ザルプ県における堤防組合

つまりは、来るべき増水に時宜を得た対策を行うため、代議会自らが堤防基礎工事に着手してしまったがために、請負業者との間でトラブルが発生、その処理を大郡長に求めているというわけである。

これを受け、4月5日付県知事宛文書で大郡長は現地調査の必要性を提言、5月18日に技師による報告書が作成されている。そこでは、問題となっている基礎工事の構築物は規則に違反していること、しかもその状態は劣悪であることが指摘されるとともに、結局のところ、基礎工事の部分は橋梁土木当局の監督のもと、組合直営の形で行うようにとされたのである[29]。

しかしながら、事はこれでは収まらず、これら一連の動きに対して、1841年10月21日に県知事宛意見書が、代議会メンバーには入っていない20名ほどの組合員により提出されている。代議会の動きに対して批判的な内容で、代議会による工事に関して、労働者への賃金の支払が不足していること、その背景に代議会自身が利益を得ようとしていることがあるとし、請負業者アティエとの契約を実行することこそが代議会の行うべきことであると県知事に告発しているのである。これに対し、代議会は、1842年1月2日付け文書にて、労賃支払いに関しても、契約履行に関しても非はないと主張、これらを受け、1842年2月3日付け文書にて、県は、判断は裁判所によるべきであるとしたのであった。結局、労賃の未払い分については、堤防工事に従事した労働者たちがその支払いを求め、ギエーストルの裁判所に訴えを出し、裁判所は代議会に対して労賃の不足分の支払いを命令した[30]。また、アティエとの契約履行については、彼自身工事を進捗させなかったようで、それに関する橋梁土木監督官の報告書が1842年5月10日に出されている。そこでは、アティエに対して工事を行うよう指示、それでもなお実施されないようであれば、アティエの負担で行政が工事を実行するという結論が出されたのであった[31]。

このように、請負業者との契約履行の問題、および不正工事において雇用した労働者に対する賃金支払いの問題が顕在化し、混乱が生じているわけであるが、原因は、代議会が不正規な形をとってまで基礎工事を実施しようとしたことにあるといえよう。告発にあるように、自らの利得を目論んでいたのかもしれない。このあたりの事情は杳として知れないところである。

ただ、こうした不正工事強行の裏に堤防建設を迅速に進めようとした受益者の意向を窺うことができる。というのも農作業が終了すれば、受益者自身による工事が可能なところ、あえてそのようにはしておらず、その理由として機宜を得た堤防建設による災害対策の必要性が挙げられていることからも見て取ることができる。融雪の時期には、ギル川氾濫のリスクが高まり、被害の発生も予想される。抽象的な不安に苛まれているというのではなく、現実的な危機に具体的に晒されているのである。生活の糧を得るための貴重な耕地や人命がかかっているのであり、彼らにとっては、猶予は許されないことであったのである。

　時宜を得た堤防建設を求める声は、実のところ、設立過程における手続きを進める中で、すでに、代議会より何度か出されていた。1840年3月8日には、大臣交代により関係書類が忘却に付されているのではないかとの懸念が表明されており、この春に工事を行うことが絶対に必要であり、なぜならば、土地を守るための手段がなく、それが流失しかねないため、すぐにでも工事に着手できるよう善処を求めている[32]。

　同月30日にも県知事に対して代議会が提言をしている。堤防建設には反対がなく、計画変更により対岸住民も賛同に回ったことから、公共事業大臣の署名は形式的なものに過ぎず、その命令を待つ必要はなく、緊急に入札を行うことができるのではないかとしているのである。そして、やがて増水が起こるであろうが、工事に着手できないのであれば、もはや計画を実行する必要がなくなるであろうとする。というのも関係者には保護するものがなくなってしまい、そうなると堤防は無益なものとなるからであり、よって、土地所有を守るべく堤防建設促進のための善処を要請しているのである。が、4月6日、こうした措置は不可能であるとの代議長宛の文書が県庁から出される結果となってしまった[33]。つまりは、代議会としては、形式的なものに過ぎない行政手続のために、いたずらに時間を空費するのではなく、実質的に堤防建設を進めるために善処を求めているのであるが、にべもなく、却下されたというわけである。

　こうした懸念は、繰り返しになるが、決して現実性なきものではなく、融

第3章　オート＝ザルプ県における堤防組合

雪による増水の危険に毎年のように住民は晒されていたのであった。にもかかわらず、時宜を得た適切で効果的な堤防建設が危ぶまれ、代議会と受益者をして焦りを生じせしめる状況となっていたのである。そして悪いことに、代議会の懸念は現実のものとなってしまう。第1章でも触れたように1841年5月にギル川が氾濫し、受益地の一部が被害を受ける羽目に陥ってしまうのであった。

(2) 1841年5月のギル川氾濫

1841年5月にギル川が氾濫した。これにより堤防受益地が被害を受け、多くの耕地が荒地と化してしまった。このことから、被害を受けた土地所有者は賦課金軽減を求める動きを起こし、そうした動きを受け、賦課金台帳が改定されることになった。

同年8月26日にエグリエ・コミューン長が県知事宛に、5月にギル川が氾濫したため、多大な損害が発生し、植生ある土地がすべて流失、砂利地と化し、大部分が耕作不可能となった旨、訴えを出している[34]。この氾濫被害により賦課金減免申請が出されており、例えば、12月9日付大郡長宛文書において、バルテレミー・クール他2名が、12月17日付大郡長宛文書において、ジョゼフ・ローラン他2名が、いずれも、ギル川氾濫によって、耕地が砂利地となってしまったために賦課金の減免の申請を提出している。1842年7月1日には、ヨアキム・ジロー他16名の被災者の減額申請者に関する表が代議会により作成されており、その所有地の現状は砂利地であり、被災前には、総計526フラン91サンティームと算定されていたその土地（1ヘクタール42アール余）の賦課金が、代議会によって361フラン74サンティームの減額が承認され、結局165フラン17サンティームとなっている[35]。

こうした被害者からの要請を受け、1842年10月8日に現場監督カティエに現地視察が命令され、賦課額算定基準の見直しのため、土地の価値の再調査と危険度の再評価が行われることになった。1843年4月24日に、その報告書がなり、第1次台帳に関するコメントが出され、それにどのように手を加えればよいかについて提言がされている。第1次台帳は土地の価値と洪水被害のリスクを勘案しており、その点では適切であるとするが、堤防の受益範囲

をより広くとる必要があることや、第1次台帳において耕地とされていた土地が洪水の被害で荒地になってしまったことなどにより、台帳を改定することが提言されている。これを受け、県知事は改定台帳案を作成するよう技師に指示した[36]。

賦課金台帳改定にむけた準備が進められ、受益地における等級区分を再検討するための被害地域が明示された図面と、1845年2月19日付の台帳改定案がカティエによって作成され、特別委員会に提示された。しかし、この案は、受益地のリスク評価や土地のクラス分けを任務とする特別委員会にそのままの形では承認されなかった。1845年6月2日に特別委員会は、受益範囲の拡大は認めたものの、土地のクラス分けの点では技師の案を退けたのである。ただし、ギル川氾濫によって荒地となった土地に関する賦課金減額は実現されることとなった[37]。

この6月2日の特別委員会によって定められた基準額に基づいて各受益者の賦課金が計算され、1845年12月25日に改定台帳（第2次賦課金台帳）が作成され、これにより賦課金徴収が行われることとなった。ただし、この台帳による賦課金の金額よりも、第1次台帳によりすでに徴収された賦課金額が超えている者に関しては、超過分の払い戻しを行うとされている[38]。

このように、受益者による賦課金軽減の要求は第2次賦課金台帳という形で反映されることとなった。そこでは専門家である技師の意見が聴取されている。しかしながら、賦課金軽減の問題に関しては、彼らの意見が全面的に採用されたわけではなく、特別委員会によって手を加えられる形で実現されたのであった。こうしてギル川氾濫の事後処理を行いながら、1847年6月20日にようやく、最終的な工事終了の確認調書が出されたのであった[39]。

このように、ラ＝ミュール地区の堤防建設は、行政手続きにより時間が経過する中で、時宜を得た対策を実現するため、代議会が独自の判断で工事を実施しようとしたが、混乱を孕みながらのものとなり、結局、ギル川氾濫にもうまく対処することができない始末となってしまったのであった。

第4節　エグリエ・ラ゠プレーヌ堤防組合の事例

　ここで事例とするラ゠プレーヌ堤防組合はデュランス川がギル川と合流する地点よりやや上流部に堤防を建設するためのもので、史料は残されていないが、古くより存在した組合のようである。1879年2月1日に規約が整備され、1865年法の許可組合となることが目指されることとなり、1882年4月25日の県知事アレテによって、それが認められた。そして、その6年後、1888年に、賦課をめぐって紛争が起きている。そこでは、組合に参加することに同意しなかった者が賦課に対して協力的ではなく、組合の代表である代議長が組合運営に支障をきたしていると県知事に訴えているのである。すなわち参加に同意しなかったにもかかわらず、それを強制される者による紛争が惹起しているというわけである。

　そこで、本節では、オート゠ザルプ県文書館に収められているラ゠プレーヌ堤防組合関係史料を分析し、当時の堤防組合の実態や性格を、多数の基準による組合参加不賛同者への強制という問題を通じて明らかにしたい。

1　組合の設立

(1) 設立申請と事前調査

　ラ゠プレーヌ堤防組合は、1882年に土地改良許可組合としてオート゠ザルプ県知事のアレテによって設立されている。これに関して、同年3月3日付の一般技師報告書が残されている[40]。この報告書は、ラ゠プレーヌ地区に所有地を持つ者による堤防の建設、維持などのための許可組合設立の申請および関係書類(受益者の署名が付された規約、受益地範囲を示す図面、受益者リスト)[41]がエグリエ・コミューン長より提出されたことを受けて、作成されたものである。

　組合規約に110人による署名がされており、受益者リストに載る131人のうち、101人[42]の組合参加の表明があり、受益地全体の面積が20ha59a余となっているところ、彼らの所有地面積の合計が15ha48a余となっていることを

確認し、第2章で見た1865年法第12条の多数が獲得されていることなどに鑑みて、県知事に対し、20日間の事前調査を行うようアレテを出すことと、参加を表明している受益者の数と規約に署名を行っている者の数に差があることの説明を組合の代議会に求めるように、報告書の中で一般技師は要請している。技師長の署名を受けた後で、この報告書は県知事に転送されている[43]。

この報告書を受け、同年3月8日に県知事アレテが出される。7条よりなり、3月12日から20日間、関係書類を縦覧に供し、受益者の意見を聴取すること、その意見を調書に記載すること、許可組合創設のための総会を4月2日に開催すること、同時に代議員を選出することなどが命令されている。これによりエグリエにおいて事前調査が行われることとなり、コミューン役場の事務室に3月8日付アレテ、3月6日付一般技師報告書、1879年2月1日付組合規約、受益者リスト、図面を縦覧に付し、異議や意見がある場合、それを知らせるようすべての受益者に促した。しかしながら、結局のところ、調書によると意見は特に出されなかった[44]。

(2) 総会の開催と組合の設立

ついで、県知事アレテに従い、1882年4月2日に許可組合創設のための総会が、エグリエ・コミューン長を議長として開催され、出席者に組合に参加するかどうか表明するように求め、参加する者は総会議事録に付された一覧表に署名を行った。しかし、そこには68名の署名しか残されていない。この点について、同年4月5日付のエグリエ・コミューン長から大郡長に宛てた文書に触れられている。そこでは、総会において68名の署名しか集まらなかったのは、先の組合規約に署名すればそれで十分であり、改めて4月2日の総会に出席し、そこで署名が必要であると認識していない者が多かったからだと説明されている。第2章で見たフランクヴィルの懸念 (69頁) を想起させるような事態になったと思われるが、おそらく、このエグリエ・コミューン長の意見を受け入れたのであろう、1882年4月13日付一般技師報告書において、受益者リストで参加表明している100人[45]に総会議事録で確認できる7人を新たに加え、107人 (その所有地面積の合計は16ha44a余) の賛同を認め、1865年法

第3章　オート＝ザルプ県における堤防組合

表3-9　ラ＝プレーヌ堤防組合規約の概要

第 1 条	組合の結成
第 2 条	組合名、事務局
第 3 条	組合の受益地範囲
第 4 条	総会への参加
第 5 条	費用負担
第 6 条	夫役
第 7 条	夫役の招集、監視、指揮
第 8 条	規約不署名者の組合参加
第 9 条	代議会
第10条	代議員任務の無償性
第11条	許可組合への転換
第12条	1868年県規則の適用

出典）*R.A.A*, 1882, pp.198-201 より作成。

に定める多数の条件を満たしているものとした。そして、県知事に組合創設の命令を下すように意見を具申している。技師長もそれに同意し、4月25日に組合創設のアレテが県知事によって出されることとなる。そこでは、結局131名中100名の賛同（受益地面積合計20ha59a84のうち15ha48a42を占める）が認められ[46]、ここにラ＝プレーヌ組合は、1865年法に適合した土地改良許可組合として認可されたのであった[47]。

[2] **組合規約と県規則**

(1) 組合規約

　組合の規約は、1879年2月1日に定められており、先に見た1882年4月25日の県知事アレテによって承認されている。全部で12条あり（表3-9）、第1条で、許可組合結成を目指すことが、第2条で、組合の名称、事務局の位置が、第3条で受益地の範囲が定められ、第4条で、すべての受益者が所有地の面積に関係なく、総会に参加し、代議員の指名に加わることができると定められている。第5条で費用負担について、受益の大きさに応じて費用負担すること、第6条で主に夫役現品によって事業を行うこと、第7条で、夫役は代議員によって管理されることが規定されている。第8条では、県知事アレテに

表3-10　1868年オート=ザルプ県規則の概要

章・条	内容	章・条	内容
第1章	受益者総会	第15条	引渡し
第1条	受益者総会の構成と招集	第16条	緊急工事
第2章	代議会	第17条	支払い
第2条	代議会の構成、選任、更新	第18条	工事と支出に関する年会計
第3条	補充代議員	第19条	予算計画
第4条	辞任、死亡による代議員の交代	第5章	台帳の作成と徴収
第5条	代議長、助役	第20条	組合の収入役の指名
第6条	代議会の召集	第21条	収入役の保証金と返還
第7条	代議会議事	第22条	台帳の作成と承認
第8条	正当化されない代議員の欠席	第23条	収入役の責任
第9条	議事録	第24条	収入役による為替の支払いと年会計
第10条	代議会の任務	第25条	収入役会計の確認
第3章	分類	第6章	雑則
第11条	範囲の最終決定、土地の分類のために取るべき手続き	第26条	取締りの方法
		第27条	代議会の巡視人、監視人の宣誓
第4章	工事、実施方法、支払い	第28条	軽罪と違警罪
第12条	工事計画	第29条	権限
第13条	入札	第30条	技師の報酬
第14条	実施		

出典）Associations syndicales. Règlement général, 1868 より作成。

よる設立認可の前に、規約に署名をしない者でも組合に参加する権利があり、その場合特別賦課金を払い、規約に従わなければならないと規定されている。第9条では、代議会は5人よりなり、代議員は、規約に署名した者や、その後、組合に加盟が認められた者の中から選ぶことと定められ、第10条では代議員の任務は無報酬であると規定されている。第11条では、できる限り早急に許可組合となるため、代議会が手続きを行うこと、第12条で、組合運営に関しては、基本的には1868年4月23日の県規則によることが規定されている[48]。

(2) 組合運営に関する県規則

1868年オート=ザルプ県規則は、1865年法を実施するべく、より具体的な運営について定めたものであり、全部で6章、30条よりなる（表3-10）[49]。主要な規定を見てみよう。

受益者総会に関する規定が第1条におかれ、組合規約に特段の定めがない

第3章　オート＝ザルプ県における堤防組合

表3-11　68年県規則における代議会の役割

1．施設の建設、維持管理等
2．事業範囲や土地分級などを示す図面の作成
3．鑑定人の指名（土地所有者が指名する鑑定人と、必要な作業について協力）
4．譲渡や損害に関する補償の算定
5．堰や取水口設置場所の指示、灌漑や客土作業の時期や期間など条件提示
6．工事計画の作成と討議、実施方法の提案
7．入札のために必要な措置を講ずること
8．工事実施の監督
9．組合の規約と分級にもとづいて、受益者の間での負担の配分表を作成すること
10．年予算の準備と可決
11．組合に必要な借入金の契約（この借り入れは県知事の許可が必要）
12．代議長の運営会計と組合収入役の会計の検査
13．監視員など組合の役員の指名と交代、報酬の決定
14．普通裁判所と行政裁判所における訴訟の許可
15．行政により求められた場合に、組合の利益に関して意見を述べること、組合員に有益と思われることを提案すること

出典）Associations syndicales. Règlement général, 1868 より作成。

限り、所有地の面積にかかわりなく、受益者全員で総会は構成され、1人が1票を持つこと[50]、代議長が召集し、議長となること、また県知事も召集を行うことができ、その場合には、知事が議長を指名することが規定されている。

　代議会に関する規定は9つの条文よりなる。第2条では組合は代議会によって運営されること、代議員は総会により受益者の中から選ばれること（ただし、補助金が交付される場合には、県知事も代議員を指名する[51]）、選出は出席者の票数の過半数により行われ、それによって代議員すべてが選出されない場合には相対多数で行われること、2度の召集によっても総会が開催されない場合や代議員選挙が実施されない場合には、県知事が代議員を任命すること、規約に特段の定めがない限り代議会は5名よりなり、毎年そのうちの1名が交代する（再任可）ことが規定されている。第3条で、代議員欠席にあたり代議会に出席する補充代議員が総会により2名、任命されることが規定されている。第5条では、代議長について取り決められており、代議員は彼らの中から代議長を選び、必要であれば助役を選ぶこと、代議長の任期は3年、助役は1年である（いずれも再選可）こと、代議長は組合の利益を全般的に監視し、図面、議

事録、工事実施に関する書類を保管することを任務とし、裁判において組合を代表することとされている。

　第6条では、代議会は代議長により（支障ある場合には助役により）召集され、議事が行われること、代議員の2人の要請や県知事による直接の指示によっても召集されることが、第7条では、議事は出席者の過半数によって決定され、同数の場合には議長の票に比重が置かれること、代議会は少なくとも3名の出席が必要であるが、2度の召集にもかかわらず、成立しない場合、3度目には出席者の数にかかわらず成立すること、いずれの場合にも、県知事の承認の後に始めて議決は効力を持つことが取り決められている。第10条で、代議会の任務（表3-11参照）が定められており、組合の運営全般にわたるが、大まかに分けると工事の準備や実施、予算や会計に関する手続、訴訟の際の組合の代表、行政に対する意見、提言といったことがある。

　その他、県規則には、受益地の範囲の決定と分類に関する手続き（第3章第11条）、工事の実施や支払いに関する手続き（第4章第12条～第19条）、賦課台帳の作成、賦課金の徴収に関する手続き（第5章第20条～第25条）が定められ、最後に雑則が置かれている（第6章第26条～第30条）。

　組合の運営は基本的に代議会が中心となって行う。この代議会は総会によって選出される。組合員の意志に基づいた運営が期待されているというわけである。ただし、実際には、規定どおり選挙が行われていたわけでは必ずしもなく、形骸的な場合もあった[52]。しかし、制度としては選挙を通じて、組合員の意思で選ぶこととなっていたのである。こうして選出された代議員により組合が運営されていくのであるが、もちろんそれは予定調和的なものとは限らず組合運営を担う代議会と組合員との間で紛争が起こるケースも存在していたのであった。

3　組合の構成

　1887年の夫役台帳により、組合員の構成を窺うことができる[53]。組合員の居住地は、エグリエ及び隣接するサン＝クレパン、モン＝ドーファンがほとんどである（表3-12参照）。先に見たラ＝ミュール堤防組合と同様に、基本的に

第3章　オート＝ザルプ県における堤防組合

表3-12　受益者の居住地による分布

居　住　地	人　数（人）	割　合（％）
エグリエ	82	68.33
モン＝ドーファン	12	10.00
サン＝クレパン	13	10.83
その他・不明	13	10.83
合　　　計	120	100.00

出典）A.D.H.A., 7S263 より作成。
注）割合の各欄を足し合わせても100.00％とはならないが、四捨五入をしているためである。
なお、本章注2でも触れているように、エグリエのクロ集落は一部がサン＝クレパンに属している。この集落に居住する組合員が、どちらのコミューンに属するのか、1887年の夫役台帳からは判別することができなかったので、1886年のエグリエとサン＝クレパンの住民調査（A.D.H.A., 6M299）の記載を利用した。クロ集落居住とされる16名の組合員のうち、11名がエグリエに（このうち6名がクロ、5名がモーレル＝デュ＝クロ）、2名がサン＝クレパンに居住していることが確認できたが、残り3名については記載を見つけることができなかったので、その他・不明に含めた。なお県内コミューンの住民調査は、オート＝ザルプ県文書館のウェブページで閲覧することができる。(http://www.archives05.fr/arkotheque/listes_nominatives/index.php)

表3-13　受益者の賦課額による分布

賦　課　額	人数（人）	割合（％）
10フラン以上	3	2.50
5～10フラン	16	13.33
2～5フラン	37	30.83
2フラン未満	64	53.33
合　　計	120	100.00

出典）A.D.H.A., 7S263 より作成。
注）割合の各欄を足し合わせても100.00％とはならないが、四捨五入をしているためである。

表3-14　受益者各層の賦課合計額

賦　課　額	各層の賦課合計額（フラン）	割　合（％）
10フラン以上	34.04	10.28
5～10フラン	115.60	34.91
2～5フラン	113.13	34.17
2フラン未満	68.33	20.64
合　　計	331.10	100.00

出典）A.D.H.A., 7S263 より作成。

地域住民による組合というわけである。受益者の賦課額による分布は10フラン以上3名（2.50％）、5～10フラン16名（13.33％）、2～5フラン37名（30.83％）、2フラン未満64名（53.33％）となっている（表3-13）。受益者各層の賦課合計額は、10フラン以上層の賦課合計額は34.04フラン（10.28％）で、5～10フラン層では115.60フラン（34.91％）、2～5フラン層では113.13フラン（34.17％）、2フラン未満層では68.33フラン（20.64％）となっている（表3-14）。

代議員に関しては、1887年より組合議事録が残されており、選挙の実施と結果に関する記録を見ることができる。1887年11月27日に、5人の代議員と2人の補充代議員のうち、任期を迎えたジョゼフ＝オーギュスト・ジャック（代議員）とジョゼフ・アルジャンス（補充代議員）の改選が行われた。組合員数118人のところ、63人の投票があり、ジャックは47票を獲得し代議員に、アルジャンスは38票を獲得し、それぞれ再選されている。1889年2月4日にも、同様に、任期を迎えた代議員アンドレ・クールと補充代議員フランソワ・アルジャンスの改選が行われようとした。しかし、この時には出席者が定数に満たず、2月17日に延期された。そこでは組合員数140人に対し、60人が出席、投票が行われ、その結果、ルイ・バルテレミーが39票を獲得し、代議員に、15票を獲得したジョゼフ・ジャックが補充代議員となり、ようやく新たな陣容が決定したのであった[54]。

4　賦課をめぐる紛争
(1) 争点
　ラ＝プレーヌ組合が許可組合として認められてから6年後の1888年に賦課をめぐって紛争が起きている。それに関して、同年8月23日付の代議長による県庁宛文書が残されている。その中では次の6つの点について触れられている。第1に、組合の受益地について、1879年2月1日の組合規約により、エグリエだけではなく、隣接するサン＝クレパンに属する土地も含まれていることを、第2には、この規約にはほとんどの者が署名をしているが、組合名がエグリエとサン＝クレパンの連合組合となっていないことを理由に署名をしていない者も存在することを、第3に、以前は、代議員がこの2つのコミューンより選出されていたが、1887年11月27日の選挙ではエグリエに属する者しか選ばれず、サン＝クレパンに居住する代議員がいなくなってしまったことを指摘している。第4に、上に述べた組合規約への署名を拒否している者のうち、賦課台帳に協力することを拒否する者がいると訴えている。拒否するのは、1882年4月25日付県知事アレテでサン＝クレパンでの調査の議事について触れていないからだというのである。第5に、全受益地約20ヘクター

第3章　オート＝ザルプ県における堤防組合

ルのうち、5ヘクタールほどがサン＝クレパンに属すると述べ、そして第6に、この地域に賦課をかけられないようでは組合が成り立たない、というのも、この部分から、受益地全体にデュランス川の氾濫被害がおきかねないからとしている[55]。

　この文書から、組合に反対し、規約に署名していない者がおり、その中にサン＝クレパンの住民がいること、そして、先に見た1887年11月27日の代議員選挙でサン＝クレパンから代議員を出すことができなかったことをきっかけとして、組合に対する反対が顕在化し、組合運営に必要な賦課をめぐって支障が出る事態となり、ひいては組合そのものが危機にさらされていることが窺える。

　ここでは、エグリエとサン＝クレパンの両コミューンの住民の対立が起きている。両コミューンは旧体制期には同一のコミューンを形成していた時期もあり、両者が利用する共同地も存在する。そうした意味では両者は密接な関係にあったことが窺える。しかし、ラ＝プレーヌ組合の賦課をめぐるこの紛争では、組合名や代議員の選出と関連して両者の利害対立が表面化してしまったものといえるであろう。

　その時、重要なのが、先に見た1865年法における多数の原理であった。そこでは、関係所有者の過半数が賛同し、その受益地内の所有地面積が全体の面積の3分の2を超えるか、関係所有者のうち3分の2の者が賛同し、その所有地面積が受益地全体の半分を超えれば、許可組合を結成することが可能であり、ラ＝プレーヌ組合でもこの多数を満たしていると認められ、許可組合となったのであった。ゆえに、規約に署名しなかった者も組合に参加せざるを得ず、賦課徴収を受けざるを得ない。異議申し立ての機会は与えられるものの、その期間を過ぎると、ここにある種の強制が働くというわけである。灌漑や排水など改良工事に関するものとは異なり、堤防工事といった災害に対する防御に関しては、こうした参加の強制が必要であるとされたのであった。そして、そうした強制が実際にラ＝プレーヌ堤防組合でも組合結成に賛同しない者に降りかかることとなったのであった。

（2）技師の見解

　この1888年8月23日付文書に関して、同年10月4日に一般技師報告書が作成されている。そこでは、種々の理由で堤防施設の維持に関する費用負担を何人かの土地所有者が拒否しているとラ＝プレーヌ組合の代議長が訴えていること、賦課台帳はまだ作成されておらず、問題となる異議は今のところ口頭でしか行われていないこと、そして、これから作成しようとする台帳に、異議を述べている者たちを載せる権利があるかどうかを代議長が問い合わせていることを、まず確認している[56]。

　それに対して、組合の概況を踏まえた上で、組合許可のアレテに先立つ調査をエグリエだけで行い、サン＝クレパンで行わなかったがゆえに、賦課台帳の対象となるのは不当であるとの異議申し立ての準備をサン＝クレパン居住の組合員がしていることについて、1865年法第17条により、こうした異議を出すには最初の賦課台帳公示から4ヶ月以内と定められていることを指摘し、異議申し立てを行おうとしている者はこれまで課せられた夫役に応じているし、先の1月に台帳が1つ（筆者注：代議長の訴えの中に出てくる賦課台帳とは別のものであろう）承認されているので、組合に対するこの種の異議を出すには、すでに時機を逸しているとする。よって組合の受益範囲に含まれる土地所有者全員を賦課台帳に載せなければならず、1868年4月23日県規則に基づいてその台帳を、エグリエとサン＝クレパンのコミューン役場に掲示することが、代議長に求められるとしている。そして、実際に、代議長のいうような異議が出された場合には、県評議会が裁定を下すことが指摘されている[57]。県評議会に、実際に異議申し立てが出されたかどうかについては史料が残されていないので、判然としないが、要するに異議申し立ての期間が過ぎてしまっているがゆえに、規約に署名していない者も組合に参加し、それによって課される夫役に応ぜざるを得ないというわけである。

　1865年法により、フランスでは土地改良組合制度が整備され、堤防工事もその枠の中で行われることとなった。土地改良組合には自由組合と許可組合の2種あるが、自然災害対策としての堤防組合は、第12条で定められた多数の基準を満たした場合、許可組合として創設することができることとなった。

ただ、その時、組合に賛同しない者に参加を強制する場合がありえた。実際、ここで見たラ゠プレーヌ組合の場合、規約に署名しなかった者たちが存在していたが、結局、彼らも組合に参加し、賦課を負担し、夫役に応じる義務が出てくる。そうしたことは紛争の火種となり、実際、許可組合として認められた6年後に賦課をめぐる紛争へと発展し、組合運営に支障が出る事態となったのであった。

　同じ土地改良組合であっても、後に見るように1888年法制定までは、灌漑工事や排水工事などは、単なる農業改良として許可組合の対象とはされなかった。しかしながら、堤防工事に関しては、一部の者の異見により、他の者に災害の被害が及びかねないということから、多数の基準により組合設置が認められるようになっており、この点、2つの種類の組合は大きく異なる性格を持つものであった。農業改良工事とは異なり自然災害対策には組合参加に賛同しない者も多数の意見に従わざるを得ないというわけである。異議申し立て制度も設けられており、配慮が完全に欠けているわけではないが、こうした問題に対しては、ある種の強制がかからざるを得ないとされたのであり、また、そうしたことが紛争の火種となりうるのであった。

第5節　小　　括

　本章で見たように、オート゠ザルプ県の堤防組合は、大きくとも、せいぜい数100ヘクタールほどの受益地面積しか持たない小規模なものであった。集落やコミューンレベル、もしくは隣接するコミューンに関係するような程度のものが大半であったと考えられる。そうした規模のものであっても、組合運営は予定調和的に進められたというわけではもちろんなく、組合内での紛争や行政や組合外との軋轢が、当然のことではあるが、引き起こされることもあった。

　共和暦13年のデクレと1807年法により設立、認可されたラ゠ミュール堤防組合では、災害対応において支障が出るとの危惧より行政的な手続の促進が求められたが、円滑には進まず、結果的に時間を空費してしまう形となり、

ギル川氾濫に対応することができなかった。イゼール県を対象とした研究の中でトラルの言うように、法制度の整備や技師による技術的、手続き的支援も行われ、組合と行政との協力関係が構築され、その中で災害対策が打ち出されるという構図が、革命以降、19世紀前半に整えられつつあったと考えられる[58]が、実際には、両者の関係は相互補完的なものだけではなく、災害への対応において行政の存在が掣肘や桎梏となり、軋轢も生じていたことがラ＝ミュール堤防組合の事例から窺えるであろう。1807年法における行政的手続の複雑さへの批判から、1865年法における簡素化への流れが出てきたことを第2章で指摘したが、本章で見たような事態が、おそらくは、他にも存在し、その背景となっていたのであろう。

ラ＝プレーヌ堤防組合の事例では、組合参加を強制された少数の不同意土地所有者によって負担をめぐる紛争が生じようとしていた。結局のところ、65年法の規定により、彼らもまた負担に応ぜざるを得ない方向で事態は進んでいったが、それは、要するに、組合の運営において桎梏となりうる不同意土地所有者の動きを、法制度に依拠しつつ、行政によって封じようとしていたものと捉えることができよう。河川氾濫の防御という公益のため、少数者は、その意に反して協力をせざるを得ないというわけである。行政による掣肘を受けていたラ＝ミュール組合の事例とは異なり、逆に、こうした不同意者という軋轢の火種を抱えながらも、国により準備された65年法の許可組合制度を、いわば利用しながら反対者を押さえ、堤防建設をめぐる共同的関係を維持しようとしていた側面をここに見ることができるのである。

●注
1) この調査は、1899年7月25日付農務大臣デュピュイの通達で実施されたものである。1886年にも土地改良組合の調査が行われたものの、独立組合に遺漏が多く、それを補綴すること、灌漑組合における取水量や、他の組合も含め、受益地面積が把握されていなかったため、概算評価が可能な場合、それも把握することを通して、より完全な調査を目指したものであった（*B.D.H.A.*, fascicule Y, pp.45-46)。
　この調査の結果は、農業水理局報告書のZ号とその補遺に収録されている。土地改良組合、認可会社、気候協会とが網羅的に調査され、土地改良組合は4種に分けられ、

第3章　オート＝ザルプ県における堤防組合

　表Ⅰ、表Ⅱ-A、表Ⅱ-B、表Ⅴとして、認可会社は表Ⅲとして、それぞれ、県ごとに、一覧表にされている（表Ⅳは、気候協会の調査結果が示されており、堤防組合と灌漑組合には関係がない）。表Ⅰは、旧来のオルドナンス、共和暦11年法、1807年法、1854年法、1852年のデクレ、1861年の分権化に関するデクレによって創設されたものが掲載され、堤防組合に関して言えば、強制組合として設立されたものが含まれる（後に見るように灌漑組合もここに列挙されており、これらは自発的意思組合にあたるものと考えられる）。表Ⅱは、65年法、88年法によって設立されたものが掲載されており、表Ⅱ-Aは許可組合、表Ⅱ-Bは自由組合となっている。表Ⅴはいずれにも当てはまらないもので、独立組合として設立されたものである。

　これら組合一覧表には、組合名（あわせて所在コミューン名が記載される場合もある）、組合の目的、設立根拠とその年月日、備考とが記載されている。組合の目的としては、堤防建設、灌漑、沼沢地干拓、浚渫などがあり、なかには1つの組合で複数の目的を持つものもある。受益地面積や、灌漑の場合には取水河川、取水量などの情報が備考に記載されている。

　この組合一覧表に基づき、活動中組合種別集計表が出され、後、補足調査が実施され、組合一覧表の追加と補綴集計表の作成がされている（なお、組合一覧表には、活動停止中のものもリストに挙げられている。例えば、オート＝ザルプ県では、ラ＝バティ＝ヌーヴのサン＝パンクラス組合（*B.D.H.A.*, fascicule Z, p.14）、エスピナスのトゥラント＝バ組合（*B.D.H.A.*, fascicule Z, p.14）、テユのメルダセル組合（*B.D.H.A.*, fascicule Z, p.15）が活動停止した組合として名前が挙げられている）。

　ちなみに、オート＝ザルプ県の堤防や灌漑、土地改良組合に関する統計調査として、他に、ファルノーによるもの、50年代の調査、65年法制定時に行われた調査、70年代中頃に行われたと思われる調査とがある（ファルノーによるものは、Farnaud (1811), pp.129-158, Farnaud (1821), pp.185-193、50年代と70年代中頃に実施された調査はA.D.H.A., 7S1358、65年法制定時に行われた調査は、*Mon.*, le 21 avril 1864, n.234, p.541）が、より完全な調査結果であると考え、ここでは、1901年調査による組合一覧表と補綴集計表を利用することにした。

2) 本章で事例とする2つの組合の所在地であるエグリエは、県東部に位置し、アンブラン大郡、ギエーストル小郡に属する。役場の標高は1,029メートル、コミューン内の最高標高は2,500メートルを超えている。コミューンの西端をデュランス川が、南端をギル川が流れており、ラ＝ミュール地区、ラ＝プレーヌ地区付近でこの2河川は合流している。コミューンの面積は約3,005ヘクタールで、10の集落が存在する（このうち、クロ集落は一部が隣接するサン＝クレパンに属している）。人口は1841年に755人を数え、多くは農業に従事している（A.D.H.A., 6M208. エグリエの人口についてはBrun (1995), p.132も参照）。

　エグリエに囲まれる形でモン＝ドーファンというコミューンがあり、序章の注34で触れたように、軍事的拠点で、ここには、その関係者や商人や職人などが居住している。以前はエグリエと同一コミューンであり、両者は緊密な関係を持っており、ラ＝ミュール堤防組合でもラ＝プレーヌ堤防組合でもモン＝ドーファン在住の者が受益者として顔を出している。また、北接するサン＝クレパンとも同一コミューンであった時期があり、ラ＝プレーヌ堤防組合の受益地の一部はサン＝クレパン・コミューンの

表3-15　エグリエ土地利用分布（1830年）

利用形態	面積（ha）	割合（％）
耕地	360.63	12.00
栽培牧草地	11.60	0.39
ブドウ他	103.64	3.45
森林	1,176.04	39.14
放牧地・荒地	1,269.57	42.25
道路等	79.91	2.66
その他	3.59	0.12
計	3,004.98	100.00

出典）A.D.H.A., 3P16391-16394
注）割合の各欄を足し合わせても100.00％とはならないが、四捨五入をしているためである。

表3-16　エグリエ土地所有規模別分布（1830年）

規　模	1ha未満	1-2ha	2-4ha	4-6ha	6-10ha	10ha以上	計
所有者数（人）	331	48	56	31	12	1	479
割合（％）	69.10	10.02	11.69	6.47	2.51	0.21	100.00

出典）A.D.H.A., 3P16391-16394
注）所有者にエグリエ・コミューン（2,379.33ヘクタール）は含んでいない。

表3-17　エグリエの土地所有規模別分布（各層に属する土地所有の総面積）（1830年）

規　模	1ha未満	1-2ha	2-4ha	4-6ha	6-10ha	10ha以上	計
面積（ha）	67.55	68.55	167.31	147.19	83.12	11.61	545.33
割合（％）	12.39	12.57	30.68	26.99	15.24	2.13	100.00

出典）A.D.H.A., 3P16391-16394
注）所有者にエグリエ・コミューン（2,379.33ヘクタール）は含んでいない。なお、このコミューン所有面積と表中の計（545.33ヘクタール）を足し合わせても、2,924.66ヘクタールにしかならない。表3-15では3,004.98ヘクタールとなっており、その他、道路等の面積（合計83.50ヘクタール）を勘案しても、なお、3.18ヘクタール合わない。その理由は、史料からは窺うことができなかった。

第3章　オート＝ザルプ県における堤防組合

領域に含まれている。

　エグリエの土地利用に関しては、1830年に作成された土地台帳より窺うことができ（A.D.H.A., 3P16391-16394）、コミューンの大部分は森林（39.14％）と放牧地・荒地（42.25％）で占められており、耕地は12.00％、ブドウ畑は3.45％、栽培牧草地は0.39％に過ぎない（表3-15参照）。土地はあまり肥沃でなく、旧体制期のエグリエに関する報告によると、デュランス川とギル川沿いに比較的優良で灌漑可能な土地が存在するに過ぎず、ライムギ、ジャガイモ、クルミが主な農作物で、加えて住民のワインの製造のためのブドウがある程度と農業の状況が指摘されている（Guillaume (1908), p.182）。コミューンにおいて希少な優良農地を保護するために、堤防の建設が企てられているというわけである。

　土地所有の分布を見てみると、北フランスに見られるような大土地所有者は存在しないことがわかる。1人を除いて10ヘクタール以下の土地所有者で、1ヘクタール未満層が7割近くを占めている（表3-16参照）。各層の所有地面積の合計を見てみると、当然ながら大土地所有層の比重は小さく、2ヘクタールから6ヘクタール層が比較的多くなっている（表3-17参照）。

3) なお、土地改良組合には2つ以上の目的を兼ねるものもあるが、集計においては、そのうちの1つの目的についてカウントを行っているため（例えば、オート＝ザルプ県において堤防と灌漑の両者を目的に含む組合が30、一覧表に挙げられているが、これらは灌漑組合として集計表にはカウントされている）、ここに挙げた目的別分布の数字は、おおよその目安を示しているものである。

4) 組合一覧表には、堤防組合は130挙げられている。このうち、本章注1で触れたように、ラ＝バティ＝ヌーヴのサン＝パンクラス組合、エスピナスのトゥラント＝パ組合、テュのメルダセル組合は、調査時には活動停止しており、アントナーヴのアントナーヴ組合は、同コミューンのメウージュ組合と併合された旨、備考欄に注記されており、よって、活動中の堤防組合は126となる。

5) 表Iに25組合とされており、ここには、強制組合だけではなく、自発的意思組合も含まれうるが、堤防を目的とするものに関しては、ほとんどが強制組合と考えてよいであろう。

6) 独立組合は、シャンポレオンに多く（10組合。B.D.H.A., fascicule Z, pp.307-308）、他にギヨーム＝ペルーズ（3組合。B.D.H.A., fascicule Z, p.308）、クレマンス＝ダンベル（3組合。B.D.H.A., fascicule Z, p.308）などに存在する。受益地面積が50ヘクタールのもの（ルモロンのレルミタンヌ組合。B.D.H.A., fascicule Z, p.301）もあるが、多くは、数ヘクタール程度の規模である。

7) 例えば、1901年調査においてブッシュ＝デュ＝ローヌ県でデュランス川左岸堤防組合群として15の組合が挙げられている。受益地面積の総計は1万5,945ヘクタール（1組合あたり1,063ヘクタール）で、最大のものは、カバンヌ組合の2,900ヘクタール、ついで、シャトールナール組合の2,600ヘクタールとなっている（B.D.H.A., fascicule Z, p.27）。さらに、同県カマルグには、防潮堤組合であるが5万ヘクタールの受益地をもつものが存在し（B.D.H.A., fascicule Z, p.28）、沼沢地干拓を目的とするコレージュおよびカマルグ＝マジョール組合は1万5,000ヘクタールの規模を、アルル干拓組合は7,717ヘクター

ルの規模を持つ（B.D.H.A., fascicule Z, p.24）。1万1,859ヘクタールの規模を持つタラスコン干拓中央組合は7つの組合を傘下に持ち、うち最大はタラスコン組合で5,387ヘクタール、ついで、グラヴソン組合が2,271ヘクタールの干拓地を持っている（B.D.H.A., fascicule Z, p.28）。ちなみに、オート＝ザルプ県の沼沢地干拓組合としては、54ヘクタールの規模を持つショルジュ沼沢地組合が組合一覧表に掲載されている（B.D.H.A., fascicule Z, p.190）。ポテルレも、干拓すべき沼沢地の全国調査しており、オート＝ザルプ県に関しては、ショルジュのものを35ヘクタールの規模のものとしてあげている（Poterlet (1817), tableau général de marais à dessécher en France, p.2）。

　なお、ブッシュ＝デュ＝ローヌ県の堤防組合や沼沢地干拓組合については、Barral (1876a)がある。同じくバラルはヴォクリューズ県のものも調査している（Barral (1877)）。
8 ）不定面積とされているヴェーヌのコトー＝ドリオル組合（B.D.H.A., fascicule Z, p.183）、誤植により受益地面積不明のモンガルダンのドゥヴゼ組合（B.D.H.A., fascicule Z, p.181）、受益地面積が記載されていないマ＝デ＝サニャ組合（B.D.H.A., fascicule Z, p.185）とネヴァッシュ組合（B.D.H.A., fascicule Z, p.187）は、受益地面積の平均の算出に含めていない。
9 ）A.D.H.A., 7S271, 7S294.
10）A.D.H.A., 7S270.
11）A.D.H.A., 7S271.
12）第2章で見た『オート＝ザルプ県の急流に関する研究』の著者、アレクサンドル・シュレル、その人であろう。
13）A.D.H.A., 7S271.
14）A.D.H.A., 7S271.
15）A.D.H.A., 7S271.
16）A.D.H.A., 7S270.
17）A.D.H.A., 7S270.
18）A.D.H.A., 7S270.
19）A.D.H.A., 7S270.
20）A.D.H.A., 7S270.
21）A.D.H.A., 7S270.
22）A.D.H.A., 7S270.
23）A.D.H.A., 7S270.
24）A.D.H.A., 7S271.
25）A.D.H.A., 7S270.
26）A.D.H.A., 7S270.
27）A.D.H.A., 7S270.
28）A.D.H.A., 7S270.
29）A.D.H.A., 7S270.
30）A.D.H.A., 7S270.
31）A.D.H.A., 7S271.
32）A.D.H.A., 7S271. これに対して、3月24日付大郡長宛文書の中で、県知事は、2月14日に催促を行ったところであり、これ以上するべきことはないとしている（A.D.H.A.,

第3章　オート＝ザルプ県における堤防組合

7S271）。
33) A.D.H.A., 7S271.
34) A.D.H.A., 7S271.
35) A.D.H.A., 7S270.
36) A.D.H.A., 7S270.
37) A.D.H.A., 7S270.
38) A.D.H.A., 7S270.
39) A.D.H.A., 7S271, 7S294.
40) A.D.H.A., 7S263.
41) A.D.H.A., 7S8043.
42) 受益者リストでも、後に見る4月13日付一般技師報告書でも、組合参加賛同者は100人となっているが、その差1名については詳細を知ることができなかった。
　なお、受益者リストによると、拒否もしくは欠席者は31人となるが、この中には、パリ在住の者も含まれているが、エグリエ、モン＝ドーファン、サン＝クレパンの住民もおり（A.D.H.A., 7S8043）、このうちサン＝クレパンの住民が、後に見る紛争の当事者の一方となるのである。
43) A.D.H.A., 7S263.
44) A.D.H.A., 7S263.
45) 先に見たように1882年3月3日付一般技師報告書では、受益者リストの131人のうち、101名が組合参加を表明しているとされているが、注42で述べたように、その差1名について詳細を知ることはできなかった。
46) 4月13日付一般技師報告書では107人の賛同が認められているにもかかわらず、この県知事アレテでは100人しか認められていない理由については、史料がなく、詳細を知ることができなかった。
47) A.D.H.A., 7S263.
48) *R.A.A.*, 1882, pp.198-202. なお、組合規約の第1条、第8条、第11条は組合認可以前の手続に関するものとなっているが、規約に引き続き残されている。この理由や経緯については、明らかにすることができなかった。
49) 県規則は、土地改良組合一般規則（Associations syndicales. Règlement général）と題されており、1868年4月23日に県知事によって承認されているものである。ここではオート＝ザルプ県文書館所蔵のものを利用した（A.D.H.A., 4º A pièce, 608）。
50) 65年法第4章で、総会への参加、投票、代議員の規定が置かれており、その第20条では次のように規定されている。組合規約の定めるところに基づいて総会での票が所有に応じて与えられるが、その際、1票を構成する最小単位が規約で定められる。それよりも小さな土地しか所有しない者は、複数が集まり最小単位もしくはその倍数を構成することができる（例えば、1ヘクタールを所有するものに1票の権利を与えるとされたとすると、それ以下の面積しか持たない者は、単独では票を持ち得ないが、何人かで集まり、その所有地が1ヘクタールに達すると1票を投ずることが可能となる。さらに、集まった者の合計面積が、例えば、5ヘクタールになったとすれば、彼らは5票を持つことができる）。また、1人のものにあまりに大きな重みを与えることを避けるため、1人の受益者に与えられる最大票

数も規約に定めることとされている（1865年8月12日付公共事業大臣通達も参照（Debauve (1879), pp.94-95））。しかし、ここでみる68年県規則では、組合規約に特段の定めがない限り、所有地面積に関わりなく1人1票持つよう規定されているというわけである。

ラ＝プレーヌ組合の規約には特段の規定はなく、1人1票ということで運営されていたと考えられる。

なお、サヴォワ県の事例であるが、ギーグの著書の中で紹介されているサン＝ジャン＝ドゥ＝ラ＝ポルト湿地改良組合では、事業区域内に所有する所有地の面積に応じて1人の持つ票数に差をつけている。組合規約第2条で、少なくとも15アール（0.5ジュルナル）を所有する土地所有者により総会が構成されること、ただし、この最小限度以下の地片所有者も、共同で集まり、総会に出席することができること、また、各土地所有者は10票を超えない範囲で所有に応じた票を持ちうることが規定されている（Guigues (1892), pp.31-32）。

51) 65年法第23条では、補助金が国、県、コミューンなどによって交付される場合には、その金額の割合に応じて、県知事が代議員を任命することが定められている。1865年8月12日の通達では、次のような例が出されている。代議員数が9名と定められており、国、県、コミューンによる補助金合計が、費用の4分の1を占める場合には2名を、2分の1を占める場合には4名を県知事が任命できるとしている。また、この通達では、受益者の選出により多く任せるよう配慮し、代議員を任命する場合にも、現地の知識や専門的な適正を鑑みながら、国、県、コミューンの利益を代弁するもっとも適切な人物の中から選ばなければならないとしている（Debauve (1879), p.95）。

52) こうした点に関して、1873年3月12日付の大郡長とコミューン長宛命令が、オート＝ザルプ県規則集に掲載されている（R.A.A., 1873, pp.93-96）。土地改良組合の代議会の選出や業務に関するもので、県規則第3条（この命令では、第3条とあるが、実際には、第2条で規定されている）の代議員改選に関して違反が見られると指摘し、また、この条項は、組合員を総会に招集する義務を含み、彼らに、意見表明の機会を与えるとともに、代議会が実施したことや提案を知らせる機会としていることも指摘しつつ、代議員の改選を行うべく、総会開催について代議長と協議することを、大郡長やコミューン長に命じている。さらに、毎年、11月最後の日曜日か12月最初の日曜日のいずれかに、総会が行われることとなっているところ、多くの組合において代議員改選が実施されていないことを鑑みて、この年については、例外的に、来る4月20日日曜日に総会を招集することとし、代議員と補充代議員の改選や欠員補充、3年任期が切れる代議長、助役の改選が求められている。多くの組合において、選挙が規則に則った形で実施されていないことが窺えるであろう。

さらに、1877年12月31日にも同様の命令が土地改良組合代議長宛に出されている（R.A.A., 1878, pp.41-43.）。先に見た1873年の文書でも触れられているように、選挙を、毎年11月最後の日曜日に行われなければならないところ、特別な状況により、この時期に選挙が行い得ない場合、2月17日日曜日に実施するよう県知事が決定したとし、当日、組合員を総会に召集するとともに、コミューン長と協力し、できるかぎり周知徹底するようにしている。そして、あらためて、代議会が正規の形で機能し、関係する行政命令が無視されないよう強く希望するとし、1873年の命令、1868年4月23日

第 3 章　オート＝ザルプ県における堤防組合

の県規則（とりわけ第 1 条、第 2 条と、予算、決算に係る第 18 条、第 19 条に注意を促している）の参照をもとめている。

　この文書には、1878 年 1 月 5 日付け県知事アレテが付されており、1878 年 2 月 17 日に代議員と補充代議員の改選のため、組合員が招集されること（第 1 条）、投票は午前 10 時から午後 3 時まで行われること（第 2 条）、2 月 17 日の投票が成立しない場合には、改めて次の日曜日に投票が行われ、ここでは投票者の数には関係なく、相対多数で選挙が行われること（第 3 条）、代議長と助役に関しても任期が切れる場合には選出を行うこと（第 4 条）が規定されている。

　このように、代議員選挙に関する制度が明確に定められていたにもかかわらず、オート＝ザルプ県では、実際には、それが正規の形で実施されていなかったり、ラ＝プレーヌ組合の事例で見るように、1 回目の投票では選挙が成立せず、2 度目の投票になってようやく代議員が決定するというような事態も生じていたのであった。具体的な原因は、正確にはわからないが、序章の注 83 で見たように、他地域での出稼ぎ等に従事する者が多くおり、その影響があるのではないかと思われる。

53) A.D.H.A., 7S263. この夫役台帳より組合員の氏名、居住集落、賦課台帳に記載されている賦課額などが判明するので、ここではそれを情報源として用いた。
54) それ以降、1895 年までの選挙結果を調査したところ、90 年と 94 年に改選を迎えた代議員と補充代議員、92 年に改選を迎えた補充代議員はいずれも再選を果たしているが、他の議員は選挙の結果、交代している（A.D.H.A., 7S8043）。
55) A.D.H.A., 7S263.
56) A.D.H.A., 7S263.
57) A.D.H.A., 7S263.
58) Thoral（2005）。

第4章
オート＝ザルプ県における灌漑

第1節　はじめに

　一般的に、灌漑には、水分の補給、肥効分の供給、土壌の物理的条件変化の促進などの効果がある[1]が、オート＝ザルプ県では夏季の気候の乾燥のため、その必要性が、とりわけ強く認識されていた。灌漑はなくとも牧草の生産などは可能ではあったが、収量は見劣りし、その導入によって農業生産の増大をもたらすべく、以下に見るように灌漑普及に精励してきたのである。

　当県では、古くから灌漑施設の建設が行われており、中には、開設時期が記録に残されておらず、中世以前であることしかわからない用水路も存在している。こうした施設には、利用が中断、放棄されてしまったものあるが、利用が再開したものや、連綿と利用され続けていたもの、加えて、もちろん、19世紀に新たに建設されたものもあり、整備に向けた努力は営々と続けられていたのであった。

　山岳地に位置する当県では、傾斜を利用した重力灌漑方式による用水路が多く見られた。人為的に揚水するのではなく、効率よく水を耕地へと流下せしめる方式が取られており、日本の扇状地や盆地における灌漑と類似する点が見受けられる。地形の起伏が激しいため、用水路建設において水道橋、水路支持壁、トンネルといった構築物の建設、整備が求められることや、渓流や急流河川に対応した強固な取水施設の整備、用水路の傾斜への工夫、さらには、水路や貯水池の開鑿で漏水等に備え、土質に応じた措置などが必要とされることもあった。そして、当県の地形や地質の特徴に応じたこれら工法を

効果的に、適切に利用するためには、その自然的特徴を十分に把握する必要があった。それを踏まえた上で、自然に働きかけ、それを改変しつつ、巧みに利用するような施設の建設が目指されたのである。それは、古くから行われてきたことであるとともに、19世紀においても基本的には、そうした形で灌漑整備が進められていった。これら用水路は、大きくても、せいぜい数10キロメートルの延長、数100ヘクタールの灌漑面積を持つものに過ぎなかった。しかし、19世紀には、1,000ヘクタールを超える規模を持つ灌漑用水路が計画され、建設に向けた動きが具体化するようになる。そこで、本章では、こうしたオート＝ザルプ県における灌漑について、ファルノー、ラドゥーセット、ヴェルネなどの著作等を通して検討することにしたい。

第2節　灌漑の効果と利用

1　灌漑の効果

(1) 灌漑の意義

　灌漑の意義として、まずは作物に必要な水分を供給することを指摘できる。植物にはそもそも水分が含まれており、その補給が必要であるとともに、灌漑によって蒸散が促進され、農産物の収量や品質に大きく影響すると認められていた[2]。乾燥の強い当県では、水分補給のための灌漑の必要性がいっそう強く認識されることとなった。こうした気候の乾燥については、例えば、県東部デュランス川上流部沿岸が、フランス・アルプの中でも最も降水量が小さいと、ブランシャールが指摘しているほどである[3]。しかし、それでも、少なくとも700ミリメートル程度の降水は見られ、この数字は、フランスの中では取り立てて小さいものではない。オート＝ザルプ県で問題となったのは年間降水量ではなく、とりわけ夏季に降水が少ないことであり、強日射も加わり、この季節に、灌漑による水分補給が必要となる所以であった。

　また、灌漑による施肥効果に関しても指摘がされており、土地に散布された肥料成分の吸収促進だけではなく、灌漑水自体に窒素分やリン分などが溶解しており、堆肥や厩肥の代わりとなりうることが知られていた。水が豊富

第4章　オート＝ザルプ県における灌漑

なヴォージュ県では灌漑水で十分肥効が上がるとまでされている[4]が、オート＝ザルプ県に関しても、例えば、ヴェレが、ギャップの下水が含まれるリュイ川とデュランス川が肥効に恵まれ、タラール地域の肥沃化に貢献していると指摘している[5]。

さらに、灌漑の役割として土壌の物理的状態を変化させ、耕起作業を容易にすることをあげることができ、この点に関しても、ブリオが指摘している[6]。灌漑による水分と肥効分の補給という効果とあわせ、収量を増大させ、農業生産を拡大させたのであり、こうした灌漑の意義は十分に認識されていたのであった。

(2) 灌漑の効果

オート＝ザルプ県での灌漑導入の効果について同時代人の著作の中に見ることができる。ボネールは、山岳地の利点の1つとして、水源を見つけやすく、どこでも用水路を設置しやすいことがあるとし、急流による所有地や農産物への被害の存在にも触れながらも、同時に、それが用水路に持続的に水を供給し、肥沃さの元をもたらし、畑や草地に生命を与えるともしている[7]。

ファルノーも、穀物、マメ類、油脂作物、繊維作物の栽培地や、自然牧草地、栽培牧草地の肥沃度増大のため、最小の水流から大河川に至るまで、非常に大きな障害がない場合、あらゆる水を利用しようとしていること[8]や、灌漑施設建設が困難であることに触れつつも、成功の暁には、それを超えて収益を上げるものはないとする[9]。

1866年農業アンケート[10]でも、ロイエが、5月から10月の間、乾燥が続くことが多く、牧草の成長が遅れたり、阻害されたりすることがあること、そして灌漑によってしか牧草生産を計算に入れることはできないこと、新たな用水路の建設と既存のものの改良が、一致して強く要求されていることを指摘し[11]、オート＝ザルプ県では、どこでも灌漑が重要な問題であり、すべては水の適切な管理にかかっていること、この地域では農地を拡大し、条件を改良することができるのは灌漑によってであり、ブリアンソネでは開鑿が14世紀に遡るものが存在していること、1820年のファルノーの統計を引き合い

に出しつつ、それから顕著な増加が見られないこと、資力が非常に限られており、地域の繁栄のために必要な用水路の新設のためには強力な援助が必要であることについて述べているのである[12]。

さらに、ブリオも、太陽光や急流岸からの水の流出、長期にわたる晴天時の蒸発により、過度の乾燥が起こるとし、人工的な灌漑によってのみ、その不都合に対しうるとする。灌漑は湿度を回復し、土壌の密度を低減し、耕作を容易にし、根をより大きく成長させるのに役立つことや、土壌がひび割れたり、硬化することを妨ぎ、空気を含ませ、コロイド物質や溶解物質を新たにもたらし、肥料を補完し、その均一な散布を助けることを指摘、アルプ地方では、灌漑によって地価が3倍もしくは4倍になるとしている[13]。

このように同時代の県知事、県高官、技師など当県農業に通暁した者たちが灌漑の効果について述べているのである。もっとも、その実現に際しては、山岳地特有の地形や起伏、傾斜によって建設に困難をきたすことや資力、財政力が乏しいことが支障となった。しかし、こうした困難を抱えながらもオート＝ザルプ県では、古くから灌漑施設が建設され利用されてきたのであった。

2　灌漑の利用と管理

オート＝ザルプ県で灌漑は、夏季の乾燥に対応するべく、6月から9月にかけて実施されていた[14]。それに先立ち、春季に、用水路の維持管理作業が行われ、幹線用水路、支線用水路は組合の代議員の指示のもと修繕、浚渫がされ、そこから圃場へと至る導水溝、圃場内溝は農民自身が管理作業を行った[15]。

維持管理作業の後、6月末の1番草の収穫にあわせて、牧草地に最初の灌漑が行われ、引き続き2番草、3番草、場合によっては4番草の収穫にあわせた灌漑が、かけ流し灌漑[16]により行われた。マメ類、アサ、アマ、カブ、ジャガイモなど園芸作物では畝間灌漑が行われた。また、乾燥気候下において軽い土質の圃場で耕起作業を行うことは適切でないと知られていたので、穀物栽培でも灌漑が実施された[17]。

導水に際しては入念な注意が必要であり、圃場に満遍なく水がいきわたる

第4章　オート＝ザルプ県における灌漑

よう留意し、作業を行わなければならず、土壌浸食を避けるため、崩落しやすくもろい傾斜地では、植生が十分でない場合、灌漑を行わないことが肝要であるとされていた[18]。導水溝は、水を受け入れるのに十分な大きさを持つ必要があり、傾斜、土質などに応じて石材で舗装された。圃場内溝には水流に必要な傾斜がつけられた[19]。精確な農民は、農具を片手に[20]、耕地の穴やくぼみをふさいだり、水の向きを適切に変えたりしながら、満遍なく水がいきわたるように作業を行うのであって、こうした労力を省くと収量が減少するとファルノーは戒めている[21]。

灌漑用水の利用の権利は対象地の面積に応じており[22]、土地所有と一体と見なされていた。例えば、第6章に見るデ＝ゼルベ灌漑組合の1811年の規約[23]でも、第23条で、灌漑の権利は不動産所有権と一体をなし、いわば、同一であり、この権利は、いかなる場合にも他の所有権に移転することはできないと規定されている[24]。しかし、県東部ブリアンソネやケラでは土地所有とは独立して水利用の権利が認められていた。時間単位で権利が計算されるとともに、土地とは別に、その移転が可能であった。例えば、耕地を牧草地に転換した者が、逆に牧草地を耕地に転換した者から水利用の権利を取得することが可能であった[25]。

灌漑用水の配分は規則に従って行われた。この規則には、灌漑利用の順番が定められており、対象地すべて1通り灌漑を行う、その1順をクール（cours）と呼び、1クールが完了しない限り、次のクールには入れないこととされていた。第1クール完了を受けてはじめて、第2クールが開始され、以下同様に行われたというわけであり[26]、例えば、1880年の県灌漑用水路管理規則[27]でもそのような規定となっていた。

そして、灌漑用水路には、用水の配分、管理、違反行為の取り締まり、用水路の監視などを任務とする用水路管理人が置かれていた[28]。水が非常に豊富な場合には、規則や管理人なしであっても問題はおきない。しかし、水が不足する場合には、紛争が惹起することとなり、それを避け、用水の管理と利用において利害関係者を仲裁する必要から規則や用水路管理人が設けられたといわれている[29]。

第3節　灌漑の整備

1　概　要

　山岳が優勢なオート゠ザルプ県では、傾斜を利用した重力灌漑や自然流下式灌漑が見られた。人工的に水を汲み上げる必要のある方式に比べると労力を節約することが可能であったが、水路の建設にあたり、橋やトンネルが必要となるなど、困難を抱えることもあった。もっとも費用負担の限界から基本的に構築物は簡単なもので、できる限り地形に合わせた設計がなされ、それを大きく改変したり、破壊したりするようなものではなかった[30]。

(1) 計画

　灌漑施設の建設に際して、まずは、灌漑可能な水量が得られるかどうかが検討される。灌漑地区に、夏季、十分な水を供給できるような計画を樹立することが必要であり、事業範囲の面積、降水量、水分蒸発量、水流速などを勘案し、十分な水を得ることができるかどうかを算定、確認をする[31]。

　ついで、傾斜の観点から用水路建設の可能性を検討するため測量が行われる。灌漑対象範囲全体に水がいきわたるよう十分な傾斜が可能か確認した上で、取水口から費用が最小となるよう水路を設計する[32]。取水が容易で有利な箇所の選定、より大きな取水量のための複数の水流の利用、容易な箇所に用水路を通したり実行不可能な箇所を避けたりするための高低調節といった必要から十分な傾斜を付けることができない場合などを考慮しなければならず、また、いかなる場合においても用水に必要な流速を与えるようにもしなければならない[33]。

　さらに、用水路開設地の起伏と費用の面から可能性を調査する。用水路の各区間を対象とした詳細な測量と見積もりを全長にわたって行い、これら2点を確認する[34]。こうした作業を受け、そして、必要に応じて用水路の敷地を土地所有者から取得した上で、実際の工事に取り掛かることとなる[35]。

第4章　オート＝ザルプ県における灌漑

(2) 取水施設

　取水施設は、規模に応じて木造もしくは石造で建設される。灌漑対象地の標高や取水河川の土手の高さによっては、取水施設を灌漑地から遠距離に設置する必要があり、費用がかさむ原因となる[36]。単に砂利を積むだけで、取水可能な場合もあるが、まれであり、非常に強固な堰堤を建設することで、用水路のための水位とスペースを確保することができ、そこに開閉可能な水門を取り付けるとともに、水流速を増すことで取水量をより大きくするため、取水施設付近では、他の部分に比して、いくらか大きな傾斜を用水路に付けることも行われた。堰堤設置によって生じる河床洗掘には捨石を設置することで対応した[37]。

(3) 水路

　水路の開鑿においては、山岳地であるがため、不利な自然条件を克服するための対応が必要となった。起伏が多く、地形の関係で水路の延長上に窪地や雨裂があり、水道橋の建設や水路の迂回が必要となったり、トンネルを通すことが迫られたり、土質に応じて、必要な手当てのための工事が求められた。

　窪地がある場合には、水路を支持するための壁が石材、芝、粗朶で建設された。窪地が大きく、傾斜を持つ場合には、用水路を直線的に通すのではなく、地形に合わせた曲線に沿って用水路を設置した。雨水などで水流となっている場合には、その幅が狭ければ水道橋を建設して、通過させ、幅が広い場合には、やはり地形に合わせた曲線にそって開鑿し、水道管やアーチで覆い水路を通すようにした。強雨や雪解けの際、用水路下流域に氾濫被害が出ないよう、水道橋に排水口を設け、そこから窪地へ過剰水を排出することも行われていた[38]。

　幅の広い渓流や河川を越えるための水道橋など構造物の建設が必要な場合もあるが、急流対応のため、強度が求められることで費用が嵩み、実行不可能なケースもあり、地形に合わせつつ水路を砂利地の中に通し、急増水に対応するためのクッションの役割とすることも行われていた[39]。

岩場では、鉱山技術を用いて用水路を開鑿することが行われるが、費用が嵩み、トンネル工事も費用の問題から多くは実行されず、こうした大規模な工事は政府によるしかないものとされている[40]。

風化したもろい土地に通す場合には、土を取り除き、粘土等で置き換え、時には舗装を行い[41]、砂地、小石の多い土地を通す場合にも、粘土で隙間を埋め、必要であれば舗装された管を通した[42]。

このように用水路建設にあたっては、地形や土質など自然条件に由来する障害を乗り越える必要があり、限られた資力の中でそれが試みられていたのであった。もっともファルノーによると、こうした障害は、おおむね、局地的なもので、延長の短い用水路であれば、複数のものに対処しなければならないケースはあまりないということである[43]が、それでもなお、こうした不利な条件を克服するために、地域住民は不断の努力を積み重ねていたのである[44]。

(4) 貯水池

十分な灌漑水量をため、有害な泥土を取り除き、水温を上げ、分水を行うため、用水路には必要に応じて貯水池が設置されていた[45]。漏水を防ぐため、密な土質を持つ箇所に設置し、水量に応じた大きさを持たせ、有害泥土を取り除く場合などを勘案しながら排水口を設けるとともに、側面や底面から水が浸透、流失しないよう措置した。また、公平な配水のため、分水枡も設けられ、導水溝を通して耕地や牧草地に灌漑水が送られるのであった[46]。

2 特　徴

(1) 重力灌漑方式による用水路

当県に見られる灌漑用水路の特徴として傾斜を利用して水を自然に流下させる重力灌漑によるものであることを指摘することができる。ファルノーによると、非常に簡単な揚水車から複雑なものにいたるまで、オート＝ザルプ県には揚水施設が見られず、住民において資力が乏しく、産業も発展していないために、こうした設備を利用しようとはせず[47]、かわりに、河川を遡上

し、簡単な分岐、もしくは簡素な堰により用水路を開鑿することができるのであれば、そのようにすると指摘している。灌漑すべき耕地や草地より低いところから費用と労力をかけて導水するのではなく、簡単な取水施設を設け、河川上流部から水を流下させて灌漑を行うというわけである。

こうした灌漑の特徴について、レトゥールネルらは、まさしく重力灌漑（irrigation gravitaire）と呼んでおり、維持管理の必要がより少なく、灌漑作業も小さく、地下水涵養や増水調整機能を持つことまでも指摘をしている[48]。このように、当県に見られる灌漑は、自然の傾斜を利用したものであり、開鑿工事や用水路の建設作業には労力を要するものの、灌漑そのものに関しては労力と費用を節約できるような方式となっているのである[49]。

(2) 特徴ある構造物

また、不利な自然条件への対応として、例えば、水道橋、トンネル、水路支持壁など、地形の制約を克服するための構造物が建設されたり、土質の制約を克服するための工法が水路や貯水池において適用されたり、急流河川から取水する際、取水施設に捨石設置などの強化策が取られ、水路そのものの傾斜も工夫が施されていたことを当県の灌漑施設の特徴として指摘することができよう。これらの構造物や工法、工夫は、いずれも、当県の地形や地質の特徴に応ずるべく取られたものであり、自然に対する働きかけの中で、それを改変し、農業生産活動のために自然を利用しようとする能動性の現れであるといえるであろう。もちろん、費用の制約や技術的な制約、エネルギー面での制約もあり、自然そのものを屈服させ、大規模に改造するまでにはならなかったが、不利な条件を甘受し、受忍するといった、そうした態度ではなく、中世以来（もしくはそれ以前から）、その能動性から来る営みを土地に刻み続けてきたことを、こうした構築物や灌漑用水路そのものが指し示しているのである。

(3) 自然的特徴と灌漑施設

こうした重力灌漑と不利な条件克服のための構築物は、いずれも当県の自

然的な特徴を把握した上で形成されたものである。

　重力灌漑に関しては、傾斜地であるという地形的特質を利用しているわけであるが、よってこうした傾斜を把握し、うまく利用する必要があり、そのために、測量を入念に行う必要があった。非常に優れた、長い実践により習熟した人物に測量作業は託すべきであり、オート＝ザルプ県では、技師だけではなく、単なる耕作者を選好することが多くあるが、測量の表面的な知識をいくらか持つだけであり、作業の完全な成功を素朴な常識に託することとなってしまうこともあるとファルノーは警鐘を鳴らしている[50]。確実で深い測量知識が、自然の傾斜を利用する重力灌漑においては肝要で、それをうまく、効果的に利用するためには、それをよく把握することではじめて、優れた事業を行いえるというわけである[51]。

　また、指摘したように、山岳地であるがために、用水路の建設において、水道橋やトンネルなどの施設が必要となるケースがあり、このような、自然的制約を克服するための各種構造物の建設においても、地形的制約、土質の制約、灌漑水流に関する対応などについて、適切に、的確に把握する必要があった。もっとも、必ずしも、トンネルや水道橋など構造物が積極的に建設されたというわけではなかった。経済的な制約のもと、むしろ、地形に合わせながら、水路を設計することで、こうした構築物の建設を回避しようとしていたし、窪地を越えるときにも、水路を直線的に引くのではなく、地形に合わせた曲線で窪地を迂回するような設計が行われている。自然的条件を十分に把握するだけではなく、ここでは、さらに、自然に合わせること、地形に合わせることが肝要とされたのであった。

　そして、こうした構築物の建設においても技術者の知識が必要であった。計画の段階において、用水路に必要な構築物とその費用の見積もりを行うが、そこで技術者は、用水路の各区間ごとに、詳細な測量を行い、障害の性質と、それを解決する方策を確認、それでもって計画の包括的見積もりを作成し、費用を算定するのであった[52]。

　ただし、こうした技術者による知識だけではなく、地元住民の知識や経験もまた、灌漑整備において必要とされた。後に見るデ＝ゼルベ灌漑用水路で

は、堆積物や小石が厚く存在している地点があり、水路を開鑿しようとすればするほど石が動いてしまい、工事が難渋していた。マスなる地元農民の発案により、ブナの葉を小河川の泥土と混ぜたものでかしめたところ、その難点が解消されたのであった[53]。このように、用水路の建設にあたり、知識を持つ技師とともに、経験にもとづく地域住民主体の技法もまた生かされていたというわけである。

3　事　例

オート＝ザルプ県では古くより灌漑用水路が整備されており、中世以来、もしくはそれ以前に建設されたといわれるものが、ブリアンソネ、ケラ、シャンソール、ギャップ周辺など各地で見られた。これらの中には、一時、荒廃、衰退するものもあったが、復興が試みられたり、新たに建設が進められるものも存在した。19世紀にはより大規模な計画が取り上げられるようにもなった。こうした当県の灌漑用水路の事例を見ていくことにしよう。

(1)　シャンソール＝ヴァルゴドゥマールの灌漑用水路

シャンソール＝ヴァルゴドゥマールには、記録が残されていないほど古くからのものを含めて灌漑用水路が多く建設されており、その中で、ファルノーが、セヴレセット川から取水するものについて紹介している（表4-1参照）[54]。セヴレセット川右岸には8の用水路と2の支線用水路が存在しており、灌漑面積の合計は603ヘクタールである。規模の最も大きなものは、コスト・エ・オブサーニュ灌漑用水路で277ヘクタールを潤し、延長は、10キロメートル余である。サン＝テューゼーブ灌漑用水路は、灌漑面積が100ヘクタールで、2つの支線水路を持ち、それを合わせると150ヘクタールである。他方、左岸には、6の灌漑用水路が存在し、灌漑面積の合計は220ヘクタールである[55]。規模の最も大きなものは、シャルビヤック灌漑用水路で、灌漑面積は152ヘクタール、延長は7キロメートルである。

これら灌漑用水路には、峻険な地勢において建設されたものがあり、水路支持壁、水道橋、地下水路、堤防などの構築物が見られ、また、渓流を越え

表4-1 セヴレセット川の灌漑用水路

	用 水 路 名	灌漑面積(ha)	延 長(m)	年間費用(フラン／ヘクタール)
右岸	コレ	66	3,500	9
	ラ＝モット大用水路	54	3,500	11
	サン＝テューゼープ	100	6,000	9
	ラ＝モット小用水路	16	2,000	12
	コスト・エ・オーブサーニュ	277	10,932	記載なし
	ムーラン・ドゥ・ラ・モット	16	記載なし	記載なし
	ヴィラール＝サン＝ピエール	17	2,000	15
	ヴィラール＝サン＝ピエール第2用水路	7	500	記載なし
左岸	エリティエール	45	6,000	8
	エリティエール第2用水路	10	4,000	7.5
	エリティエール第3用水路	7	記載なし	記載なし
	パスコー	1	記載なし	記載なし
	シャルビヤック	152	7,000	10
	ラ＝セール	5	記載なし	記載なし

出典）Farnaud (1821), pp.207-215 より作成。
注）これら用水路の灌漑面積の合計は773ヘクタールで、サン＝テューゼープ用水路の2つの支線用水路（1つは灌漑面積16ha、年間費用6fr/haで、もう1つは灌漑面積34haで、年間費用の記載はない）をあわせると、823ヘクタールとなるところ、ファルノーの計算によると、798ヘクタールとなっており、25ヘクタール合わないが、その理由は確認できなかった。
コスト・エ・オーブサーニュ用水路の延長は Farnaud (1821), p.197 を参照。

るための木樋も設置されていた（表4-2参照）。最も延長の長いコスト・エ・オーブサーニュ灌漑用水路には道路や他用水路を越すべく66もの水道橋が設置されていたということである。

他にも、シャンソールには多くの灌漑用水路が存在しており、ラドゥーセットによると計100キロメートルの延長で、4,000ヘクタールを灌漑し、自然草地、栽培牧草地の増加をもたらした[56]。

もっとも、灌漑用水路の展開において軋轢がなかったわけではなく、建設に際して紛争や裁判が引き起こされることもあった。サン＝ボネの用水路では裁判により20万フランの費用が消失したことが、アスプル＝レ＝コールでは、サン＝フィルマン所属のブルー住民に対して起こされた訴訟により、670ヘ

第4章　オート＝ザルプ県における灌漑

表4-2　セヴレセット川の灌漑用水路の構造物

コレ用水路
水路支持壁（石の空積みによる）
橋梁（石の空積みによる）
ラ・モット大用水路
源泉保護のための練積み石壁（延長24メートル、高さ2メートル）
pontceau、平石空積み壁（延長55メートル）
用水路及び集落保護のための広く深い溝
サン＝テューゼーブ用水路
水路支持壁（石の空積みによる）
平石橋
コスト・エ・オーブサーニュ用水路
暗渠水路、非常に厚い石壁に支えられる。
水路支持壁
砂利のクッションによる水路
66の水道橋（道路、他用水路を越えるため）
エリティエール用水路
水路支持壁（石の空積みによる）
橋梁（石の空積みによる）
暗渠水路（60メートル：滝の中に）
エリティエール第2用水路
暗渠水路（50メートル：滝の中に）
エリティエール第3用水路
練積み石の堤防
空積み石の堤防
シャルビヤック用水路
水路支持壁（石の空積みによる）
吐水状木橋（アンフールナ渓流越え）
小水門（配水のため）

出典）コスト・エ・オーブサーニュ用水路についてはFarnaud（1821），pp.198-199より作成。その他は、Farnaud（1821），pp.207-215より作成。

クタールを灌漑していた延長20キロメートルの水路が利用不可能となっていることが指摘されている[57]。

　また、ドゥラック川左岸のポン＝ドゥ＝フォッセからラファールまでのコミューンが、取水のための協議を多く行っており、工事は容易で、多大な実りをもたらすものであるが、土地所有権保護のため、法制度がこうした計画をほとんど不可能なものとしているとラドゥーセットは批判している[58]。ここ

で、どのような紛争が惹起していたかについて具体的に詳述されてはいない。しかし、おそらくは、用水路の敷地をめぐる土地所有権の譲渡において調整がつかず、用水路建設が頓挫するという状況が起きていたのであろう。この様な紛争は、シャンソールにとどまらず、県内他地域でも引き起こされており、他にも、例えば、ヴェーヌ付近で、この地域にとって非常に重要な用水路の計画が1つあるが、ねたみと嫌がらせによる反対によってその実行が妨げられていることを、ラドゥーセットが指摘している[59]。こうした問題については、ファルノーも同様の指摘しているところであり、実際、多くの紛争が起こされ、灌漑普及の桎梏となっていたのであった。こうしたことから、確かに、シャンソールには、多くの灌漑用水路が存在するが、なお、建設可能であろうすべてのものを実現するにはほど遠いと、ラドゥーセットが慨嘆するところとなっているのである[60]。

(2) 県東部の諸例

県東部にも古くから利用されている灌漑用水路があり、ブリアンソネのギザンヌ川から取水する3つの灌漑用水路についてファルノーが紹介している（表4-3）。ブリアンソン市用水路は、創設時期は詳らかではないが、1345年にゲ用水路を併合していることが文書からわかっている。延長は8,434メートルで、灌漑面積は102ヘクタール、ブリアンソン他3つのコミューンを潤す。傾斜は1メートル当たり3ミリメートルである。取水施設は空積み工法による堰堤であり、他に、4種の構造物（8つの石造水道橋、地下水路、木樋、水路支持壁）と用水路岸に植生が整備されている。グラン用水路は、延長5キロメートル余りで、約110ヘクタールを潤す。橋梁、暗渠水路を持ち、用水路岸に植生を持つ。ピュイ＝サン＝ピエール用水路は、延長10キロメートル、灌漑面積は166ヘクタールで、4つのコミューンを潤している。1401年に開設されたもので、構造物としては橋梁が見られる[61]。

ケラでも、灌漑用水路が古くから展開しており、標高2,400メートルに至るまで、用水路が建設されていた[62]。また、ラルジャンティエール付近のドルミルーズでは古くからの用水路があったが、灌漑が行いえない状態に陥っ

第4章　オート＝ザルプ県における灌漑

表4-3　ギザンヌ川の用水路

ブリアンソン市用水路 　創設：1345年以前（それ以前は、ゲ用水路とブリアンソン用水路の2つよりなる） 　延長：8,434メートル 　傾斜：3/1000 　灌漑面積：102ヘクタール（ラ・サール：12ヘクタール　サン＝シャフレ：46ヘクタール　　　ブリアンソン44ヘクタール） 　取水河川：ギザンヌ川　取水施設：堰堤（空積み石） 　年間維持費：600〜1,000フラン（通常年） 　構造物 　　8つの石造水道橋：総計延長34メートル 　　暗渠水路：延長40メートル、幅1メートル、高さ1メートル60 　　木樋：ヴェルドゥレル渓流、サン＝シャフレ渓流を越えるため 　　水路支持壁 　　植生（ポプラ、ヤナギ、トネリコ、メギ、ノバラ、その他灌木）
グラン用水路 　延長：5,062メートル 　構造物：橋梁、暗渠水路、植生 　灌漑面積：約110ヘクタール
ピュイ＝サン＝ピエール用水路 　延長：10,000メートル 　灌漑面積：166ヘクタール（ラ・サール：10ヘクタール　サン＝シャフレ：28ヘクタール　　　ブリアンソン：56ヘクタール　ピュイ＝サン＝ピエール：72ヘクタール） 　開設年：1401年 　構造物：橋梁

出典）Farnaud（1821), pp.225-235より作成。

ていたところ、反対にもかかわらず、プロテスタントの牧師ネフ[63]が中心となり、発破作業を伴う難工事の末、1823年に用水路が再建された[64]。シャンスラでは、ユベール2世の時代から、トゥラムソン渓流から取水する用水路が灌漑しており、1キロメートルの長さで鋭く切り立った岩を切り進む難工事の末、開鑿されたもので、降霜による損傷修復に労働者が腹ばいになってでしか現場に到達できないほどであったという[65]。ギエーストルのリウーベル川にも3つの主要用水路があり、イワオウギ、クローバーなどの栽培牧草の生産を促進し、成功をもたらしているとともに、さらに、1万2,000フランをかけて、肥効成分を含むシャーニュ川の水をリウーベル川に落とす新水路が、ラドゥーセットによると1848年の時点で完成間近で、長さ80メートル深

さ20メートルの地下水路も建設されている[66]。

アンブランのサン＝プリヴァ付近、デュランス川から取水する灌漑用水路では、氾濫時に度重なる崩落が起き、大きな被害を出していた。用水路再興のための水路支持壁構築のために、多大な費用のかかる発破作業が必要で、大量の水を流下させることができるだけの幅と深さの水路が求められた。建設費用は1万5,000フランにのぼり、灌漑による農業改良の程度に応じて土地所有者が負担しなければならなかった[67]。また、県中部になるが、ラ＝バティ＝ヌーヴ付近でも栽培牧草地が非常に増加していること、中でもオーバン地区では、最も劣悪であったのが、灌漑用水路の開設以来、最も良好なものとなったことも指摘されている[68]。

(3) リビエ灌漑用水路

県南西部リビエのリビエ用水路について、ファルノーが紹介している（表4-4参照）。延長は11キロメートル余り、取水河川はビュエッシュ川で、堰堤などの施設を建設することなく、取水が可能となっている。傾斜は1メートル当たり2ミリメートルで、ファルノーは、急傾斜に過ぎるとしている。工費は、1万6,000フラン余で、うち、護岸、導水管、水門のために6,300フラン近くかかっている。用水路岸の脆弱な部分や急峻な岩場において石の練積み工法の護岸が使われている。渓流を越すため、導水管が木製の樋で構築されたが、より強固な水道橋に代えることが望まれている。また、排水のための石造の水門も設えてある[69]。

(4) ギャップ用水路とヴァンタヴォン用水路

これまでに見た事例は小規模用水路であったが、ギャップ周辺と南西部では、より規模の大きな施設の建設が計画され進められていた。1つはギャップ用水路であり、もう1つはヴァンタヴォン用水路であった[70]。ギャップ用水路はベイヤール峠付近において3,600メートルのトンネルを建設し、ドゥラック川の水をギャップへと導水するものである。取水口は、オルシエールから流れてくるドゥラック川とシャンポレオンから流れてくるものとの合流地点

表 4-4　リビエ用水路の概要

延長 11,126 メートル
取水河川：ビュエッシュ川
取水施設：無し（数メートルの堤防のみ）
工費：16,129fr71
年間維持費：1,000〜1,100fr
構造物：総費用 6,295fr34
石の練積み護岸（弱い部分、急峻な岩場）3,610fr59
吐水状木製導水管（渓流を越えるため。強固な水道橋が待たれる）1,224fr05
排水門（石材を利用）1,460fr70

出典）Farnaud (1821), pp.221-222 より作成。

付近にある。幹線水路は 16 キロメートルで、26 キロメートルのシャランス支線と同じく 26 キロメートルのロメット支線、タラールに向かう 17 キロメートルの支線の 3 つを持つ。配水路まで含めた総延長は 350 キロメートル、灌漑可能面積は 7,131 ヘクタールで、14 コミューンにわたる[71]。ギャップ灌漑用水路の構想は、旧体制期から存在した[72]。1864 年から工事が始まり、1880 年に一部の利用が開始され、1900 年ごろに竣工した。総費用は 970 万フラン近くである[73]。建設に当たっては、第 2 帝政期の立法院議員であったガルニエの尽力によるところが大きく、彼自身、大きな費用負担とリスクを背負った[74]。

ヴァンタヴォン灌漑用水路は、デュランス川右岸ヴァルセールで取水し、7 コミューンの領域を通過し、バス＝ザルプ県のシストゥロンに至るものである。これも旧体制期から構想され、19 世紀中葉に具体化してきたものである。第 3 共和政期に代議院議員と元老院議員を務めたカジミール・ドゥ＝ヴァンタヴォンが建設準備で中心的な役割を果たした。第 6 章で見る 1881 年の公益性認定の法に関する代議院および元老院での法案検討委員会報告によると総延長は 46 キロメートルで、うち、42.5 キロメートルが開水路、1.4 キロメートルが橋梁、2.1 キロメートルが暗渠水路となっている。取水量は毎秒 2,500 リットルで、少なくとも 2,500 ヘクタールを灌漑することができ、さらには 5,000 ヘクタールまで可能となるものであった。見積もられた費用は、総額 260 万フランで、うち、3 分の 2 を国が負担することとなった。しかしながら、後、費

用に関して問題がおこり、竣工は20世紀にずれ込むこととなってしまった[75]。

第4節　小　　括

　山岳地に位置することにより傾斜した地形を持つオート＝ザルプ県では、それを生かした重力灌漑が広く展開していた。水道橋やトンネルなどの構造物の建設や、土質に応じた工法を利用した用水路、貯水池など当県の自然に合わせた施設が建設されてきた。そして、灌漑用水路の建設においては、堤防建設と同様に、自然をよく知ることが肝要であり、それによってはじめて自然をうまく制御することができた。そこでは、中央から派遣された技師の知識や技術も意味を持ったが、同時に、地域住民における経験もまた、生かされるケースが存在していた。こうした知識や技術、経験を通して、自然を支配し、服従させるというのではなく、それをうまく制御しつつ、利用するといったことが古くから営々と続けられており、19世紀においても、それが継続されていたというわけである。顕著な乾燥気候に対応するために建設されてきた灌漑施設は、住民の自然に対する働きかけ、能動性の現れであったといえるのである。

　このような灌漑施設の整備により、第3節で見たシャンソール、ギエーストル、ラ＝バティ＝ヌーヴの例のように、農業改良や生産増加が実現したのであった。序章で触れたように、当県では、小規模自作農が多数を占めていたが、こうした経営においても、第2節で見たような灌漑の効果を通して、その果実を享受することができたであろう。また地主にも、取得地代の増大をもたらしたことであろう。残念ながら、本章で利用したラドゥーセットらの史料からは、個別の地主経営や農業経営について灌漑導入により生じた実際の増産や増収に関する詳細な情報を得ることはできなかった。しかし、確かに、工事をめぐる紛争や費用負担の問題により、灌漑整備は必ずしもスムーズに進むとは限らなかったが、その導入は、工事成功にまで至れば、農業生産や農業経営を前進させる可能性を開く扉となったといえるものなのであり、その扉を開くため、この地域の住民は自然への働きかけを連綿と続けてきた

第4章　オート＝ザルプ県における灌漑

のである。

● 注
1) 灌漑の一般的な意義については Ronna (1888), tome 1, pp.1-150 がある。
2) Durand-Claye (1892), pp.269-271
3) Blanchard (1950), p.682.
4) Durand-Claye (1892), pp.271-274.
5) Veyret (1944), p.434. もっとも、彼は、コンタ地方とは異なり、乾燥気候に対するには灌漑は十分ではないとも指摘している。
6) Briot (1896), p.168.
7) Bonnaire (1801), p.71.
8) Farnaud (1821), p.22. ロンナも、南フランスの灌漑について触れており (Ronna (1888), tome 1, pp.17-21)、穀物、マメ、飼料作、アマ、アサ、ブドウ、果樹に灌漑が行われていると指摘している。
9) Farnaud (1811), p.93.
10) 序章でも見た (15頁) この 1866 年農業アンケートは、フランス全土を対象に、土地所有や農業生産の状況、近年見られた改善点、対処すべき問題点を把握するために、ナポレオン3世の命により行われたものである (伊丹 (2003)、28-29 頁)。土地改良の問題についても調査されており、その中で灌漑に関しても扱われている。
11) Ministère de l'agriculture (1867), tome 25, p.93.
12) Ministère de l'agriculture (1867), tome 25, p.94. なお、県委員会による質問状回答の中でも、灌漑の重要性について触れられており、穀物やジャガイモ、マメ類、牧草が、自家消費用に栽培されていることを指摘した上で、新たな栽培牧草地の造成が望まれるが、新たな用水路の建設や既存の用水路の改良に対する大きな助成によってのみ達成できるであろうとしている (Ministère de l'agriculture (1867), tome 25, p.101)。
13) Briot (1896), pp.168-169. ブリオは、加えて、灌漑の有用性について、河川の流量調節に貢献するとし、水の層を広面積に展開させ、緩慢にしか土壌に浸透せず、長距離を経てのちに河床に戻すこととなるという。そして、森林伐採により湿度が低下しているがゆえに、灌漑の必要がますます感じられるようになっているとも指摘している (Briot (1896), p.169)。
14) Farnaud (1821), pp.61-63. ただし、4月に雨がなく、霜の恐れがなくなると、冬季に厩肥を施したり、テライエ (ファルノーによると、隣接する耕地、草地付近、溝より土地を草地に入れることで、当県では、広く行われていたということである (Farnaud (1811), p.68. Thivot (1995), p.24, Lachiver (1997), p.1591 も参照)) を行った牧草地に軽く灌漑をすることがあり、これは、肥効分の分解を促進し、作物に吸収させつつ、その蒸発を防ぐためということである (Farnaud (1821), pp.60-61)。
15) Farnaud (1821), pp. 57-58. これら作業で浚えた土は草地にまかれ、よい肥料とされたということである。

表4-5　1880年県灌漑用水路管理規則の概要

第 1 条	許可組合、認可会社への適用
第 2 条	用水路の管理
第 3 条	植生、樹木、家畜導入に関する規制
第 4 条	灌漑対象地片
第 5 条	灌漑
第 6 条	水の配分
第 7 条	土地所有者もしくは借地人の立会い
第 8 条	水門の操作
第 9 条	違警罪と刑罰
第10条	公示

出典）Irrigations. Règlement pour la police des canaux d'arrosage, 1880 より作成。

16) ファルノーは当県のかけ流し灌漑のモデルを出して説明をしている（Farnaud（1821），pp.65-67）。類似の灌漑としては、Durand-Claye（1892），pp.496-497, Lévi-Salvador（1898），pp.497-498. また、テーアも灌水灌漑（かけ流し灌漑）について解説している（テーア（2008）、486-494頁）。
17) Farnaud（1821），pp.61-64.
18) Briot（1896），p.176, Farnaud（1821），pp.64-65, 67-69.
19) Farnaud（1821），pp.58-59.
20) ロンナは、導水溝の開設、維持管理のための、鋤、鍬、犁といった小型の農具を紹介している（Ronna（1888），tome 2, pp.352-374）。
21) Farnaud（1821），pp.68-69.
22) Briot（1896），p.177.
23) 第6章で見るように、この規約は、デ＝ゼルベ灌漑用水路利用者の増加に伴い、水利用をめぐる紛争が惹起するようになり、それへの対応として制定されたものである。64の条文よりなり、組合運営に関する規定とともに、用水利用の権利や地役権、用水路の管理作業、用水路の損害、用水路管理人と配水管理人など、用水路の管理に関するものも置かれている。
24) Vernet（1934），p.176. ただし、用水路創設者のデ＝ゼルベに対しては、その所有地の灌漑水とは別に、旧来の特約による水利権が認められており、一定量の水（ヴェルネの伝える条文では、2立方プース（les deux pouces cubes）とされている。1トワーズは1.949メートルに当たり、この地域では、1トワーズ＝72プースであった（Charbonnier（1994），p.42）ので、2立方プースは、約39.67立方センチメートルとなる）を留保、園地、庭園に適当と思うよう、水を引くことができると第5条で規定されている（Vernet（1934），p.173.）。
25) プリアンソネやケラにおける水利用、配分については、Farnaud（1821），pp.71-76, Briot（1896），p.177 などを参照。
26) Farnaud（1821），pp.61-62.
27) 1880年県灌漑用水路管理規則（Irrigations. Règlement pour la police des Canaux d'arrosage と題されている。ここではオート＝ザルプ県文書館所蔵のものを利用した（A.D.H.A., 4° pièce 316））は、

県内の認可会社と許可組合に適用されるもので、10条よりなり、用水路の管理（第2条、第3条）、灌漑水の利用（第4条〜第8条）、違反の取締りと罰則（第9条）などに関する規定がおかれている（表4-5参照）。

28) デ＝ゼルベ灌漑組合には用水路管理人（garde-canal）と配水管理人（conducteur もしくは prayer）とが置かれていた。受益者総会が用水路管理人1名を任命、違反の取り締まり、用水路の管理を担う（第50条）。配水管理人は、用水路管理人の監督の下に業務を行い、取水、配水、水番の管理や用水路の維持管理を任務としていた（第51条〜第64条）（Vernet (1934), pp.180-181）。
29) Farnaud (1821), p.62.
30) オート＝ザルプ県の灌漑施設の概要については、ファルノーやブリオが解説している（Farnaud (1811), pp.93-95, Briot (1896), pp.171-174）。
31) Farnaud (1821), pp.25-28.
32) Briot (1896), p.173.
33) Farnaud (1821), pp.30-31.
34) Farnaud (1821), pp.32-33.
35) Farnaud (1821), p.34.
36) Briot (1896), p.173.
37) Farnaud (1821), pp.54-56.
38) Farnaud (1821), pp.35-38.
39) Farnaud (1821), p.39, Briot (1896), p.173.
40) ファルノーは、それでも、灌漑に対する切なる要望から、サン＝テューゼーブの住民がトンネルを建設した例を挙げている（Farnaud (1821), p.41）。
41) Farnaud (1821), p.36.
42) Farnaud (1821), p.42. こうした手法は、デ＝ゼルベ灌漑用水路において利用されていたとファルノーが指摘している（Farnaud (1821), p.43）。
43) Farnaud (1821), p.44.
44) 他に、水路の設計において、下流域の安全のために用水路の側面に適切な強度を持たせなければならず、用水路が切れそうな箇所に、より大きな傾斜を付けることも技師の払うべき注意点とされていた（Farnaud (1821), p.38）。
45) Farnaud (1821), p.45, Briot (1896), p.174.
46) Farnaud (1821), pp.45-54.
47) Farnaud (1821), pp.24-25.
48) Lestournelle, Dumont, Guibert et Lanteri. (2007), pp.18-19.
49) これは、日本の、主に扇状地や盆地といった傾斜地において広がった灌漑方式と類似したものといえるであろう。日本における重力灌漑方式についてはとりあえず玉城・旗手（1974）、172-174頁、こうした灌漑方式が自然を模倣したものであることなど、技術的な特徴については、玉城・旗手（1974）、222-225頁、こうした灌漑方式の機能や、そこに見られる社会秩序については、玉城・旗手（1974）、225-239頁を参照。
50) Farnaud (1821), p.30.
51) ファルノーは、傾斜がほとんど感じられないような場合、最小の誤謬で最大の損失

をもたらすことになりかねず、不正確な計算で有益な計画が放棄され、土地所有者の破産を招くこともあるとし、サン＝ボネ用水路を例として挙げている（Farnaud (1821), p.28）。
52) Farnaud (1821), pp.32-33.
53) Farnaud (1821), pp.43-44.
54) Farnaud (1821), pp.207-215
55) ファルノーの計算では、左岸が195ヘクタールとされており（Farnaud (1821), p.215）、計算が合わないが、その理由は確認できなかった。
56) Ladoucette (1848), pp.433-434.
57) Ladoucette (1848), pp.433-435.
58) Ladoucette (1848), p.433.
59) Ladoucette (1848), p.321.
60) Ladoucette (1848), p.433.
61) Farnaud (1821), pp.225-235.
62) Blanchard (1950), pp.713、911.
63) このプロテスタントの牧師は、当地で学校を運営し、読書き、算術、地理、聖歌唱や、さらに進んで、幾何や物理、歴史、宗教地理を教授していた。また、ジャガイモの普及に尽力した人物でもある（Ladoucette (1848), pp.167-168）。なお、ヴィジエも、このネフと思われる人物について触れている（Vigier (1963b), tome 1, p.153。オート＝ザルプ県におけるプロテスタントについては、Vigier (1963b), tome 1, pp.150-154 を参照）。
64) Ladoucette (1848), p.168.
65) Ladoucette (1848), pp.170-171.
66) Ladoucette (1848), p.197.
67) Ladoucette (1848), p.214.
68) Ladoucette (1848), pp.279-280.
69) リビエ灌漑用水路については、Farnaud (1821), pp.217-225 を参照。
70) 用水路施設がより大規模になると、費用調達の問題や他用水路との水利用をめぐる利害調整が複雑になってくる。こうしたことに関しては、ヴァンタヴォン灌漑用水路を事例に、第6章で見ることにしたい。また、施設の大規模化によって自然に与える影響も大きくなるであろう。従来、当県の領域で見られた灌漑用水路はせいぜい数100ヘクタール規模のものであったが、この2つの灌漑用水路は、1,000ヘクタールを超える受益地を持つものであった。ドゥラック川とデュランス川の水資源のさらなる利用を目論み、自然に対するより大きな働きかけを行ったものと位置づけることができるであろう。もちろん、第1章注33で触れたセール＝ポンソン・ダムのように、対象地域の自然や景観、農村生活を大きく改変、修復不可能なまで破壊するまでは至らなかったであろうが、自然資源のさらなる利用につながる1歩として捉えることもできるであろう。
71) Vernet (1934), p.126, Veyret (1944), p.432.
72) ギャップ周辺には、アンセル渓流より取水するアンセル用水路が存在していたが、十分な水量を供給することが困難となり、ドゥラック川からの取水が企てられること

第 4 章　オート＝ザルプ県における灌漑

となったのであった（Vernet (1934), p.126）。アンセル用水路については、Vernet (1934), pp.103-126 がある。ドゥラック川から取水し、ギャップ周辺地域に灌漑することの可能性を調査したものに、Farnaud (1802) がある。

73) Vernet (1934), p.139.
74) ガルニエ自身が、1863 年に認可取得者となり、翌年、工事が開始された。しかし、費用不足により、工事が中断したり、1873 年から 1874 年に、認可取得者が受益者組合へ交代したりしながら、1880 年に一部利用が開始され、1900 年ごろに完成に至ったものである。この間に、ガルニエは破産してしまった（Veyret (1944), p.432. より詳しくは、Vernet (1934), pp.126-140 がある）。
75) 代議院における報告は *J.O.D.D.C.*, juin 1881, n.3708, pp.1004-1006, 元老院における報告は *J.O.D.D.S.*, juillet 1881, n.361, pp.478-480 を参照。なお代議院における報告ではヴァンタヴォン灌漑用水路の橋梁を 1.6 キロメートルとしているが、誤植であろう。他に、ヴァンタヴォン用水路については、Vernet (1934), pp.140-148, Veyret (1944), pp.433-434 も参照。

第5章
灌漑組合制度と参加の強制の要求

第1節　はじめに

　前章で見たように、オート＝ザルプ県では、強度の乾燥気候のもとで、農業生産を増加させるべく、灌漑施設の整備が進められていたが、それを担ったのは、関係土地所有者からなる灌漑組合であった。この灌漑組合は堤防組合と同じく土地改良組合の1つに数えられていたが、灌漑は、単なる農業改良と位置づけられたため、防御のための堤防建設とは同じ扱いを受けてはいなかった。

　両者の相違において特に議論されていたのが不同意土地所有者に対する参加の強制についてであった。第2章で見たように、堤防組合は、不同意土地所有者の参加の強制について特に問題とされなかったが、灌漑組合については、65年法以前では、強制組合として結成することはできず、独立組合、もしくは自発的意思組合としてしか許されず、65年法においても自由組合としてしか結成することはできなかった。いずれも、同意する者のみが組合に参加し、不同意土地所有者に対して参加を強制することはできなかった。こうしたことにより、例えば、費用負担の問題が出てきた。組合参加者が多数であるほど、1人あたりの費用負担は減少する。よって、参加土地所有者増大に伴い、費用捻出は容易となる。しかし灌漑組合においては、費用負担を前にして参加を逡巡する者を、強制にしろ、多数の基準にしろ、取り込むことができず、十分な組合員を確保できない事態が生じえるのであった。また、後に触れるように、水路や取水施設の敷地の地役権設定に関わっても、1845年

法、1847年法以前には不同意土地所有者の問題が出ていたのである。

　こうした問題は、灌漑の整備が切望されていたオート゠ザルプ県でも強く認識されており、改善が要求されていた。本書ですでに何度も登場したファルノーは、当県灌漑用水路の建設に関連して、土地所有者の協力の必要について論じている。65年法制定過程においても、灌漑など農業改良に関わるものを目的とする組合に関しても、許可組合として結成可能となるような制度設計を求める声が出されている。さらには、66年農業アンケート、ノール県などの県会、農業会議所、フランス農業者協会など、農村部、農業界より制度改正の要望が出されていた。そこで、本章では65年法以前と65年法における灌漑組合制度について概観するとともに、不同意土地所有者への参加の強制をめぐる問題や意見について見てみることにしよう。

第2節　1865年法以前の灌漑組合制度

1　概　要

　第2章で触れたように、65年法以前の土地改良組合は、行政の関与するものと関与しないものとに分けることができ、前者はさらに強制組合と自発的意思組合とに分類することができた。このうち、灌漑を目的とする組合は、強制組合としては結成することができず、自発的意思組合か、独立組合として結成されることのみが可能であった。

　独立組合は、行政に関わりなく結成されるものであり、民法典第1832条以下に基づく民事組合 (sociétés civiles)[1] として存在していた。成員によって賛同された規約により、組合内部の制度、参加条件、代議長、代議員の任命、その権限、総会、賦課金の割り当てと徴収、組合の解散と清算について規定されていた。組合と成員との間もしくは成員同士の間、あるいは第三者との間の賦課金や工事の実施に関係する紛争は民事裁判所の管轄となった。判例では、この種の組合には法人格が認められず、代議員は裁判において組合を代表することができず、成員全員が召喚されることとなっていた。こうした事情が、独立組合の普及を妨げていたとして問題視されていた[2]。

第5章　灌漑組合制度と参加の強制の要求

　自発的意思組合は、湿地の改善といった公衆衛生に関係する事業を伴わず、単なる改良事業を目的とするもので、灌漑組合は、これにも含まれえた。独立組合とは異なり、法人格が認められたり、工事の公益性の認定を受けたり、賦課金の徴収に際して、直接税に準ずる扱いを受けるなど、行政の関与による保護や便宜が与えられたが、強制組合とは異なり、いかなる者も、それへの参加を強制されることはなかった[3]。

　自発的意思組合は県知事アレテによって結成することが可能であった[4]（ただし、収用が行われる場合には上級官庁のデクレ、航行可能河川における取水施設の設置にも上級官庁の許可が必要）。手続きとしては、まず、関係者が県庁に申請を行う。そして、技師が現地に赴き、調査の結果がよいものであれば、仮の代議会が結成され、技師とともに規則案の作成を行う。単に河川から取水するだけであれば、ここで、行政によるアレテかデクレが出されることとなる[5]。用水路を設置するだけではなく、組合員外へ灌漑水の販売を行う場合には、取水に関する認可手続が必要となる。関係書類が、技師と県知事との意見とともに、管轄省に送付され、橋梁土木総評議会が意見を出し、それを受けてようやくデクレが出されることとなる[6]。

　このデクレの中で、組合の規約が定められる。おおむね定式化されており、第1章では、組合の名称、工事範囲、取水などの概要、参加土地所有者に課せられる条件、組合員外の水利用にかかる料金、代議会の結成、再任、議事、権限について定められる。第2章では、公益性認定について、第3章では、取水について、第4章では、工事とその実行、支払いについて、第5章では台帳とその徴収について、第6章では雑則について取り決められる[7]。

　いずれにせよ、65年法以前の制度の中で、灌漑工事を目的とするものは、強制組合として結成することはできず、独立組合、もしくは自発的意思組合としてのみ結成することが可能であった。この2つは、行政の関与の有無といった違いがあり、自発的意思組合として認められると法人格が与えられるなど便宜を得ることができたが、いずれにせよ、結成に際しては、関係土地所有者全員の一致した同意が必要となり、不同意の者に参加を強制することはできないのであった。

2 灌漑組合における土地所有者の協力

(1) ファルノーによる問題点の指摘

こうした点に関連して、ファルノーが、1821年に出版したオート＝ザルプ県の灌漑を対象とした著作の中で土地所有者の協力にかかる問題を費用負担と用水路敷地の提供の面から扱っている[8]。

共和暦11年法や1807年法を取り上げ、これらが規模の大きな工事の実行における土地所有者の協力について定めたもので評価に値するが、新規の灌漑用水路建設が対象となっていないことを問題視している。そして、ドゥラック川からギャップ周辺への灌漑用水路建設の計画[9]などの例より、灌漑建設に関して費用の負担や用地の譲渡をめぐる土地所有者の協力が必要であるが、そうしたことに十分対応できるようになっていないと指摘、こうしたことへの対応の動きとして、多くの土地所有者に関係するような工事に際して、多数の決定に従うことを強制しようという1808年の農村法典案起草委員会の見解を紹介する[10]。

そして、所有は、市民の観点からも公権力の観点からも不可侵の権利であり、不可侵性の法による保障は評価すべきものであるのは確かだとしながらも、国の繁栄はすべての者の所有でもあり、また、地価が4倍にもなることを行わせることは所有権の侵害にはならないともし、国富増大の観点からも、所有権から見ても土地所有者の協力には問題はなく、その必要性を主張する[11]。

さらに、灌漑工事実行のための土地所有者の協力は、純粋な衡平（de pure équité）であると主張、なぜなら、灌漑により大気が湿潤となり、すべての土地所有者に利することとなり、枯れた源泉がよみがえり、感じられないような浸透が植物層に侵入し、生産を大いに増加させ、さらには、灌漑水の供給により飼料が増加し、肥料が増加し、灌漑されないブドウ畑や耕地にも好影響があるからであると指摘、これらの事情にもかかわらず、灌漑実施者とそうでない者が混在すると軋轢が生じる[12]ともし、灌漑による直接的な利益だけではなく、今でいう外部経済性につながるような間接的利益をも勘案すれば、ますます土地所有者の協力を強制することがのぞましいとするのである。

そして、灌漑用水路の敷地の問題についても[13]、費用負担と同様のことが

第5章　灌漑組合制度と参加の強制の要求

いえるとファルノーはし、損害が最小となるようでも、自らの土地に簡素な通水をされることを上流部の住民が拒否するだけで、どれだけの土地所有者が灌漑を奪われることかと慨嘆するのである[14]。

(2) ファルノーの提言

さらに、ファルノーは、こうした灌漑に関する法制度の問題点を指摘するだけではなく、あるべき制度について提言をしている[15]。土地所有者の協力と費用負担の問題に関して、われわれが第2章で見た共和暦13年のデクレを取り上げ、灌漑用水路への適用により、農業に対し大きな利得となるであろうとする。ファルノーによれば、土地を守る堤防と土地を生き生きとさせる灌漑用水路とは類似のものと考えられ、それぞれ重要な目的に関するにもかかわらず、これら制度の相違が納得できないとする。これらの費用は、工事の実行による各土地所有者の利益に応ずるという原則に立脚するべきとし、堤防建設における手続きを援用することがのぞましく、灌漑用水路に関しても堤防と同様に関係者の協力が必要であり、よって共和暦13年のデクレの適用が望ましいと主張、それにより、農業の利益を目的とする事業の成功を行政が強力に支援、保障することになろうとする[16]。

こうした観点より、水流に関する法制度にはなされるべきことが多く残されており、重要な点での改革が大きな利益となるとファルノーは主張、農業は苦境にあり、消耗の中に沈んでおり、公の繁栄を打ち立てる任務を担う父なる政府（gouvernement paternel）の注意を促す必要があるとし[17]、33の原則を掲げるのである（表5-1参照）。

この中の第5原則で、行政は、工業、商業、農業の観点より、公益目的のために水流を管理すること、そして、行政自ら、もしくはコミューン長、コミューン会、土地所有者によってなされる灌漑用水路建設の要請にもとづき、計画討議のため、コミューン会か関係者の会議の招集を命ずることとしている。第6原則で、会議において半数が賛同すれば、10人の候補を出し、その中から、県知事が5人を選び、代議会とし、準備手続きを命ずることとされ[18]、第19原則で、手続きの終了を受けて、県知事が許可を出すというこ

表5-1　ファルノーによる水流に関わる33の提言

1. 大河川、航行可能河川の水の権利	18. 補償費用
2. 筏流可能河川、小水流の水の権利	19. 県知事による許可
3. 源泉水の権利	20. 1万フラン以上の事業における政府の承認
4. 2の場合の取水、構築物建設の許可	21. 承認に付される書類
5. 行政による水流の公益目的の利用	22. 1万フラン未満の事業における手続き
6. 取水事業の事前手続き	23. 基幹用水路、支線用水路、溝の費用
7. 図面、見積もりの作成	24. 公行政規則
8. 代議会による検査	25. 土地の補償、図面、測量、見積もり費用、落札者への支払い
9. 取水計画の公示	
10. 県評議会への異議の付託	26. 組合、徴収官会計
11. 用水路下流の土地所有者の利用	27. 運河、灌漑用水路の公有物に準ずる扱い
12. 用水路下流の土地所有者の支線水路	28. 異議に関する取り扱い
13. 沿岸住民の水利用の調整	29. 複数灌漑区の土地所有者の紛争
14. 用水路開設通過による土地所有者の損害	30. 私的用水路、源泉に関する異議
15. 上記の場合の鑑定人	31. 真に個人的な損害に関する異議
16. 支線水路、溝の場合の手続き	32. 違反等における調書
17. 鑑定人による評価	33. 既存の用水路の扱い

出典）Farnaud (1821), pp.145-155 より作成。

とになっている[19]。ここでは、行政の側のイニシアティブで発議が行われるにせよ、土地所有者の発議であるにせよ、関係者の半数の賛同を得ることで、代議会の結成、工事の準備手続きが進められるという規定となっているのである。

第20原則で、1万フラン以上の工事に関しては、政府の承認が必要とされる。第21原則で、共和暦11年法にもとづいて、各土地所有者の利益に応じて台帳が作成され、県知事によって効力を発するものとされている。第22原則では、1万フラン未満の工事に関しても同様に、土地所有の性質と位置に応じて灌漑より利益を得ることのできる土地所有者すべてが費用負担を行うこととしているのである[20]。

そして、重要なポイントとして、ここでは、灌漑を利用するであろう（profiteront de l'arrosement）土地所有者だけではなく、灌漑を利用しうる（pourront profiter de l'arrosement）土地所有者すべてに費用負担を求めており[21]、よって、一度、関係土地所有者の半数が灌漑工事に賛同し、必要な手続きを行い、工事の規模に応じて、政府や県知事による承認を得れば、他の半数に対しても費用負担

第5章　灌漑組合制度と参加の強制の要求

を求めることができるという原則を、ファルノーは打ち出しているのである。

(3) 45年法と47年法

灌漑工事を促進するべく出されたファルノーの提言は立法化されるには至らなかったが、後、灌漑用水路の通過に関する法（1845年4月29日法）と灌漑用取水堰設置に関する法（1847年7月11日法）により、用水路等の敷地利用にかかる土地所有者の協力の観点から制度改正が行われた。1845年法は、灌漑用水路を建設して、水を引く際、河川と自分の所有地との間に他人の所有地が存在している場合、その所有地（ただし、家屋や庭などは除く）に水路を設置することが、補償の支払いにより可能となると定めたものである。1847年法は、灌漑のための堰を河川などに建設する場合、構築物を他人の土地に設置することが、補償の支払いによって可能となると定めたものである[22]。これらの法により灌漑工事の促進が目指されたが、それでもなお、不同意の者に、灌漑組合に参加を強制することはできず、彼らに賦課金などの形で工事費用の負担を求めるといったことも行えないままであった。

結局のところ、灌漑工事を目的とする組合について、強制組合として結成されうるような制度は作られなかった。45年法、47年法により一定の制度改正がなされたものの、関係者の全員一致の同意が必要であることは変わらず、こうした点が、灌漑施設の普及の妨げになると考えられていた。そして、次に見る65年法の制定時にも排水工事と並んで灌漑工事に関しても一定の条件を満たせば、組合結成に当たり、不同意の者にも参加を強制できるよう意見する者が現れたのであった。

第3節　1865年法における灌漑組合制度

1865年法により土地改良組合制度が整備されたが、先に見た堤防組合制度とは異なり、灌漑組合は自由組合として結成されることとなった。自由組合に関しては、65年法第2章に規定されている。行政の関与なく結成され、成員の全員の同意が書面にて確認されなければならない（第5条）。同意者のみ

が組合に参加するのであり、不同意土地所有者に対して参加が強制されることはない。また、規約を県規則集や法的通知新聞により公示することで、第3条で規定されている便宜を享受することができる（第7条）。これは、行政が関与しない組合についても法人格を認める規定であり、こうした点、65年法以前の、特に独立組合に比べて改善されていることは確かである。また、自由組合を許可組合へと転換することも可能である。それに反する条項が組合規約に含まれていなければ、総会における決議で、第12条の多数の基準を満たすことにより、県知事アレテによって転換可能で、それによって第15条から第19条に規定されている法的便宜を享受することができるようになる（第8条）。しかし、いずれにせよ、繰り返しになるが、結成においては、組合には賛同者のみが含まれるのであり、不同意土地所有者には参加が強制されることはない。法の制定過程では、許可組合としての結成を灌漑組合にも認めることが要求され、議論されたが、結局のところ、実現するには至らなかったのである。

1 各法案における規定

第2章で触れた63年草案において灌漑もまた土地改良組合の目的として挙げられていた（第1条）が、第4条と第10条で、灌漑を目的とする組合は、賛同土地所有者しか含むことができないとされ、堤防組合とは異なり、多数の基準によっても、国務院デクレによっても、不同意土地所有者を組合に参加させることはできない規定となっていた。

64年政府案でも同様であり、灌漑は、第9条で規定されている許可組合の目的には含まれておらず、一度、自由組合として結成した後に許可組合として転換することは可能であった（第8条）が、多数の基準を満たした場合に、不同意土地所有者を組合に参加させることのできる第12条の規定は適用されなかった。政府案趣旨説明において、デュボワ伯爵が、土地所有の改善のみを目的とするとされた、第1条の最後の4つの項目に挙げられている灌漑などの工事に関しては、組合は、賛同土地所有者しか含むことができないとしているとおりである[23]。

第5章　灌漑組合制度と参加の強制の要求

こうした灌漑工事の位置づけは、65年委員会案でも変更されなかった。スネカは委員会の議論の中で、許可組合として設立することのできない工事目的のうち、灌漑に関してのみ異論が出されたことを報告している。そこでは、灌漑が、肥沃化において非常に強力で、いくつかの地域では大いに必要な方策であり、多数の法に従属させるべきではないか、また、全体的な工事によってはじめて、最良の水利用が保障される場合があるという意見が出されたが、しかし、灌漑は改良の利益に関係するのであって、公益に関係するのではないとされ、水流沿岸の土地であってさえも、性質や土地所有者の選択によって灌漑に適さないものがありうるともされ、さらに、行政と裁判所に託された権力とすでに多くの組合が存在することに鑑みて、灌漑を第9条に入れることは、とりたてて必要ではないとされ、政府委員も同調、委員会もそれを諒としたということである[24]。

2 議会での議論

　灌漑組合などに関しては、多数の基準によって許可組合として設立することができないという、こうした規定については、立法院でも議論の的となった。農業経営用道路について一般審理[25]と第1条[26]においてルーロー＝デュギャージュが、灌漑工事、排水工事について、それぞれビュシエール男爵とジョソーが第9条の検討の中で論じている。とりわけ、第9条における灌漑工事や排水工事をめぐる議論では、多数が少数に強制することができるのはどういった場合なのかについて、組合工事の目的が防御に関するものか農業改良に関するものかが鍵となっていることを読み取ることができる。

　ビュシエール男爵は、灌漑工事や客土を目的とする組合も許可組合として認めるべきとする。許可組合は一般利益のためのものとし、所有の権利を何より尊重する必要は無論あり、ゆえに個人のイニシアティブの権利を維持することが必要であることも理解しているとしながらも、同時に、複数の地域にまたがるような関係者の一致による組合は不可能であろうとするのである[27]。

　男爵の意見に加えて、ジョソーは排水工事もまた一般利益の1つであるので、許可組合の目的に含むよう要請する。イギリスに比べフランスではこの種の

工事が進んでいないことを指摘し、その原因は資金不足ではなく、手続きの複雑さと極端な所有の細分化であるとする。大土地所有において、非常に大きな効果が上がる場合にしか排水工事は行われなくなっており、非常に細分化され、集団での工事が必要な場合には、多くが不可能となっている。というのも多数の関係所有者の間で合意ができないからであり、自らの経験を引きながら、関係所有者の全員一致を得ることが難しいことを指摘し、排水工事に関しても多数による許可組合を認めてほしいと訴えるのである[28]。

　公共の利益にかなうものが許可組合を認められるのであって、他のものは、より制限されたものであり、改良でしかないため認められないと、法案検討委員会が理由付けするであろうと、ジョソーは予想しながらも、それでも、いくらかの改良工事は公共の利益にかなうものであり、排水工事や灌漑工事はそうしたものに含まれるであろうとするのである。

　こうした意見に対し、ギヨマンは法案を擁護して、次のように述べる。まず、第9条は少数の者に対して個人の自由処分の権利、所有の自由の侵害を結果的にもたらすことを指摘し、第1条の最初の5つに含まれる目的を持つ組合(許可組合)とそうでないもの(自由組合)には相違が存在しており、保護のために必要な工事と改良を行うために使われる方策との違いであるとする。イギリスとフランスにおける排水工事普及の相違については気候が大きく違うことを指摘しつつ、改めて、排水工事に関しては自由組合で十分で、多数の者が少数の者に強制を加える許可組合は適切でないとするのである[29]。

　ギヨマンの意見を補強するため、スグリも2種類の組合の目的の違いについて、ロワール河のモンジャン堰の工事を例に挙げて論ずる。そこでは少数の者が意に反して工事に参加させられ、賦課金をかけられたが、結局のところ所有地を売却せざるを得なくなり、しかもその金額は賦課金額に十分ではなかったというような事態が起こったが、こうしたことが排水工事にも起こりうることを理解しなければならないとする。さらに、フランスでは、排水工事が広く受け入れられているわけではなく、良い結果をもたらしている場合ももちろんあるが、そうでない場合もあり、そうした状況の中で、一部により組合が結成され、他の者に強制することとなったとしても、実際にそれ

第 5 章　灌漑組合制度と参加の強制の要求

を行うことは難しいとスグリは考える。ゆえに許可組合は限られた目的のために、すなわち防御や一般利益に関するものであるべきで、しかも私的所有権や個人の権利は尊重されるという条件の下でなければならないとするのである[30]。

　しかし、なおもビュシエール男爵は次のように反論する。灌漑工事の第9条適用を求めるのは、一般利益と小土地所有の利益の2つにかなうからであり、フランスのように細分化が進んでいる国では、灌漑工事を行うのに組合が必要であるとする。それは孤立した工事ではなく、一般利益に関するものであるとし、ラン地方のバードの例を挙げ、灌漑工事を進めるには、自由組合では不可能であること、それは全員一致に至らないからであり、特に、自分の土地に灌漑を行っている大土地所有者にとって組合は必要でなく、その創設に反対するであろうが、小土地所有者の利益を満足させるため、この条文案を却下するべきであると述べている[31]。

　こうした意見に対してランブレヒトは、排水工事では、隣接する者が排水工事を行う必要はないが、沼沢地干拓の場合には、対象地すべてを干拓しなければならないことを指摘し、前者に必要なのは、隣接する土地に排水を通さなければならないことだけで、これに関しては、すでに排水に関する法（ランブレヒトは明言していないが、1854年法のことであろう）で規定されていることを、そして10アールの土地にどうやって灌漑を行うのかというビュシエール男爵の発言に対しても、灌漑に関しても他人の土地に水を通す権利は認められていることを指摘する。そして改良工事が常に良い結果をもたらすわけではないことを再び指摘しつつ、灌漑工事や客土、排水工事は隣人の協力が必要でないこと、そうした隣人が加わる必要なく工事を行うために所有者が集まることができることから第9条案の修正は必要ないと強調するのであった[32]。

　結局のところ、第9条は委員会案のまま採択されるに至り[33]、65年法では灌漑組合や排水組合などは改良を目的とするものとの位置づけで、自由組合としてのみ結成可能ということになった。不同意土地所有者に対して参加が強制されることはなく、同意者のみで組合が結成されることとなったのであった。

第4節　灌漑組合制度改正の要求

　こうした65年法の規定に関して、早くも66年農業アンケートで改正要求が出されている。その後もノール県などの県会、農業会議所、フランス農業者協会等より制度改革に関する意見が出されている。これらは、灌漑工事の現場において、65年法の規定が桎梏となっており、改善が求められるところ、所有権の問題や組合区分の問題を理由として退けられてきているが、こうした批判について反批判しつつ、さらには、フランス1国レベルでの農業生産、食料供給の問題にまで踏み込んだ発言を行い、灌漑組合結成においても不同意土地所有者に参加が強制できるような制度改正を要求しているものである。そして、こうした意見がベースとなって、第7章で見る議会における法案提出やそれをめぐる議論、ひいては88年法の成立につながることになるのであった。

1　1866年農業アンケートにおける要求

　灌漑組合に関して、多数の基準を満たせば設立が可能となる許可組合は認められず、全員一致が必要となる自由組合による設立のみが認められるという65年法の規定に対し、早くも1866年農業アンケートの中で改正を求める声が出されている。

　オート＝ザルプ県でも、ヴァンタヴォンなる者の証言と覚書が残されている[34]。灌漑建設促進のため、利害関係者を協力させなければならないこと、所有権の侵害が起こりうるが、他の分野ではすでに、こうしたことは起きていること、そして、65年法の改正が必要であることを指摘している[35]。

　また、常に乾燥している地域において灌漑は不可欠のものであり、コストをかけずに取水可能なところでは、どこでも実施が進んでいるが、より規模の大きな用水路の建設は、現行法制度において越えることのできない障害に直面しているとする。というのも、関係者すべての協力が得られなければ、建設費用は地域の資力を超えてしまうからであり、65年法立法者が1807年法の原則によるのではなく、予防的な工事は強制組合（筆者注：許可組合のことであ

第5章　灌漑組合制度と参加の強制の要求

ろう）、改良工事は自発的意思組合（筆者注：自由組合のことであろう）に区別したことは遺憾であるとする[36]。

　加えて、1845年法の規定では、灌漑普及には不十分であること、灌漑施設の建設費用を負担しないものまでも、いわばフリーライダーのように灌漑用水や排水を利用することも起こりうることも指摘しつつ、あらためて、利害関係者のうち少人数によって費用負担をすることは不可能であり、国家による最大の補助を受けたとしてもそうであるとする。灌漑受益者に用水を販売する場合を除くと、大灌漑水路の建設責任を国家が単独で持つ[37]か、65年法の改正が必要であるとするのである[38]。

　ここで、ヴァンタヴォンは、すでに整備が進んでいる小規模な灌漑用水路はともかく、大規模なものに関しては、費用調達において困難に直面しており、それを突破するためには、国家による事業実施か関係土地所有者に対して組合参加と費用負担を強制することが求められるとしているのである。そして、こうしたことは、次章で見るように、現実に問題として起きていたことであり、具体的な問題の発生を背景として、ヴァンタヴォンは証言と覚書を通して提言を行っているのである。

　バス＝ザルプ県でも、調査委員長シャセーニュ＝ゴワイヨンの県内河谷部に関する報告の中で、65年法が灌漑工事や堤防工事を促進しているとしながらも、灌漑組合創設のために関係者の全員一致の同意を求めていることは遺憾であること、こうしたことは、所有権に対する感情と尊重とによって正当化されているものであると認めながらも、現実には、乗り越えることのできない困難を引き起こしていることを指摘し、多くの場合、1人の悪意により、多数の関係者が犠牲にされているとしている[39]。

　ヴァール県、アルプ＝マリティーム県に関しても、シャセーニュ＝ゴワイヨンの報告の中で、灌漑工事や農村道の建設などにおいて、65年法第12条の多数を適用し、全員一致の同意が必要とならないよう改正を行うよう要求している[40]。

　そして、各地域で実施された調査結果を受け、モニー＝ドゥ＝マルネーにより作成された農商務公共事業大臣宛の総括的報告の中で、灌漑に関して指

149

摘された問題点がまとめられている。1845年法など既存の制度では、灌漑が望まれているほどは広がっていないとし、工場との水利用をめぐる争い、所有地の細分化による困難な同意形成、土地改良組合の組織や機能に関する不満など問題点を挙げ、灌漑工事促進に寄与しうる方策の一つとして1865年法の改正を提言している[41]。

　1866年農業アンケートによる調査を受けて、そこで明らかとなった諸問題の解決策を討議するための委員会が作られ、灌漑（あわせて浚渫）の問題についても、シャセーニュ＝ゴワイヨンを長とするものが作られている。そこでは、灌漑工事の促進に関連して65年法をめぐる議論や意見もまとめられており、こうした工事の展開に寄与しうる方策として、その改正が取り上げられている。65年法が喜ばしい結果をもたらしたと認めながらも、所有に関する私的権利を過剰に尊重するあまり、灌漑や排水の共同事業を不可能にしていないかと問いかけ、実際、南部の諸県でこうした事に関する証言が出されていると指摘する。堤防建設など許可組合の対象となるものと灌漑など自由組合の対象にしかならないものとの1865年法における相違や、立法院での議論を紹介し、農業の必要と公共の食料資源確保の必要といった観点を提示した上で、灌漑や排水の発展は国の農業繁栄の基本的条件であり、中小土地所有において重要な改良を実現することができないとすれば、こうした65年法における私的権利への配慮は嘆かわしいものであるとしている[42]。

　ただ、他方、排水や灌漑の組合のために、多数の基準が、制限なく、絶対的な形で適用されうることには同意しないともしている。というのは、堤防や浚渫に関する工事との間に相違があることも、やはり認められるし、また、一般的有益性の本来的な性質を示さない私的利益に関する事業が、同じく正当で尊重されるべき他の私的利益に、その重要性と参加人数により侵害を与えることも許されないとする。こうしたことにより、例えば、灌漑や排水組合が、公益性認定の後にはじめて、1865年法で定められた多数の基準によって創設されうることが必要となるであろうとしているのである[43]。

第5章　灌漑組合制度と参加の強制の要求

2　ノール県会の要求

　ノール県会からも1872年3月22日付けで灌漑や流水客土工事を目的とする組合も、65年法第9条以下の適用対象とするよう、公共事業大臣に宛てて要求が出されている[44]。同県アヴェーヌ大郡会による陳情を受けたもので、技師長ラヤールによる1870年10月4日付意見書が付されている。それによると、この大郡においては灌漑が可能であるが、しかし、土地所有の細分化、農村部における組合精神の欠如、組合に関する現行法制度の提供する措置の不十分さにより、灌漑が広まっていないと指摘する[45]。

　そして、排水工事とは異なり、灌漑工事について、受益地面積の大きさに費用が比例しない点で沼沢地干拓と類似し、というのも、取水堰や分水施設などが大きな割合を占め、それらは河川や地形の規模にしか影響されないがゆえに、受益地面積が十分に大きくないと工事が実行されず、大土地所有者にしか可能でないこと、しかし、こうした土地所有者は、ノール県には少なく、よって、多数の土地所有者による組合が必要となるところ、全員一致の同意が求められるがゆえに不可能であると主張する[46]。

　こうした問題のうち、土地所有の細分化に対しては相続制度の改正により[47]、農村部における組合精神の欠如については、大土地所有者と地域の農業協会によってしか解決できないとした上で、本題の、灌漑制度について、その変遷を跡付け、65年法で灌漑が許可組合の対象となっておらず、45年法で十分とされたことは間違いであると主張、改めて、沼沢地干拓との類似点を指摘、灌漑工事についても許可組合に関わる65年法第3章の適用を求めるのである[48]。

　こうした要求が所有権の侵害につながる懸念には、1860年7月28日の山岳地再植林に関する法で、公益性に基づき、不同意者に対する収用を認めたこと、フランスの多くの地域で、この報告の年に大きな災厄を乾燥がもたらしており、これへの対策には顕著な公的利益を見出すことができること、通過権や取水施設地役権に関する法によってすでに所有権はかなり侵害されていること、65年法の許可組合でも、一般利益にかかる調査を受けて、初めて、県知事の許可が出されることを指摘する。そして、共和暦11年法において水路

151

の浚渫に関しては強制組合が認められるにもかかわらず、それよりも緩い多数の基準で用水路建設の組合結成が認められないことは矛盾ではないかと主張する。これらをかいつまんで、ラヤールは、アヴェーヌ大郡の農業にとって体系的で、規則的な灌漑の実行は有益であり、そのために65年法第3章の適用を提言するのである[49]。ノール県会も、この意見書の趣旨に賛同、72年3月22日の公共事業大臣宛の要求に結びついたのであった。

3 モンブリソン農業会議所におけるサン＝ピュルジャンの報告

(1) 65年法における灌漑組合について

1874年、ロワール県のモンブリソン農業会議所に、元県知事サン＝ピュルジャンが、65年法改正に関する報告書を提出している[50]。第7章で見るヴァンタヴォンにより提出された1873年の法案について、議会の法案検討委員会が農業会議所の意見を求め、それに答えるために作成されたものである[51]。

サン＝ピュルジャンは、所有権をあまりに軽視しすぎてはならないとしつつも、1807年法、1845年法、1854年法、1865年法では、一般的でない利益において、この権利の侵害を認めたことを指摘する。公共意識はこれらの法の条項に反対しておらず、ある種の工事を行うために十分な権限をもった代議会の管理下に一時的に私有財産を置きつつ賦課を求める立法に、世論は好意的であるとする[52]。

世論の意向をこのように捉えた上で、サン＝ピュルジャンは65年法の2つの組合のカテゴリーの根拠と、その区別を維持する必要性の有無とを検討する。堤防等の5つについては防御のためであるだけではなく、衛生と公的食料のためでもあり、よって、許可組合の対象とされたと示唆し[53]、それに対して、自由組合しか認められない他の3つには、なぜ、法は、ほとんど実現不可能な条件を課すのかと疑問を呈し、灌漑や他のものも、公共に食料を供給することに関わるがゆえに、堤防等と同様の扱いをするべきであろうとする。にもかかわらず、こうした扱いがされない理由として、サン＝ピュルジャンは所有権の尊重以外には考えられないとする[54]。

そこで、彼は所有権尊重の実態について考察を進める。公的財産か一般利益

第5章　灌漑組合制度と参加の強制の要求

が危険にさらされるとき以外には、立法者は所有権を常に尊重しており、決して犠牲にしないのかと問い、そうはなってはおらず、例えば、道路、運河の建設のように、万人の富や幸福の発展に利する場合にはいつでも、そして、コミューンの建物や施設のようなより制限された利益しか持たないときでさえも、国やコミューンに、法は公的収用を与えており、さらに、同じ恵与は、鉄道会社にも認められているとする[55]。

もっとも、収用と組合との間には、前者は補償金を受け取るが、後者は不確実な利得のために負担を負わなければならないという相違もあり、疑いのない公的利益によるものであれば、フランスの世論は完全に所有権への侵害について順応できるが、土地改良組合については、利益よりも費用に目がいくがゆえに、そうはならないともする[56]。

つまりは、サン＝ピュルジャンは、所有権は現実にはすでに制限されるケースが出ており、しかも、防御に関わることだけではなく、国レベルでの利益、もしくは、さらに限定された利益の前でも、例えば、コミューンや鉄道会社にかかる利益の前にでも、所有権が制限されていることを指摘、灌漑組合においても同様のことが受け入れられるのではないかと示唆するのである。とはいえ、そこには費用負担が付随して発生することとなり、補償という金銭的利得を受けうる収用とは異なり、灌漑組合では難しい面も確かにあると指摘しているというわけである。

続けて、サン＝ピュルジャンは、フランスの土地所有者の心理状態について、近隣国と比べた場合、無気力さや行政の援助に多くを期待する傾向、産業としての農業（l'industrie agricole）に関わる多大な遅れが見られ、これらを十分に考慮に入れず、こうした心理を計算しなかったがゆえに、自由組合は目的を達成することができなかったと考え、その弊を正すべく第1条第6項、第7項、第8項に関しても、他と同様の扱いをすべきとする[57]。

そして、彼は一般利益の観点からも検討を行う。第6項以降の改良事業は、所有地の価値を大いに増加させるが、65年法制定者が考えるように私的利益しかないのではなく、より高いレベルの公的な利益があるとする。というのも、食料問題は、一般政治に大きな影響を及ぼし、政治の正規な作用を危う

くしうるし、常に収穫不足に苦しむ国家の財政を、多かれ少なかれ直接的に傷つけるので、政府の第一の義務は、フランスの農業資源が消費を上回るためにあらゆることを実施することと主張、土地改良の促進により、国家の通常の財源が増加することも付け加え、その意義を力説する[58]。

さらには、労賃の観点からもサン＝ピュルジャンは考察を行っており、農業に深刻な危機を生み出し、進歩を阻んでいるものとして、農産物価格に比べ上昇していく労賃を挙げ、こうした状況では、同じ労働力でもって生産を増加させるか、経費を削減するか2つの方策しかないとする。排水、灌漑、流水客土は、労働力や労働経費を増加させずに、収穫を増加させることを目的とし、複数経営の共同による道路建設、動力設置、その他の改良で各経営の経費を減少させることが可能なのは組合しかないとするのである[59]。

このようなことから、サン＝ピュルジャンは、組合の単一のカテゴリー、許可組合のカテゴリーのみとする提案、つまりは、われわれも後に見る73年法案に、その署名者が大土地所有者と著名な法曹家であることが信頼性を担保するものであるとしつつ、賛意を表明するのである[60]。

(2) 法案が直面するであろう困難とその解決

さらに、サン＝ピュルジャンは、この法案が直面するであろう困難についても検討を行っている。まず、反対のために反対する者に関しては一顧だにする必要はないとし[61]、ついで、あまりの慎重さや不賢明さにより、組合の利益が費用に見合わないと考える者には、それを尊重すべきとし、立法者が都合よく判断するならば、第12条の多数を増加させるなどの方策を措置するべきとする[62]。

そして、組合のメリットを認識しながらも、工事の費用を前にして後退する者[63]に関しては支援策を用意するべきで、補償による土地譲渡で負担強制を免れることが可能となるような1807年法の制度や土地信用のような形で組合会計を活用するなどの手法を挙げている。適切な手段を見つけるためには、さらに検討する必要があるとし、それ以上、解決法を明確にサン＝ピュルジャンが提示しているわけではないが、いずれにせよ、収入の少ない土地

第5章　灌漑組合制度と参加の強制の要求

所有者のことは懸念すべきであり、組合会計に関する条項の整備が、彼らをして組合に参加せしめる支援策となろうとしているのである[64]。

以上をあわせて、法改正について、所有権の観点からも、公共の秩序、一般利益の必要性との調和の観点からも適切であり、一般利益と私的利益も制度改正要求で一致しており、政治経済、農業経済の重要考察によっても必要とされ、障害や反対意見に対応するべく土地所有者への前貸しを可能とする組合会計システムを創出することは非常に容易であるとしつつ、サン＝ピュルジャンは第9条改正に賛成するのである[65]。このサン＝ピュルジャンの報告は、組合設立の公開性など他の規則改正の提言をもあわせ、モンブリソン農業会議所において、全員一致で、その結論が採択され、県内に配布するべく印刷に回されることとなったのであった[66]。

4 フランス農業者協会におけるデセーニュの報告

フランス農業者協会[67]も灌漑および土地改良組合に関して要望を出している。そこでは、水利用の調整管理において行政の関与を強める必要があり、それに当たって、土地改良組合を強制的に結成せしめることが求められており、他のものと比べると異なる内容となっている。

（1）1874年の報告

1874年に、元代議院議員デセーニュがフランス農業者協会農村経済法制部に、航行筏流不能河川の水の権利について報告している。フランスにおいて水法が必要であること、その権利の管理のために行政と土地改良組合との介入が必要であることを述べ、6つの提言をするとともに[68]、浚渫組合とは異なり灌漑組合が自由組合としてしか結成されえないことについて、こうした区別はわかりにくい上、全員一致は現実には不可能で、強制組合として結成可能なよう法制度改正するべきと提言している。

この報告では、本題として、土地改良組合が、いわば地域における受け皿のような形となり、水利用と権利の調整、紛争の処理を行うべきという提言が行われているが、その実現のため、組合が存在しない場合、行政が強制的

に、それを結成させて、水管理することが必要という、そういった観点からの踏み込んだ提言となっているのである。

(2) 1875年の報告

1875年にもデセーニュは報告書を出し、65年法の改正について扱っている。この法で、法人格の付与、未成年者や他の法的無能力者の参加などに関して改善がされたが、自由組合において関係者の全員一致の同意を得なければならないという条件により、現実には、こうした利点が生かされていないとする[69]。

そして、65年法第9条の改正に関する73年法案について触れ、土地改良組合は参加者の全員一致の条件のもとで結成することはできないと経験上、知られているとし、イゼール県の委員からも期待される発展は実現できないとの意見が出されていることからも、65年法の改正が不可欠であるとする。防御工事と改良工事との区別を批判、すべての工事は等しく改良工事としてみることができ、浚渫と灌漑について、いずれの場合にも、私的利益の集団しかないのではないか、もし、それらに公共の利益を見ようとするならば、いずれであっても、公共の生産や食料と関連付けることができると、両者の区別は正当化できないのではないかと示唆する[70]。

そして、デセーニュは、さらに議論を進め、前年の報告と同様、灌漑組合を強制組合として結成できるような法改正を提言、浚渫組合と灌漑組合との相違、水管理における行政の介入について触れながら、灌漑にも、共和暦11年法、1807年法の便宜を広げるべきとする。つまりは、要するに、灌漑組合をも強制組合として、行政主導のもとで結成されうるような制度構築の必要を主張するのである[71]。

このデセーニュの見解は、他に比べてより踏み込んだ内容となっているが、荒唐無稽というわけでもない。というのも、許可組合結成の基準——受益者の過半数が賛同し、その受益地内の所有地面積が全体の3分の2を超える場合、もしくは受益者数の3分の2が賛同し、その所有地が受益地面積の2分の1を超える場合——は、容易にクリアできるとは限らないものであり、第2章注54で見たように、実

第5章　灌漑組合制度と参加の強制の要求

際に、バトゥビーが批判している通りである[72]。また、次章のヴァンタヴォン灌漑組合の事例で見るように、そこでは、灌漑可能面積が5,000ヘクタールを超えるところ、登録者を2,000ヘクタール分確保するのにも苦慮している。よって、より確実に組合を設立するためには、強制組合として結成可能な制度を構築することが望まれるであろう。第7章で見るように、73年法案以降の動きの中では、そこまで踏み込んだ形での立法化にまでは発展しなかったが、デセーニュの意見は根拠のない、現実から乖離したものではなかったのである。

第5節　小　　括

　本章で見たように、灌漑組合に関しては、堤防組合とは異なり、不同意土地所有者に対する参加の強制が行いえる制度ではなかった。堤防が、公益に関わる防御のためのものであったのに対して、灌漑は、単なる農業改良に関わるものとの位置づけがされたために、所有権の侵害につながりかねない組合への参加の強制は避けるべきであるとの意見が優勢を占めたがためであった。

　しかし、農村部や農業界から、こうした制度のあり方に批判が出されていた。第2節で見たように、65年法以前にすでにオート＝ザルプ県ではファルノーにより灌漑組合にかかる土地所有者の協力の制度化について提言がなされていた。また、第3節で見たように、65年法制定時の議論でも、ビュシエール男爵が、灌漑工事を目的とする組合も許可組合として認めるべきという意見を出し、ジョソーも排水工事に関して同じような主張を行った。すなわち、所有権の尊重が重要なことを認めながらも、関係地域でも全員一致の賛同を得ることが困難なことを指摘しつつ、灌漑工事や排水工事は一般利益にかなうものであるとして、こうした反論が出されたのであった。が、しかし結局のところ、こうした意見は受け入れられることなく、灌漑工事を目的とする組合を許可組合として設立することは、65年法の中に盛りこまれなかったのであった[73]。

こうした結果に対して、早くも、1866年農業アンケートにおいて批判が出され、その後も、県会や農業会議所、フランス農業者協会から、制度改正に関する意見や提言が出された。不同意土地所有者を組合に参加させることができず、彼らの工事への協力が得られないということや、事実上、全員一致が求められるケースも出てくることより、灌漑工事において、その遂行に支障が生ずるという問題に直面していたのであり、そこから、灌漑組合においても許可組合として設立可能となるような制度改正の必要性が叫ばれたのであった。それに対して、所有権侵害や、堤防等防御を目的とするものと灌漑等改良を目的とするものの組合の区分といった点が提示され、制度改正を求める意見を退ける根拠とされるが、こうした意見に対しては、灌漑工事の必要性と制度的桎梏撤廃の必要性を主張するとともに、所有権の制限を認める他法制度の検討や、沼沢地干拓などにまで視野を広げた上で図式的な組合の区分への批判を行い、反論を加えたのであった。そして、さらに1国レベルでの農業生産、食料問題、国家財政にまで考察を及ぼし、それに貢献するところが大である農業改良においても、私的利益のみが存在するのではなく、公的な有用性が存在するという主張をも繰り広げつつ、制度改革を迫り、灌漑整備促進による農業生産充実を志向したのであった。

　もっとも、灌漑工事には、相応の負担が必要であり、それを目の当たりにして、組合参加を躊躇する者が存在していたことは、本章で見た提言や意見、報告書からも窺うことができるであろう。その負担は、土地所有農民にとっては経営の後退、経済的な没落、ひいては窮乏化にまで結びつきうるものであった。また、地主にとっても、応分の負担が求められ、他の利得機会の喪失にもつながりえた。そして、本章で見た農村部、農業界からの制度改正の要求は、このようにリスクを重視する土地所有者をも含めて、灌漑建設促進を可能としようとするものであり、第4章で触れたような灌漑による農業生産増大を通じた前進を実現しようとするものであったといえよう。こうした前進志向と重なりあいながら、制度改正の要求が出されていたというわけなのである。

第5章　灌漑組合制度と参加の強制の要求

●注
1) 民事組合については、山口（2002）559頁を参照。
2) Gain（1884）, pp.37-38, 69-71. なお、ガンもドゥボーヴも、独立組合は少数であるとしているが、1901年調査によると、フランス全体の6,688の土地改良組合、認可会社のうち、2,468が独立組合で（うち、2,403が灌漑組合）、多数存在していることがわかる。むしろ、第3章注1で触れた1901年調査を命じた通達からもわかるように、行政がうまくこの種の組合を把握できていなかっというべきであろう。なお65年法による自由組合は213（うち、灌漑組合は161）である（*B.D.H.A.*, supplément au fascicule Z, p.101）。
3) Debauve（1879）, p.87. この種の組合について、ガンも、永続的な危険や健康に被害を与えるような不衛生の状態から財産を守るための工事を目的とするわけではなく、所有地の改良によって価値を高めるための工事を進めようとするものであり、そこには関係者の全員一致が必要であるとし（Gain（1884）, p.47）、灌漑組合と排水組合について解説している（Gain（1884）, pp.49-67, Godoffre（1867）, pp.42-50 も参照）。
4) Godoffre（1867）, pp.42-44, Gain（1884）, pp.47-48.
5) Godoffre（1867）, pp.47-48.
6) Godoffre（1867）, pp.48-49.
7) Godoffre（1867）, pp.49-50. 灌漑組合の規約については、Farnaud（1821）, pp.78-80 でも触れられており、規約制定に至るまでの手続きの解説とともに、工事、台帳、会計、土地の補償、灌漑受益地の確認、配水、用水路の浚渫と維持について定める規約（6章45条よりなる）のモデルも提示されている（Farnaud（1821）, pp.159-184）。
8) こうした問題のほか、水の所有権についてファルノーは議論しており（Farnaud（1821）, pp.84-92）、旧体制期から民法典に至るまでの諸法令、学説における水流の所有権に関する見解を見た上で、①航行筏流可能河川は国家の所有であり、政府の許可なく、いかなる工事を実施することもできず、取水もできないこと、②航行筏流不能河川は公有物として見なされ、公共利益とそれに付属する条件とに従った、単なる水利用権が沿岸住民に認められること、③小流は沿岸土地所有者の所有であり、公共利益が、その権利行使において要求しうる変更を除いて、その土地の灌漑に利用することができると整理するとともに、しかしながら、例えば、旧体制期からの慣行によって、公有に属するものであっても所有権相当の権利を尊重せねばならない例外があり、こうしたことから私的利益と一般利益とが混同され、多くの問題が生じているとファルノーは指摘する（水に関わる権利の議論は Gain（1884）, pp.49-58 も参照。水流の区分についてはデュピュイ（2001）、148-151頁も参照）。

　また、ファルノーは、灌漑組合に関する紛争において権限を有する裁判所の問題も取り上げている（Farnaud（1821）, pp.108-132）。所有権に関することは民事裁判所の管轄であるという原則に対して、行政的紛争を処理する県評議会に、その例外を認めることはできないかとしたり、もしくは、所有権が問題となる場合、私的利益の判決までは、行政的行為は中断されるべきではないとする（Farnaud（1821）, p.112）。これは、つまりは、所有権に関わることであっても例外的に行政裁判の管轄すべき問題として県評議会が判断するべきではないのか、もしくは、それが無理であったとしても、民事裁判による判決が下されるまでの間に、事業を中断することなく、工事継続を可能にするべき

と訴えているのである。こうした意見の背景には、オート＝ザルプ県で、実際に、灌漑をめぐる紛争が多く起きており、その処理に時間がかかるがゆえに工事が進展しない状況があったのであり、サン＝ボネの例を挙げつつ（Farnaud (1821), p.111）、善処の必要を訴えているのである。

　同様に、取水に関する紛争でも、民事裁判所の決定まで時間がかかり、工事中断が余儀なくされ、こうした事態は回避しがたく、いわば行政に対する義務の如きであるとファルノーは嗟嘆している（Farnaud (1821), pp.122-123）。

　こうした問題に関連して、フランスにおける行政裁判所と司法裁判所との相違や権限と争いについて、とりあえず、雄川 (1956)、リヴェロ (1982)、144-149 頁、滝沢 (2002)、60-63、73-75、93-94 頁を参照。

9）ファルノーは、この灌漑建設の提言をしており、ギャップの水資源や、灌漑の可能性、それによる受益と費用、賦課金や工事の入札、資金の借り入れなどについて検討している（Farnaud, 1802）。

10）Farnaud (1821), pp.92-100.

11）Farnaud (1821), pp.100-101.

12）Farnaud (1821), pp.101-102.

13）Farnaud (1821) pp.102-108.

14）Farnaud (1821), p.104.

15）Farnaud (1821), pp.133-158. 行政と司法の権限をめぐる問題について、ファルノーは、この提言の中でも触れており、水流に関する法や決定は、経済的な観点――農村繁栄のための方策と関連付けられながら、フランス領土の水を公行政の永続的な活動と特別な監視下に置き、農業の最大利益へと向けようとする視点――と公法的な観点――所有権の尊重に立脚するもの――から出され、これにより行政と司法との間での権限をめぐる摩擦が生じたとし、行政的行為と所有権保護のための司法手続きを切断できれば、問題の一部解決に繋がるとしている（Farnaud (1821), p.134）。さらに、1810 年 4 月 21 日の鉱山に関する法で紛争における判断の権限が行政にあることを引き合いに、農業の利益や農村における富の観点から灌漑も同様にするべきとする（Farnaud (1821), pp.142-143）。

16）Farnaud (1821), pp.137-141. なお、ファルノーは、土地へのアクセスと経営を容易にするものとして村道を位置づけ、その建設、修繕への適用もあわせて主張している。

17）Farnaud (1821), pp.144-145.

18）Farnaud (1821), pp.146-147.

19）Farnaud (1821), p.151.

20）Farnaud (1821), pp.151-152.

21）ファルノーによると、先に触れたギャップ灌漑用水路に関して、共和暦 12 年プリュヴィオーズ 23 日法が制定されており、ここで、灌漑計画が承認されているということである（Farnaud (1821), p.95）が、中で、費用負担について、灌漑を利用するであろう（profiteront de l'arrosement）土地所有者（とコミューン）に課すという規定となっていることを指摘、灌漑を利用しうる（pourront profiter de l'arrosement）土地所有者と規定することがのぞましかったのではないかとしている（Farnaud (1821), pp.99-100）。

22）45 年法、47 年法については、Jousselin (1850), pp.319-339, Gain (1884), pp.58-61 があ

第5章　灌漑組合制度と参加の強制の要求

る。45年法については、他に、Pellault（1845）もある。47年法に対する非農業部門からの批判について、デュピュイ（2001）、159-160頁、栗田（2003）、32頁がある。
23) *Mon.*, le 21 avril 1864, n.234, p.541.
24) *Mon.*, le 28 mai 1865, n.218, p.681.
25) *Mon.*, le 20 mai 1865, p.628. 65年法では、農業経営用道路およびその他の農業改良も土地改良組合の目的の1つとして挙げられているが、①この農業経営用道路が許可組合の目的の中に入れられていないこと、②対象となる道路が私道に限定されていて、公道が含まれていないことの2つについて、ルーロー＝デュギャージュが一般審理において問題視している。第1の点に関しては農業経営用道路に関しても関係所有者の全員一致を求めるのではなく、一部の者によって覆されることのないよう、多数の賛成によって関連工事を可能とすることを求め、第2の点については、村道の状況やコミューンの財政力を勘案すると、公道といえども十分に整備されていないケースが存在するので、土地改良組合の対象に含めることが適切ではないかとするのである。

それに対してランブレヒトは、土地改良組合には多数によって結成されるもの（許可組合）と、全員の同意によって結成されるもの（自由組合）の2つの種類があり、その違いは、前者が防災や保全を目的とし、以前から行政が法的な措置を取っており、後者は改良に過ぎないという点にあることを指摘し、法案検討委員会では後者について、少数の者が多数に従わなければならないとは考えなかったとする。この意見に対し、排水や客土工事が改良工事であることはわかるが、道路は1つの必要であって、改良ではないとアヴランクール公爵が反論した。しかし、ここで、一般審理というよりも第1条の問題であると議長に判断され、そこで議論されることとなった。
26) *Mon.*, le 20 mai 1865, pp.629-630. 一般審理におけるルーロー＝デュギャージュの意見を受け、スグリ、アヴランクール公爵が私道、農道、村道の分類や違いをめぐって第1条の審理の中で議論を戦わせたが、スネカは第1条の修正の必要はないとして、次のように述べている。

まず、法案にいう農業経営用道路とは私道を指すものであることを確認した上で、自由組合設立について全員一致を求めているが、全員の意見が一致しているのであれば、そもそも組合など必要がないとするルーロー＝デュギャージュの意見に対して、組合が存在すれば、その規約に従って組合員が道路の維持に寄与しなければならないのであり、義務を果たさねばならないという意志に頼ることはなくなり、工事の実施を保証する行動のイニシアティブと単位とが存在することになるとする。そして、組合が存在しなければ、道路の修繕を他人任せにするようになり、誰もそれを行おうとしなくなるであろうとし、組合の意義を明らかにする。そして、道路の維持管理は重要であるというアヴランクール公爵に同意するものの、公道は、公権力によって整備されるべきだとし、第1条の修正を求める声に反対するのである。

第1条の議論では、農業経営用道路が公道を含むのかどうかについて焦点がしぼられてしまったために、組合の目的と多数による少数に対する強制の問題はあまり論じられなかった。こうしたことは灌漑工事、排水工事について、われわれが次に見るように、第9条で扱われることとなる。
27) *Mon.*, le 20 mai 1865, p.630.

28) *Mon.*, le 20 mai 1865, p.630.
29) *Mon.*, le 20 mai 1865, p.630.
30) *Mon.*, le 20 mai 1865, p.630.
31) *Mon.*, le 20 mai 1865, p.630.
32) *Mon.*, le 20 mai 1865, p.630.
33) *Mon.*, le 20 mai 1865, p.630.
34) ヴァンタヴォンの証言は Ministère de l'agriculture (1867), tome 25, pp.66-68, 覚書は Ministère de l'agriculture (1867), tome 25, pp.68-72. なお、このヴァンタヴォンなる者は、おそらくは、第6章の事例として取り上げるヴァンタヴォン灌漑組合創設に尽力し、第7章で取り上げる65年法改正を目的とする73年法案を提出したカジミール・ドゥ＝ヴァンタヴォンその人であると推測されるのであるが、確認することはできなかった。
　　ちなみに、ヴォワーズによるオート＝ザルプ県の調査委員長報告の中でも灌漑に関する問題が扱われている (Ministère de l'agriculture (1867), tome 25, pp.7-8) が、その文言は、ここで見ているヴァンタヴォンの証言録付属資料の一部と同一である。おそらく、報告書をまとめる際にヴォワーズは、この証言を採用、記述に生かしたのであろう。
35) Ministère de l'agriculture (1867), tome 25, pp.66-67.
36) Ministère de l'agriculture (1867), tome 25, p.69.
37) 第2章68頁や注60で触れたように、65年法制定時、堤防建設にかかわる問題についてであるが、ギヨマンが、1858年法について触れ、大規模工事における国の役割の必要性を説いていたが、それに通ずるところのある意見といえよう。
38) Ministère de l'agriculture (1867), tome 25, p.69.
39) Ministère de l'agriculture (1867), tome 24, p.26.
40) Ministère de l'agriculture (1867), tome 24, p.84.
41) Ministère de l'agriculture (1869), tome 1, pp.193-194. その他の方策としては、国費で大規模灌漑を創設すること、灌漑建設に対し補助金を交付すること、灌漑実施のための大会社設立を促進すること、灌漑必要地域に関し一体的計画を作成することなどが列挙されている (Ministère de l'agriculture (1869), tome 1, pp.194-195)。
42) Ministère de l'agriculture (1869), tome 2, pp.292-295.
43) Ministère de l'agriculture (1869), tome 2, pp.298-299.
44) A.N., F10/4365. 他に、国立文書館には、オート＝マルヌ県会、ムルト＝エ＝モゼール県会、ピレネー＝ゾリアンタル県会の意見も保存されている (A.N., F10/4365)。
　　オート＝マルヌ県会では、1873年8月24日と1874年10月23日の審議において、灌漑と排水の工事にも65年法第3章を適用することを求めている。主要な目的として、法は、一般利益の保護と促進を持たねばならず、個別利益と摩擦がいくらか生じても、農業に有益な事業すべての実行を一般利益は要求しているとし、農業の繁栄と進歩のための方策が問題となる場合、個別利益の制限がありうるとし、灌漑を目的とするものも65年法が規定する許可組合として、結成できるよう改正を要求しているのである。
　　ムルト＝エ＝モゼール県でも同様の決議が行われている。1874年11月6日における議事で、土地改良組合に対して、灌漑の実行に良好な結果をもたらすために不可欠な権限を法により与えることが必要であるとし、1875年8月20日の議事でも、その

第5章　灌漑組合制度と参加の強制の要求

要求を繰り返している。

　ピレネー＝ゾリアンタル県でも同様で、1886年5月8日の議事で、灌漑と客土に関する組合について、65年法第3章の適用を要求、ただし、この場合の多数は、関係受益者の3分の2（その受益地面積が4分の3を占めること）もしくは、関係受益者の4分の3（その受益地面積が3分の2を占めること）としている（なお、この基準は、地租にかかわる基準が含まれていないが、そうしたことを除くと第7章で見る88年法におけるものと同様となっている）。

45) Raillard (1870), p.529.
46) Raillard (1870), p.529.
47) こうした相続法改正について、当時、相続分の具体的形成の自由を確立させるための動きがあり、それに関しては、稲本（1968）、伊丹（2003）、189-218頁を参照。
48) Raillard (1870), p.532. 45年法は、恒常的である程度の規模を持つ用水路には有益であるとラヤールは認めるものの、配水溝のように、非常に多くあり、水量が年によって変化するようなものには便宜とはならず、組合範囲に多数の反対者の地片が錯綜的に混在していると、配水溝敷設地の決定が困難であること、また、反対者の土地にも不可避的に水が浸透し、彼らを利してしまうことを問題点として挙げている。また、45年法は、地役権設定のため、反対者に補償を与えることはあっても、彼らの利得に対する支払いを義務づけることはないと指摘している（Raillard (1870), pp.532-533）。灌漑整備に伴う外部経済性によるフリーライダーの発生を問題視し、灌漑整備の促進には45年法は不十分であるとするのである。
49) Raillard (1870), pp.533-534.
50) Saint-Pulgent (1875).
51) Saint-Pulgent (1875), p.7.
52) Saint-Pulgent (1875), pp.3-8
53) 塩田水路施設建設が許可組合の目的となりうることについては、塩は第1の必需品であり、その製造はあらゆる方法で有利に取り計らうべきであるからとしている（Saint-Pulgent (1875), p.4）。
54) Saint-Pulgent (1875), pp.8-10.
55) Saint-Pulgent (1875), pp.12-13.
56) Saint-Pulgent (1875), pp.13-14.
57) Saint-Pulgent (1875), pp.14-16.
58) Saint-Pulgent (1875), pp.16-18.
59) Saint-Pulgent (1875), pp.18-19.
60) Saint-Pulgent (1875), p.19.
61) Saint-Pulgent (1875), p.20.
62) Saint-Pulgent (1875), pp.20-21. サン＝ピュルジャンは、他に、組合に入らないことを許可するか、一時的ないくらかの保障を認めるという方策を提言しているが、具体的内容は詳述されていない。
63) サン＝ピュルジャンが懸念するように、収入の少ない土地所有者や小経営において、費用負担を目の当たりにして土地改良組合参加に逡巡することもありえたが、負担は、

受益に応じて配分されていたために、大土地所有者であっても、そのリスクを鑑みて、組合参加を忌避するものもいた。例えば、ヴァレジョとサレスは、ヴォクリューズ県のヴィルロール灌漑組合について大土地所有者が参加に消極的であることを紹介している（Vallejo et Salesse (2002), p.153）。土地改良への対応は、土地所有や経営規模、資力とリスクの大きさ、非農業部門や他産業への投資効率との兼ね合い、さらには、リスクに対するメンタリティーや認識によるところがあると考えられよう。

64) Saint-Pulgent (1875), pp.21-23.
65) Saint-Pulgent (1875), pp.23-24.
66) Saint-Pulgent (1875), pp.24-27.
67) フランス農業者協会は、1867年に、レクトゥーによって創設された団体で、大地主や土地貴族的性格が強いものであり（Moulin (1988), p.135）、「各県の農業協会と農事共進会の協議会の形式をとり、その目的は農業技術の普及および公権力に対し農業を代表して諸要求を提出するということにあった」（田崎 (1985)、138頁）。
68) Dessaignes (1874), pp.8-9.
69) Dessaignes (1875), p.4.
70) Dessaignes (1875), pp.4-5.
71) Dessaignes (1875), pp.6-8. なお、あわせて、この報告の中で、デセーニュは賦課金徴収に関わる第15条に関しても改正を要求している。
72) Batbie (1885), p.279.
73) 伊丹 (2006a)、130-132頁。1865年8月12日に出された65年法に関する公共事業大臣による通達でも、第1条の第6項、第7項、第8項に列挙されている灌漑などの工事は、先に挙げた堤防工事などとは異なり、決定された範囲に含まれる土地の、任意の部分を工事から分離することを許さないような絶対的な連帯といった性質を持たないとし、灌漑や排水に関する特別の法制度により、隣接しない地片によっても企図しうるとしているのである（Debauve (1879), p.92）。こうしたことからも、灌漑などの組合と堤防などの組合との間で、地域での協力の必要性や共同的関係のありかたに相違があると政府が認識していたことが窺えるであろう。

第6章
オート゠ザルプ県における灌漑組合

第1節　はじめに

　前章で見たように、灌漑組合の制度に関しては、不同意土地所有者の参加の強制が行ないえず、65年法制定時においても、それを求める意見が出されたが、結局のところ認められることがなかった。そして、オート゠ザルプ県でも、こうした制度に対する批判が出されていた。ファルノーは、その著作の中で、灌漑組合制度の抱える問題点に関連して、土地所有者の協力について論じ、制度改正の提案を行っていた。また、1866年農業アンケートにおいても、オート゠ザルプ県などで、灌漑組合を許可組合として設立することを可能とするような改正が求められていた。さらに、次章で見るが、1873年に、こうしたことを実現するための法案が代議院に提出されるが、その責任者として名前が挙がっているのが、オート゠ザルプ県選出のカジミール・ドゥ゠ヴァンタヴォンであった。このように当県から灌漑組合制度改正の要求や意見が繰り返し出されていたわけであるが、その背景には、実際の灌漑組合をめぐる状況や問題点が反映していたのであった。そこで、こうした点について、本章では、当県の灌漑組合の概要を押さえた後、デ゠ゼルベ灌漑組合とヴァンタヴォン灌漑組合の事例を通じて検討することにしよう。

第2節　オート゠ザルプ県の灌漑組合の概要

　第3章の堤防組合の検討において、当県では小規模なものしかみられないこ

とを指摘したが、灌漑組合に関しても同様のことが指摘できる。ギャップ灌漑会社とヴァンタヴォン灌漑組合を除くと、他は、せいぜい数100ヘクタールの規模しかなく、小さなものでは数ヘクタールの規模である。せいぜい数コミューンで利用する程度のものであり、コミューンのレベルにすら達しない、1集落もしくは数集落で利用する程度のものも多数あったと考えてよいであろう。

1901年調査補綴集計表の数字ではオート＝ザルプ県には821の灌漑組合があり[1]、さらに、組合一覧表には、その他の組合として集計表でカウントされながら、工場用水とあわせて灌漑に関しても組合目的にしているものが3つあり[2]、これらを加えると824組合となる[3]。このうち、自発的意思組合[4]は80組合、許可組合は205組合、自由組合は3組合、認可会社は2会社、独立組合は534組合（うち3組合は工場用水もかねるもの）となっている。

組合の規模を知るための情報として、取水量と灌漑面積とが調査されている。取水量に関しては、10組合と2つの認可会社に記載があり（表6-1参照）、灌漑面積に関しては、803組合に記載がある（表6-2参照）[5]（ギエーストル灌漑組合とフォンジラルド灌漑組合の2には両方の記載がある）。取水量が最大のものはギャップ灌漑会社で4,000リットル、灌漑面積は、1901年調査には記載がないが、1934年時点の数字で1,745ヘクタール（ただし灌漑可能面積は7,131ヘクタール）である。次いで大きいのは、ヴァンタヴォン灌漑組合で、取水量は2,500リットル、灌漑可能面積は同じく1901年調査に記載はないが、5,000ヘクタールを超えるとされている[6]。この2つが取水量1,000リットルを超えるものであり[7]、当県では異例に規模の大きなものとなっている。300リットル以上1,000リットル未満の取水量を持つ灌漑組合はリビエのアルマン灌漑組合（オート＝ザルプ県には400リットル、ただしバス＝ザルプ県への取水量を含めると1,400リットルとなる）、ギエーストル灌漑組合（600リットル、灌漑面積296ヘクタール）、フォンジラルド灌漑組合（同じく600リットル、灌漑面積296ヘクタール）、セールのギール灌漑組合（300リットル）の4つ、認可会社はララーニュのブシャール灌漑会社（790リットル[8]）の1つとなっている。

組合一覧表で、灌漑面積の判明する組合は803あるが、その平均面積は約

第6章　オート＝ザルプ県における灌漑組合

表6-1　オート＝ザルプ県の灌漑組合の取水量別分布（1901年）

取　水　量	I	II-A	II-B	III	V	計
1,000リットル以上	0	1	0	1	0	2
300リットル〜1,000リットル	1	3	0	1	0	5
100リットル〜300リットル	3	1	0	0	0	4
100リットル未満	1	0	0	0	0	1
計	5	5	0	2	0	12

出典）*B.D.H.A.*, fascicule Z, pp.13-17, 177-190, 248, 266, 299-316, *B.D.H.A.*, supplément au fascicule Z, pp.40-41, 76-83 より作成。
注1）Iは県知事アレテなどで認可されている自発的意思組合に、II-Aは65年法、88年法による許可組合に、II-Bは65年法、88年法による自由組合に、IIIは認可会社に、Vは、独立組合に相当するものである。
注2）ブッシャール灌漑会社は、1849年に農業灌漑として540リットルの取水が認められ、1881年に工場用水として、250リットルの取水が認められている。
注3）アルマン組合は、オート＝ザルプ県域について400リットルの取水が許可されているため、表では、300リットルから1,000リットルの組合に含めているが、バス＝ザルプ県域に許可された取水量も加えると1,400リットルとなる
注4）表には、取水量だけではなく、灌漑面積が記載されているもの（ギエーストル組合、フォンジラルド組合）も含めている。

表6-2　オート＝ザルプ県の灌漑組合の灌漑面積別分布（1901年）

灌　漑　面　積	I	II-A	II-B	III	V	計
300ha以上	1	3	1	0	0	5
100ha〜300ha	10	14	0	0	12	36
50ha〜100ha	15	36	0	0	40	91
20ha〜50ha	19	56	0	0	154	229
10ha〜20ha	13	40	1	0	111	165
10ha未満	16	52	1	0	208	277
計	74	201	3	0	525	803

出典）*B.D.H.A.*, fascicule Z, pp.13-17, 177-190, 248, 266, 299-316, *B.D.H.A.*, supplément au fascicule Z, pp.40-41, 76-83 より作成。
注1）調査時点で活動中の組合を対象としている。
注2）工場も目的とするものも含む（3組合）。
注3）灌漑面積の記載のないものは含めていない（21組合）。
注4）ポリニー源泉組合は灌漑なしとされているが、表には含めておいた。
注5）表には、灌漑面積だけではなく、取水量が記載されているもの（ギエーストル組合、フォンジラルド組合）も含めている。

31ヘクタールとなっている。この803の組合のうち、灌漑面積が300ヘクタール以上のものは5つあり、最大は、プリュニエール灌漑組合（782ヘクタール）、次いで大きいのはポン＝デュ＝フォッセ灌漑組合(700ヘクタール余)である。灌漑面積が100ヘクタールから300ヘクタールのものは36組合ある。他方、灌漑面積が10ヘクタール未満のものは277組合あり、灌漑面積の判明する組合の中で3分の1ほどを占め、こうしたことから小規模組合が多数ひしめいている様が窺えるであろう（表6-2参照）。また、これらのうち、208組合が独立組合である。灌漑面積が50ヘクタール以下の組合でみても独立組合の割合は50％を超えている。さらに、独立組合を除いて灌漑平均面積を算出すると約49ヘクタールとなるところ、独立組合だけで平均面積を算出すると、おおよそ20ヘクタール程度にしかならない[9]ことなどから、行政の関与がなく、地域における共同的関係に立脚して設立、運営されていた、この種の組合に、とりわけ小規模なものが多く存在していたことがわかるであろう[10]。

　このように当県では数100ヘクタール規模、もしくはそれよりも小さな数10ヘクタール、数ヘクタール規模の狭小な灌漑面積しか持たない組合が大半を占めていた。河川そのものが小規模であり、その流域面積も狭小で、灌漑可能面積もおのずから制限され、よって小規模組合が分散することとなったのであろう。

　デュランス川下流域など他県では、灌漑面積のより大きな会社や組合が見られた。ヴォクリューズ県のピエールラット灌漑会社は1万5,490ヘクタール、カヴァイヨンのサン＝ジュリアン組合は取水量4,400リットル、灌漑面積は4,700ヘクタール、カルパントゥラ組合は、11コミューンに給水し、6,000リットルの取水量で、灌漑面積は5,319ヘクタールであった[11]。ブッシュ＝デュ＝ローヌ県でも、クラポンヌ灌漑組合は、19世紀初頭には、18コミューン、1万3,449ヘクタールを潤し、カマルグのトゥリケット組合は、4,500ヘクタールの灌漑面積を持ち、アルピーヌ組合では、取水量が9,544リットルに及ぶ[12]。

　これら他県の会社や組合と比べたとき、オート＝ザルプ県のものの規模が小さいことがよく分かるであろう。ただし、ギャップ灌漑会社とヴァンタヴォン灌漑組合は例外である。これらは、デュランス川下流域の平野部に見られ

第6章　オート゠ザルプ県における灌漑組合

る巨大な灌漑会社や組合に近い規模を持つものであった。低地に存在する大規模組合に匹敵するようなものが、出現するようになったのである。ギャップ灌漑会社やヴァンタヴォン灌漑組合は、多くのコミューンが関係するようなものであり、組合の運営、紛争の処理などがより複雑になった。また、取水量が増加することに伴い、他組合への影響も広範囲に及ぶようになり、その分、国や県など行政当局の調整や介入の度合いも大きくなる。そして、用水路が大規模になることにより建設費用が高額なものとなり、その負担も困難なものとなるのであった。

第3節　デ゠ゼルベ灌漑組合の事例

1　概　要

　本節で事例とするデ゠ゼルベ灌漑組合は、1754年頃より、オーブサーニュ（現ショフェイエ）の高台に所領を持つ領主デュポール゠ドゥ゠ポンシャラ゠デ゠ゼルベにより計画され、1773年に疎通した用水路の管理、運営を担うものである。灌漑面積は1821年の時点で277ヘクタール、オーブサーニュとサン゠ジャックの2つのコミューンを潤す。幸い、施設建設、組合設立までの経緯について、ファルノーやヴェルネが情報を伝えており、また、1811年に整備された組合規約によって組合運営の実態について窺うことができる[13]。

　デ゠ゼルベはセヴレス川の水の灌漑によりオーブサーニュ付近の農業改良を行うことを着想し、図面をおこした。左岸はとりわけ急峻であり、困難な工事、莫大な費用が予想されたが、近隣の同意を得て、1754年12月11日に、ラ゠モット゠シャンソールの公証人ラジエによる規約が作られた。そこには、ドゥラック川[14]からコンバルダンクまで灌漑用水路を引くこと、通過する土地に関しては、互いに補償を要求することなく、それを認めること、費用は灌漑受益面積に応じて支払われることなどが決められている[15]。

　しかし、この計画は用水路の通過に対するラシャン住民の激しい反対を呼び、コマンドゥリに広い所領を持つマルタ騎士団からの不和も起こり、用水路建設賛同者の離脱により、最終的には8人が残るのみとなってしまった[16]。

それでも、なお、デ＝ゼルベは、自らの財を投げ打つとともに、その信用で調達しうる資金によって、用水路建設実施を決意、砲兵隊で得た知識を基に技師と工事監督の2つの役割をこなした。工事において、物理的な困難は多大なもので、多くの地点で、用水路は断崖絶壁を通ることとなっていた。100メートルほどの崩れ落ちた土砂の堆積に水路を通過させるため、腐敗しないブナの葉と土とを混合し、水路をかしめるという、第4章で触れた地元農民発案の技術をも利用した。28キロメートルの用水路の完成のため、7万5,000フランの費用がかかった。1773年10月4日[17]、疎通に至ったということである[18]。

　次第に、農民の無理解も消滅し、1773年から1774年に公証人ベロンの証書[19]により、用水路への登録が進められた。その後も、用水路を利用する農民の数は増加、1821年には、ファルノーの数字によると277ヘクタールに至るまでとなり、用水路の建設により地価がヘクタールあたり238フランから4,760フランに上昇したとファルノーやヴェルネは推算している[20]。

2　1811年の組合規約

　灌漑利用者の増加により、紛争が発生するようになり、そうした状況に対応する必要が出てきた。そこで、オーブサーニュ・コミューン長より、規約が整備されていないことで、灌漑水の不正な利用が度々行われ、灌漑受益者の間で紛争が引き起こされており、解決のため規約を整備する必要があるとの申し出があった。それを受け、毎年の維持管理作業と受益者間での配水を保証するため、明文化された規約に灌漑用水路がもとづくことが農業利益に重要とされた。オーブサーニュとサン＝ジャックの2つのコミューンの住民に用水路が関係すること、こうした状況において行われる議事を主宰するにデ＝ゼルベがもっともふさわしいと異論なく認められることを鑑みて、2コミューン長が灌漑利用者を会議に招集、デ＝ゼルベがその会議を主宰、この3人の権威の下で、水利用に関する規約を決定すること、そして、県知事承認のため、それを3部送付することが定められた[21]。

　1811年に県知事がアレテを出し、そこに規約が掲げられた。64の条文から

第6章　オート＝ザルプ県における灌漑組合

表6-3　1811年デ＝ゼルベ灌漑組合規約の概要

総会に関する規定
第21条
代議員・委員に関する規定
第30条〜第32条、第35条〜第48条
用水路管理人・配水管理人に関する規定
第50条〜第64条
その他、組合運営に関する規定
第9条、第13条、第25条、第27条、第28条、第49条、
費用徴収に関する規定
第65条、第66条
水利権、地役権に関する条文
第1条、第5条、第10条、第23条
用水路の管理作業、損害に関する条文
第2条〜第4条、第6条〜第8条、第11条、第12条、第14条〜第20条、第24条、第26条、第29条
デ＝ゼルベへの謝意
第67条

出典）Vernet (1934), pp.172-181 より作成。
注）第22条、第33条、第34条は欠落している（第22条と第34条は県知事により廃止されたが、第33条に関しては不明）。

なり（第67条までであるが、うち3条は欠落している）、第4章の注23で触れた用水路の維持管理に関する規定や受益者総会、代議員など組合運営に関する規定、費用徴収に関する規定、そして創設者デ＝ゼルベに関する規定が含まれている（表6-3参照）[22]。

　受益者総会については第21条で定められている。毎年4月に開催されること、代議会会計を調べること、組合に有益なことを議論、決定すること、1週間前に総会開催日時が掲示されることが規定されている[23]。また、他に、第31条で、受益者総会のみが代議員と補充代議員を指名する権限を持つとされ、第39条では、代議員とともに用水路維持管理のための作業日数、配分、用水路管理人の報酬の決定などを行う委員（commisaires）もまた、同じく受益者総会で指名されると規定されている[24]。そして、すでに触れたところであるが、第50条により受益者総会が用水路管理人の指名を行う[25]。このように受益者総会が、代議員、委員、用水路管理人といった組合を担う役員を指名するとされているのである。

表6-4　デ＝ゼルベ灌漑組合の代議員の役割

1. 灌漑用水路に必要な修理、浚渫の管理、実施
2. 作業の立会い
3. 作業日数の記録
4. 帳簿への記録
5. 組合への年次報告
6. 損害他の評価のための鑑定人任命
7. 訴訟への対応
8. 受益者代表としての裁判所への召喚
9. 弁護士、代訴人の任命

出典）Vernet（1934），p.177 より作成。

表6-5　デ＝ゼルベに関する規定（1811年規約）

第 5 条	デ＝ゼルベの水利権
第 9 条	紛争の際の対応
第13条	許可の承認
第25条	用水路建設費用書類の保管
第49条	組合議事録の保管
第67条	デ＝ゼルベへの謝意

出典）Vernet（1934），pp.172-181 より作成。

　代議員は合計3名、サン＝ジャックから1名、オーブサーニュから2名が指名され、それぞれに1名ずつ補充代議員がおり、毎年、免職されうるとともに、再選可能であると第30条、第31条で規定されている。代議員の任務には、用水路の維持作業の監督、管理、報告や用水路の損害等における鑑定人の指名、訴訟への対応、組合を代表して裁判所に出頭すること、弁護士、代弁士の指名を行うことと第32条で規定されており（表6-4参照）、作業の監視、配分、日数、支払額等、用水路の維持管理作業における役割の詳細が第35条から第48条で規定されている[26]。

　費用の徴収に関しては、第65条で、県知事によって指名された徴収官が台帳にしたがい、毎年、実施すること、第66条で、支払いを拒否する者には、翌年の配水を停止することが規定されている[27]。

　このような組合運営に関する規定とともに用水路創設者としてデ＝ゼルベが異例の扱いを受ける旨定める条文もある（表6-5参照）。第4章注24で触れた

が、第5条では、デ＝ゼルベ特例の水利用の権利が認められている。また、第9条では、紛争の際、代議員とともにデ＝ゼルベもしくはその代理人が対応を協議することとなっている[28]。第13条では、どのような許可であれ、それを承認する権限は代議員とともに、デ＝ゼルベもしくはその代理人にのみ認められているとも規定されている[29]。第25条では、用水路建設費用を証明する書類すべては、出来した事態を想起するために保存、継承され、デ＝ゼルベがそれを保管することとなっている[30]。第49条では、組合議事録について規定されており、組合の議事、代議員の命令、規約を収録し、サン＝ジャックとオーブサーニュ・コミューン長の署名を付した上で、代議員、もしくはデ＝ゼルベ、またはその代理人の手元に保管することとされているのである[31]。

最後に、第67条で、「サン＝ジャックとオーブサーニュの2つのコミューンの一般的恩恵と特別な恩恵を成した貴重な工事について、受益者が、デ＝ゼルベ氏に感謝の意を表し、この大いなる善行は永遠に彼らの記憶に刻まれるであろう」とされているのである[32]。

この組合では65年法に先駆けて、すでに受益者総会を持ち、役員の任命や組合にかかる問題を討議していた。第3章で見たラ＝ミュール堤防組合とは異なり、一般受益者にも意見反映の場が設けられていたことが窺えよう。ただし、同時に、デ＝ゼルベが、用水路利用に関わる許可を与える権限や、議事録と費用に関する資料の保持する権限を持つ、特別な存在として規定されているのである。そして、用水路建設の経緯によるものであると推察されるが、異例の水利用権を保持しつつ、規約の中で、その功績がたたえられるという一般組合員とは明らかに異なる扱いを受けているのである。

3 デ＝ゼルベの役割

実際、デ＝ゼルベは、この灌漑用水路の建設にあたって大きな役割を果たした。彼は、1733年10月4日にラミュール（現在イゼール県に属する）に生まれ[33]、1819年2月22日に86歳でヴィエンヌにて死去した[34]。ドーフィネ地方の古くからの名家の出で、グルノーブルで育ち、軍人のキャリアを積み、砲兵大尉として活躍した後、1763年にオーブサーニュに戻り、農業改良に尽力

した。それまでの見聞を活かし、耕起、播種においていくつもの新技術を導入し、地域では未知であったジャガイモの新種やイワオウギを始めて導入したり、石膏の利用を導入したりした。休閑廃止も着想していたが、むしろ当地の農業生産にはセヴレス川による灌漑整備が肝要と判断、その実現を目指した[35]。当地にとってより適正な技術の導入をはかろうとしたといえよう。後、王立協会は、共和暦9年フルクティドール30日（1801年9月17日）の報告書で、農業への多大な貢献を評価し、デ＝ゼルベに金メダルを授与したのであった[36]。

　父として慕われ、住民に高貴で公平な影響を与えていた[37]というデ＝ゼルベは自ら創設した用水路が不和の原因となっていることを憂慮するとともに、用水路の新たな受益発生による権利が訴訟を生み出すであろうと考え、全受益者に関する規則の条項を作り、共通の法としたということである。用水路の維持、修繕作業の方法と支払い、灌漑の開始と終了、各地域における配水、所有地面積に応じた各土地所有者の享受時間、水番の更新、配水管理人の監視と代議員の権限について定められた[38]。

　灌漑によって、デ＝ゼルベの農場と付近では、休閑地やライムギ、ソバしか栽培できなかったような土地において、クローバー、アルファルファ、ウマゴヤシ、ジャガイモ、アブラナ、アサ、アマが栽培されるようになり、ポプラ、トネリコ、ヤナギが植えられ、その葉はヒツジの冬季の飼料として利用されるようになった。混合ムギ、ライムギ、エンバクは、播種後と成長期に灌漑され、期待を超えるものとなったという[39]。こうした成功は、他地域で灌漑を導入することを促し、レ＝コストやサン＝ボネ、リビエなどで模範とされた[40]。

　この用水路の開発によってデ＝ゼルベ自身の農場の改良が実現し、彼自身の利得の増加を可能としたであろう。開発の果実を自ら享受できたというわけである。しかし、それだけではなく、地域における土地保有農の経営においても改良の影響が及んだことであろう。すでに第4章で見たように、灌漑には、水分補給、肥効分の供給、土壌の物理的変化の促進といった農業生産性の拡大をもたらす効果があり、実際、灌漑による効果の上がった県内の事

例をいくつか、そこで取り上げて見たところである。これら事例と同様にデ＝ゼルベ灌漑用水路も、地域の農業生産を前進させうるような改良、開発を実現しえたものと位置づけることができるであろう[41]。確かに、ここで見ているファルノーやヴェルネの史料では、個別経営における灌漑導入前後での収益性の差について、実態に関する詳細な情報が与えられているわけではない。しかし、実際、用水路登録者は増加しているし、1811年規約の第67条で、工事により与えられた恩恵に対し受益者がデ＝ゼルベに謝意を表しているのは先に見たとおりである。こうしたことから、デ＝ゼルベは、用水路建設を通して地域における支持の調達をも図りえたと考えられよう。ファルノーが伝えるように、地域住民とはパーソナルともいえるような関係が取り結ばれていたが、灌漑施設の整備が、この地の中心人物としてのデ＝ゼルベの地位を強化する契機の1つとなったとも考えられるのである[42]。

このようにデ＝ゼルベ灌漑組合においては、工事の計画、実行、費用の調達、組合の運営、規約の整備など全般にわたって、旧体制期の領主であり、19世紀においても影響力を引き続き保持したデ＝ゼルベが、特権的な立場を維持しながら、イニシアティブをとっていたのであった。そして、こうした点は、次に見るヴァンタヴォン灌漑組合とは異なるところとなっているのである。

第4節　ヴァンタヴォン灌漑組合の事例

デ＝ゼルベ灌漑組合では、中心人物デ＝ゼルベが工事の計画、指揮、費用の調達、組合の運営など全般にわたって役割を果たしていた。しかし、次に見るヴァンタヴォン灌漑組合に関しては、事情が異なっている。ここでも中心人物カジミール・ドゥ＝ヴァンタヴォンが、用水路建設と組合設立において多大な尽力をしているのであるが、同時に、彼1人の力では実現可能というわけではなくなっていた。というのも用水路の灌漑面積が大規模なものとなっており、費用の面からしても、1人の有力者の手に負えるものではなかったのである。そこには、国家による支援、もしくは受益者の協力が必要となるのであった。

1 組合認可に至る経緯

(1) 前史

　旧体制期より、ヴァンタヴォン灌漑用水路の構想は持たれていた。カジミールの祖、ヴァンタヴォンの領主であったジャン＝アントワーヌ・ドゥ＝ヴァンタヴォンは、1763年2月9日より灌漑に関する覚書を準備、1765年2月2日にギャップ・アンタンダン管区長官補佐ラフォンに計画を送付している[43]。とりあえず、7万750トワーズ（約27ヘクタール）[44]の灌漑についてのものであったが、「大いに労働し、この地域のすべてを豊かにし、住民を増やし、戦争の場合、尽きることのないコムギと飼料の供給を得ることを望むならば、ソールスにおいてデュランス川から用水路を引き、ヴィトゥロール、モネティエ、ヴァンタヴォン、ユペ、ポエ、ミゾン、シストゥロンを灌漑し、ビュエッシュ川に到達することができるであろう。もし政府がこの計画を評価するならば、測量し、取るべき経路、建設するべき橋梁、用水路が供給する地域の広がりをより詳細に調査することは容易である」[45]としており、さらに大きな構想をジャン＝アントワーヌは、抱いていたのであった。

(2) 組合設立に向けた動き

　工事実施に向けた動きは19世紀に入ってからであった。1844年に住民が協力し、ヴァンタヴォン用水路認可、公益性認定申請のための動きを始めた。1852年にはカジミールが県会を通じた働きかけを行い、1855年に県知事アレテが出され、事前調査を促進するために、私有地（propriétés particulières）に立ち入ることを技師に許可した。オート＝ザルプ県とバス＝ザルプ県の県会より繰り返し出された要請に鑑みて、1862年にオート＝ザルプ県橋梁土木局は最初の事前計画を作成、そこには3つ用水路が線引きされていた。仮代議会が結成され、これら3つの線引きからの選択と登録者募集、工事実行の準備を行うこととなった[46]。

　工事請負に関する交渉も進められ、立法院議員ガルニエが名乗り出ていた。代議会としては、灌漑登録者の受益地面積を2,000ヘクタール確保することで実施と希望したが、費用増加の恐れより、土地所有者の対応可能ならしめ

第6章　オート＝ザルプ県における灌漑組合

るべく最低3,000ヘクタールを確保した上で、ヘクタールあたり年賦課金30フラン、50年間の支払いを条件とすることとなった。が、結局、1864年11月14日の時点で、登録者を1,700ヘクタール分しか集めることができず、交渉は頓挫してしまった[47]。

その後、パリの工事請負業者マックスなる者との交渉が進められ、3年間で建設、その後、50年間維持管理を担い、それに対し、ヘクタールあたり年40フランの支払いを50年間受けるとともに、国家による補助金と過剰水の販売を利活用することとされた[48]。

こうした交渉が行われる中で、1869年4月7日に、大臣決定が出され、工事費用の3分の2が補助されること、そして技師による事前計画が公益性調査に付されることが定められたのであった[49]。

69年の決定後、一時、計画にかかる動きは停止することとなるが、1873年に、オート＝ザルプ県技師長が計画を再び取り上げ、改定を施した。そこでは、受益者の利益減少を避け、工事完成の新たな保障とするべく、国に対して重要な変更が提案されていた。すなわち、国が幹線水路の建設を担い、組合は配水に必要な工事のみを行うとする提案であった[50]。

それに対して、1873年7月21日に決定が出され、工事に対して認められた補助は維持しながらも、国による直接実施は拒否された。同時に事前計画について、用水路の取水口を1,200メートル上流に移し、毎秒2,500リットルに取水量を減少し、このように変更した計画について、新たに公益性調査を実施するように命令が出された。しかし、その後、1874年9月9日に公共事業省は、73年7月21日の決定を覆し、まったく異例の実験的な位置づけ（à titre d'expérience tout exceptionnelle）で、先に見た技師長の提案を、これを前例とはしないという条件付で認めたのであった[51]。

こうした措置が技師から提案され、国が受け入れた背景には、同県のギャップ灌漑用水路に関わる問題があった。そこでは、第4章の注74で触れたように、莫大な費用とリスク負担から、中心人物であったガルニエが破産してしまう事態が出来していた。こうした状況を目の当たりにして、ヴァンタヴォン灌漑用水路では幹線水路事業を国が担当する旨の願い出が容れられたとい

うわけである。

　この決定を受け、1874年12月8日にオート＝ザルプ県技師長が灌漑用水路の基本的な条件に関する新たな報告を提出、それについて、同月25日から翌年1月26日までにデュランス川流域諸県において意見聴取が行われた[52]。オート＝ザルプ県、バス＝ザルプ県においては問題なく、賛同を得られたが、ヴォクリューズ県では、デュランス川より取水している既存の用水路の取水量が減少するのではないかとの危惧が出された。1871年、72年、73年の流量測定値が、デュランス川がローヌ河に合流する地点において顕著に減少しており、そうしたことから用水路計画を白紙に戻すように要求したのであった[53]。

　こうした反対に対し、オート＝ザルプ県技師は、ヴァンタヴォン灌漑用水路が再びデュランス川と合流するシストゥロンよりも下流のミラボー橋より、さらに下流の既存用水路が多く取水しているときに流量測定されており、それら用水路の余り水は、デュランス川に戻されていないことを指摘する。つまりは、ヴァンタヴォン灌漑用水路よりも下流部にある用水路の取水こそが、測定値減少に大きな影響を与えているのではないかと示唆する訳である。他方、ミラボー橋から上流では、蒸発によって失われる部分はともかく、その他の灌漑の余り水は、すべて、シストゥロンにおいてデュランス川に戻されるのであり、こうしたことはヴァンタヴォン用水路にもあてはまることを指摘、これら用水路の取水による下流域への影響は、むしろ限定的であるとするのである。加えて、ドゥラック川から取水するギャップ灌漑用水路の利用が開始されており、その余り水もまたデュランス川に流されることも指摘、ヴォクリューズ県での取水に影響は出ないと反論しているのである。加えて、水害にさらされている住民に、灌漑のため、デュランス川の水利用を拒否することは一種の不公正である旨、付け加え、ヴァンタヴォン灌漑用水路による取水は正当なものであると強調するのであった[54]。

(3) 組合の認可と公益性の認定

　用水路登録に関しては、1878年になってようやく、組合を正式に結成する

第6章　オート＝ザルプ県における灌漑組合

のに必要な基準(本章の注75で見るように、登録者の受益地面積が2,000ヘクタール)に到達した。1878年11月13日、オート＝ザルプ県技師長は、最終的な調査報告を作成し[55]、1880年6月20日に県知事アレテが出され、65年法に基づき、ヴァンタヴォン灌漑組合が認可されたのであった。

それを受け、公益性認定と取水許可に関する法の成立が議会において目指された。代議院における報告では、「関係土地所有者の多くの忍耐を伴った努力と、フランスの中でも最も貧しいとされるこの地域に灌漑建設をもたらす大きな利益」とに鑑みて、また、「この地域ではとりわけ乾燥した土壌において特別のエネルギーを持って灌漑の恩恵が感じられる。灌漑の欠如は不生産を強いるのであり、逆にデュランス川の水によって肥沃化されると、ヴァンタヴォン用水路の灌漑予定コミューンの領域では生産が変化するであろう」として、その意義を強調している[56]。

そして、「この地域で富を構築していたブドウが、現在、フィロクセラによってひどく痛めつけられているがゆえに、灌漑の対応策をそこにもたらすことは、ますます重要である。さらに、痛ましい光景が広がっている。人口流出が、これまでは放牧地の不足が原因で県北部だけであったのが、今は南部にまで広がっている。そこでは、ブドウ栽培で起きた収入への打撃を住民は受けており、もはや、貧しい土地しか耕すものを持たないところ、過度の乾燥により、労働の成果が実らない」[57]状況からも用水路開設の必要性を訴えるのである。

また、元老院における報告では、「オート＝ザルプ県の住民は、2つの災厄の中に絶えず置かれている：融雪や強雨による急流氾濫と、強烈な日射によって土地が焼かれたままとなり、冷涼さと肥沃さのための1滴の雨も受けることのない、長きに渡る夏季の乾燥とである」として、不利な自然的条件下に当県がさらされていることに注意を促す[58]。

そして「山岳部では、森林行政の防御工事のために耕地や放牧地が奪われ、住民は家畜と自らを養うために他に資源を求めなければならず、河谷部では、氾濫の危険にさらされており、こうした状況下で、住民は灌漑用水路の構想を実現しようとしている」[59]とし、「36年来、オート＝ザルプ県住民は、対象

地域において、この法が繁栄をもたらすであろうと、その成立を待ち望んでいる。しかし、この36年の間に、人口減少は大きな割合で拡大し、2万人にまで達し、県総人口の約6分の1となっている。不毛な土地に対する戦いの中で努力の無益さによって住民は落胆している。生存手段のない地方で住民は、もはや生きることができない。条件悪化が続くと、オート＝ザルプ県は大いに孤立するであろう」[60]と、県民の痛切な期待と要望と大いなる必要性とを議会に知らしめるのであった。

さらに、「国境地方に人口が居住し、耕作が行われていることは、国防の利益において重要ではないだろうか。戦時にわが軍への補給を保障するための最良の方法ではないだろうか」[61]といった観点からの主張をも付け加え、法案の成立を訴えるのである。

結果、1881年7月20日に公益性が認定され、国が幹線水路を、組合が支線水路を建設することとなったのであった[62]。

2　組合規約

1880年6月13日に総会の議事によって最終的に定められた組合規約が県規則集に抄録されている（表6-6参照）[63]。ここで、主要な条文についてみてみよう。組合の運営は9人の代議員からなる代議会が担うことになる。65年法第22条[64]にもとづき、各地区ごとに受益者による選挙が行われる（ただし選挙の地区割については、規約から窺うことはできない）が、国より補助金を受けていることから、同法第23条に基づき、9人のうち一定数が県知事により選任される（第12条）[65]。

代議員のうち1人が代議長に、1人が助役として選ばれる。代議長は、組合の利益全般を監視すること、工事の管理に関する図面、議事録、書類を保存すること、裁判において、原告としても被告としても組合を代表することを任務とする。任期は3年で、再選可能である（第16条）。代議長が代議会を召集、主宰する（支障ある場合には助役による）。また、同じく代議員のうちの2名もしくは県知事の要請により開催される（第17条）。議事は多数で決定されるが、同数の場合には、議長の意見が加重される（第18条）。代議会の役割は、

第6章　オート＝ザルプ県における灌漑組合

表6-6　ヴァンタヴォン灌漑組合規約（抄録）

第 1 条	組合の結成、目的等
第 2 条	費用配分の原則
第 3 条	建設費・維持費の負担
第12条	代議会の構成
第13条	代議会の更新
第16条	代議長、助役
第17条	代議会の招集
第18条	代議会の議事
第21条	代議会の任務
第30条	組合収入役
第31条	保証金と手数料
第32条	台帳の作成と承認

出典）R.A.A., pp.199-203 より作成。

施設管理、工事の計画、監督業務、組合運営にかかる役員の選任、会計、行政、司法対応業務など多岐にわたっていた（第21条）[66]。

　賦課金の徴収に関する規定も置かれている。組合規約によって定められた基準に従い、台帳が、代議会によって作成される。県知事により実効力を付され、直接税と同様に徴収が行われる（第32条）。負担は、土地の面積に応じて配分されることとなる（第2条）[67]。

　ヴァンタヴォン灌漑組合の規約は65年法にもとづいており、選挙により選出される代議員が組合運営を担った。ただし、国による補助金があるため、その分、代議員の指名も行政が行うこととなった。第3章で見たラ＝プレーヌ組合や前節で見たデ＝ゼルベ組合とは異なるところで、行政の役割が大きくなっていることがわかるであろう。また、本書で見た他の組合と共通することであるが、賦課金の徴収においても行政のサポートを受けており、ここにもその関与を見ることができる。なお、次に見るように組合設立において行政との折衝などでヴァンタヴォンが中心となって奔走したのであるが、彼に関しては、デ＝ゼルベ組合とは異なり取り立てて規定は置かれていはいない。

3 ヴァンタヴォンの役割と限界

(1) ヴァンタヴォンの役割

　ヴァンタヴォン灌漑用水路実現のために中心的な役割を果たしたのは、カジミール・ドゥ＝ヴァンタヴォンであった。1806年にオート＝ザルプ県ジャルジェで生まれ、イゼール県のサン＝ジョルジュ＝コミエで1879年に死去している。18世紀にヴァンタヴォンの領主となったトゥールニュ家[68]に属する人物である。バス＝ザルプ県の名望家とも姻戚関係をもつ家柄で[69]、司法官、軍人、聖職者を輩出[70]、カジミール自身、グルノーブルの控訴審弁護士であった。グルノーブルで育ち、頭角を現し[71]、イゼール県、オート＝ザルプ県における王党派の有力者となった[72]。1871年にオート＝ザルプ県選出の代議院議員となり、76年からは元老院議員に転じた[73]。代議院議員の任にあった1873年に、土地改良組合法の改正に関わる法案を提出するのは、第7章に見るとおりである。

　ヴァンタヴォンの死去に際し、組合助役のリオタールが、その奔走する様を書き残している[74]。それによると、ある日、ヴァンタヴォンが「この川（筆者注：デュランス川）から用水路を引き、われわれの住む不毛な地方をフランスの中でもっとも肥沃な流域のひとつにしよう」と声を上げ、1862年より（先に見たように、以前から、ヴァンタヴォンは働きかけを始めていたようであるが、リオタールはこの年よりとしている）、忍耐強い考察と倦むことのない手続きの遂行を続け、何世紀にもわたって夢見られてきた灌漑の実行にむけ、歩を進めない年はなかったということである。

　用水路に関係の深い者12人からなる仮代議会が、ヴァンタヴォンの考えにしたがい設立された。組合規約と参加登録に関する文書を彼自身が作成し[75]、1869年11月14日にヴァンタヴォンの公証人証書原本として収められた。用水路に関わる情勢を知らせるために、毎年、彼の城館に代議会メンバーを招き、計画を続行するよう励ました。話術と魅力ある言葉でもって計画の達成のため根気を持つことを訴えたという。

　が、年月がたち、住民の間には不満が募っていった。ヴァンタヴォンは、なお、根気強く、絶え間なく、計画の成功と、用水路の国による施工（費用の3分

第 6 章　オート＝ザルプ県における灌漑組合

の 2 の補助金を受け、支線水路の負担は組合に残す形で）のため意を払っていた。そして、1874 年に、このような形での補助金交付の約束を公共事業大臣より公式に引き出した。参加者の面積が 2,000 ヘクタールに達することが必要で、その時点では、1,700 ヘクタールしか参加を得てなかったので、ヴァンタヴォンはさらに激しく仕事を再開し、2,217 ヘクタールの参加を得たのであった。そして、県境を越えた調査、図面、技師の報告書、橋梁土木総評議会意見、地片図などに関わる行政的手続が実施されていったが、難航、住民の間に再び不満が募り、選挙目的で行っていることで、実際には、用水路実現のために真摯に運動していないのではないかと中傷されるようにまでなったとリオタールはしている。

　一連の行政的手続きの最終段階で、ヴァンタヴォンは、公益性認定をもたらすことなしにアルプ地方には戻らないと意志を表明した。1879 年 7 月 5 日に、彼の示した基準により、260 万フランと予測された費用に対して 173 万 3,000 フランの補助をつけて計画が採択されたことを、公共事業大臣が県知事に知らせた。8 月 5 日、大臣命令でデクレ案が県技師長によって作成され、県知事は、8 月 12 日付急便でヴァンタヴォンに知らせるためにそれを送ったが、まさに、その日が彼の死去の日であったということである。デュランス川沿岸住民は、当然のこととして「カジミール・ドゥ＝ヴァンタヴォン用水路」と、この用水路を呼ぶことで永遠の感謝を保持するであろうとリオタールはしているのである。

　また、アラールも、ヴァンタヴォンの働きの様子を伝えている。ここで見ているヴァンタヴォン灌漑用水路の建設に尽力することで、10 のコミューンの土地を灌漑し、多くの水流によって地域に産業を打ちたてようとしたこと、未知の人物を恐れる関係者や選挙対策ではないかとした帝政期の行政が障害となったこと、しかし、大きな計画はうまく進んでおり、その完成は地域の光景を変えるであろうとしている[76]。

　このアラールの指摘からも、ヴァンタヴォンの仕事が必ずしもスムーズに進んだわけではなかったことが窺える。先に指摘したように、彼は、グルノーブルで育ち、そこの弁護士であったがゆえに、地域において日常的には

知られていなかったとも推測される。地域外の人物の説く大規模灌漑開発への登録、参加に対し、警戒心を抱く住民も存在していたのであろう。さらには、イゼール県やオート＝ザルプ県の王党派リーダーとしての位置づけもあり、第2帝政期の行政から不信の眼差しを受けていたのであろう。地域における支持の調達も容易ではなかったことが窺えるのである。

しかし、こうした困難を抱えながらも、リオタールの伝える発言からわかるように、ヴァンタヴォンは、フランスの中でも農業生産力が低位にあった当県において地域の開発や産業化を実現させるべく灌漑用水路建設を目指したのである。そして、その実現のために、代議会の運営や規則の制定、灌漑登録者の募集など地域での利害調整を行ってきたのであった。さらに、補助金交付の確認を引き出したのも、リオタールによればヴァンタヴォンであった。あわせて、彼は、地域の要望を国へとつなぐ媒介機能や折衝の役割をも果たしたのである[77]。

(2) 役割の限界

このように灌漑用水路計画の実現に向けた動きの中で、ヴァンタヴォンは中心的な役割を果たしてきたのであるが、限界が存在していた事も指摘しなければならない。先に見たデ＝ゼルベのケースとは異なり、組合設立準備はともかく、工事の計画や費用の負担、調達は用水路が大規模なものとなっているがゆえに、地域の一有力者の手に負えるものではなくなってしまっているのである。

結局、工事計画は専門家である技師に委ねる他はなく、費用は先に見た1866年農業アンケートのヴァンタヴォンの証言のように、国家によるか、関係土地所有者に参加を促すか、強制するかによって確保するしかないということになろう。そういった意味では、国家により費用の3分の2が負担されることは、大きな助けとなったであろう[78]。さらに、ヴァンタヴォン用水路の建設に当たっては、先に見たように特例として、リスクを国が背負う形で、幹線水路の建設主体ともなっているのである。

ただし、こうした国の支援を受けながらも、費用の3分の1の負担の問題が

第6章　オート＝ザルプ県における灌漑組合

残っていたことも確かである。その額は約87万フランであり、なお、大きなものであった。1人あたりの費用負担をできる限り軽減し、灌漑建設の実現性を高めるためには、より多くの組合参加者を確保することが重要事項となったのであった。こうした費用負担の問題は、すでにわれわれも前章において、ファルノーや66年農業アンケートの証言など農村部、農業界から指摘が出されていたことは見たとおりである。こうした問題に対応するには灌漑組合における不同意土地所有者への参加の強制が効果的であろう。そして、実際に、法改正により、その実現が目指されることとなるが、その口火を切ったのが、次章で見るように、ヴァンタヴォンその人が提案した1873年法案であり、その根拠となるような問題を、ここで見たヴァンタヴォン灌漑用水路では、実際に現実的なものとして抱えていたのであった。

　デ＝ゼルベ灌漑組合では、地域の一有力者によって費用負担、信用調達が可能であったが、ヴァンタヴォン灌漑組合では、状況が異なっていた。施設の大規模化に伴い、国の役割が増大するとともに、地域の有力者の限界が露呈するようになり、こうした点を補うためにも、より多くの組合参加者確保が求められたのである。

第5節　小　　括

　本章で見たように、オート＝ザルプ県の灌漑組合は、小規模なものが優勢であった。大きくともせいぜい数100ヘクタール規模のものであり、数10ヘクタール、数ヘクタール規模に過ぎないものも存在していた。小規模組合が乱立していたというわけである。ただし、19世紀には、それまでには見られなかったような1,000ヘクタールを超えるような規模のものが出現するようになった。ギャップ灌漑会社とヴァンタヴォン灌漑組合である。これら組合においては、従来のものとは異なり、関係者の間での調整や行政との折衝が複雑になるとともに、国家の役割も大きくなり、費用負担もより重くなったのであった。

　本章で見た2つの事例のうち、デ＝ゼルベ組合では、その中心人物デ＝ゼ

ルベが、建設、運営において中心的な役割を果たしていた。そして、デ゠ゼルベの特権的ともいえるような地位が1811年の規約において認められているように、灌漑受益者もまた、農村エリートとしての彼の役割を拒絶することなく受け入れていたようである。受益者や住民の協力をもちろんのこと仰いではいるが、基本的には、地域の一有力者が、工事の計画、実施における技術的側面から、費用の負担や資金の調達といった財政的側面、行政との折衝や組合運営といった制度的側面に至るまでこなしている。規模からして、そうしたことが可能となるような組合であったのである。

しかし、次に見たヴァンタヴォン灌漑組合では、事情が異なっていた。この地域の一有力者カジミール・ドゥ゠ヴァンタヴォンが中心となって組合結成と取水許可の手続が進められていったのであるが、ギャップ灌漑会社における中心人物ガルニエの工事による破産もあり、ヴァンタヴォン灌漑用水路建設においても、その費用とリスクの大きさが懸念されるようになった。国家の役割がクローズアップされることとなり、工事費用の3分の2が補助されるとともに、幹線用水路の実施自体も国によることとなったのであった。当組合の対象とする工事は、一有力者の力を超えるような、そうした規模になっていたというわけである[79]。

が、それでも受益者負担も残されていた。そして、それは小さいものではなかった。受益者1人あたりの費用をできる限り低減し、工事の実現性を高めるため、より多くの灌漑利用登録者獲得の努力も続けられたのであった。

灌漑を目的とする組合を許可組合として結成することを認めず、不同意土地所有者の参加の強制を認めない65年法の規定が、ヴァンタヴォン灌漑組合で企図されていたような規模の大きな工事に関して、桎梏となりうることが、第5章で見たように、1866年農業アンケートにおいてオート゠ザルプ県のヴァンタヴォンなるものによって証言がされている。その章の注34で述べたように、カジミールその人のものであるかどうかを示す情報を証言録に見つけることはできなかったが、いずれにせよ、65年法の規定に対する批判が、当県から出されているのであり、その背景の1つとして、本章で見た、ヴァンタヴォン灌漑組合設立における登録者獲得の努力と困難とがあったのでは

第6章　オート＝ザルプ県における灌漑組合

ないかと考えられるであろう。

●注
1) 1901年調査の補綴集計表によると、フランス全土において、灌漑を目的とするものは3,914組合となっている。このうち、自発的意思組合は692組合、許可組合は621組合、自由組合は161組合、認可会社は37会社あり、独立組合は2,403組合ある（*B.D.H.A.*, supplément au fascicule Z, pp.100-101.）。

　灌漑組合が多く存在する県は、オート＝ザルプ県（821組合）、ヴォージュ県（625組合）、バス＝ザルプ県（552組合）、ピレネー＝ゾリアンタル県（389組合）などとなっている（79頁の表3-1参照）。

2) 他県では、例えば、バス＝ザルプ県では、ヴェルドン右岸組合（*B.D.H.A.*, fascicule Z, p.7）、イル組合（*B.D.H.A.*, fascicule Z, p.164）、ベ＝レールもしくはパリュ組合（*B.D.H.A.*, fascicule Z, p.164）、プレ＝ロン組合（*B.D.H.A.*, fascicule Z, p.165）、ラ＝シャイヤンヌもしくはイル＝ドゥ＝ヴァルベル組合（*B.D.H.A.*, fascicule Z, p.166）、ムーリエール組合（*B.D.H.A.*, fascicule Z, p.174）の6つが灌漑と堤防など防御をかねて目的とする組合となっている。

3) さらに、組合一覧表には、建設中用水路の組合としてプラピー組合（*B.D.H.A.*, fascicule Z, p.181）、実現しなかった用水路の組合としてラ＝サルとサン＝シャフレ組合（*B.D.H.A.*, fascicule Z, p.187）も挙げられている。

4) 表Iには80組合とあり、ここには、自発的意思組合だけではなく、強制組合も含まれうるが、灌漑を目的とするものに関しては自発的意思組合と考えられよう。

5) ポリニー水源灌漑組合は泉の創設に関するもので、灌漑面積は0haとされているが、組合名称に灌漑と明記されているので、ここに含めておいた（*B.D.H.A.*, fascicule Z, p.180）。

6) ギャップ灌漑会社の灌漑面積はVernet (1934), p.138を、ヴァンタヴォン灌漑組合については*J.O.D.D.C.*, juin 1881, n.3708, p.1005, *J.O.D.D.S.*, juillet 1881, n.361, p.479を参照。

7) ただし、本文中で、次に触れるように、リビエール灌漑組合の取水量は、オート＝ザルプ県だけであれば、400リットルであるが、バス＝ザルプ県に含まれる範囲を含めると、合計1,400リットルとなる。

8) このうち、1849年1月10日のデクレにより、灌漑のために540リットルの取水が、1881年12月26日のデクレにより、工場用水のために250リットルの取水が許可されている（*B.D.H.A.*, fascicule Z, p.266）。

9) なお、自発的意思組合の灌漑面積の平均は約52ヘクタールである。許可組合と自由組合だけで灌漑面積の平均を計算すると約48ヘクタールとなる。

10) このように当県には独立組合が多数存在していたのであるが、アソシアシオン的な組織を分析するには、むしろ、こうした組合の実態を詳しく検討することが有意義であろう。さらには、行政との関与なく設立、運営されてきた独立組合を、ようやく、1901年に至って全国調査を通じて国家が把握しようとしている事実をもって、国民国家への統合の契機であるとか、ローカルなソシアビリテへの上からのベクトルといった論点をめぐる、新たな展望を開くことが可能とも考えられよう。ただし、本書では、

アソシアシオン的なものとは異なる土地改良組合の性格に焦点をおいたことや、独立組合は、行政の関与なく設立、運営されているものであるがゆえに、史料調査が困難ということもあり、実態を詳しく検討することはできなかった。

11) ピエールラット灌漑会社については *B.D.H.A., fascicule Z*, p.273, サン＝ジュリアン組合については *B.D.H.A., fascicule Z*, p.138, カルパントラ組合については、*B.D.H.A., fascicule Z*, p.141 を参照。

12) クラポンヌ灌漑組合については Soma Bonfillon (2007), pp.183, 186, トゥリケット組合については *B.D.H.A., fascicule Z*, p.24, アルピーヌ組合については、*B.D.H.A., fascicule Z*, p.26 を参照。なお、ヴォクリューズ県とブッシュ＝デュ＝ローヌ県の灌漑組合については、Barral (1876a), Barral (1876b), Barral (1877), Barral (1878) も参照。

13) 19世紀を中心的に扱おうとする本書の事例としては、旧体制期に建設された用水路に関わる組合を取り上げるのは、あまり好ましくないかもしれないが、中心人物デ＝ゼルベが、以下に見るように、19世紀に入っても組合に対して一定の影響力を持ったことや、費用の負担や、行政、国家の役割に関しても、次節に見るヴァンタヴォン灌漑組合との対比の中で、その特徴をより明らかにできると考えたことにより、ここに事例として取り上げることにした。

14) 当初はドゥラック川から取水する計画であったのであろうか。ヴェルネの誤記で、セヴレス川の間違いではないかと思われるが、確認することはできなかった。

15) Vernet (1934), p.167. ファルノーによると、デ＝ゼルベは、測量を行い、計画案を作成、水量と技術的側面から実行可能性の確証を得るとともに、財政面に関しては、住民の生活は苦しく、金銭による協力が無理であっても、その労働力に期待することにしたということである。デ＝ゼルベが計画を公表したところ、50人の参加者を得たとされている（Farnaud (1821), pp.270-272）。

16) Farnaud (1821), p.272, Vernet (1934), p.168.

17) デ＝ゼルベの40歳の誕生日であり、マリー＝マルグリット・ドゥ＝ヴェレとの結婚式の日でもあり、サン＝ルイ王秩序軍勲章を受けた日ということである。

18) Farnaud (1821), pp.273-276, Vernet (1934), pp.168-169.

19) この証書そのものは、ヴェルネによって紹介されていないが、かわりに、関係するものとして1780年9月28日にギャップの公証人の立会いの下に、組合代表者らとオーブサーニュのバネット集落在住のジャン・ジョソーなる者との間で交わされたものが紹介されている。それを見てみると、第1条で、ジョソーが、その3片の所有地に灌漑することが他の組合員と同様にでき、かわりに組合費を支払うことが、第2条で、それとは別に、灌漑用水を取水するための料金（droit de ribèrage）を支払うこと、第3条（ヴェルネは第4条としているが、誤りであろう）で、用水路利用料と権利もまた、土地所有とともに移転可能であることの合意が、第4条で、他の組合員と同様に用水路の修理、維持管理作業が課されることなどが、そして、第5条で、公証人ベロンの立会いの下、73年、74年に領主と組合参加した者との間に交わされた規約の条項、条件すべてに従うことが規定されている（Vernet (1934), pp.169-170）。

20) Vernet (1934), pp.169-172, Farnaud (1821), pp.199, 285-286. なお、地価算定においてファルノーが使った1,800セテレの数字をもとに、ヴェルネは、1811年の灌漑面積を

188

第6章　オート＝ザルプ県における灌漑組合

30.16ヘクタールとしているが、301.6ヘクタールの誤りであろう（Vernet (1934), p.171)。
21) Vernet (1934), p.171.
22) Vernet (1934), pp.172-182.
23) Vernet (1934), p.175.
24) Vernet (1934), p.178. なお、この委員は各コミューンから1人ずつ選出される。
25) Vernet (1934), p.179.
26) Vernet (1934), pp.177-179.
27) Vernet (1934), p.181.
28) Vernet (1934), p.173.
29) Vernet (1934), pp.173-174.
30) Vernet (1934), p.176.
31) Vernet (1934), p.179.
32) Vernet (1934), p.181.
33) Farnaud (1821), p.266.
34) Farnaud (1821), p.289.
35) Farnaud (1821), pp.266-268.
36) Farnaud (1821), pp.275-276.
37) 他の箇所にも住民がデ＝ゼルベを父として見ていたという記述をファルノーは残しており（Farnaud (1821), p.270)、デ＝ゼルベと住民との間に家父長的温情にもとづく関係が存在していたことが窺えるが、それよりも、こうした地域の有力者1人によって実行可能な規模の工事であったことが、すなわち、家父長的温情レベルで、ことが進められる程度のものであったことが、むしろ重要であろう。
38) Farnaud (1821), pp.276-279. なお、ここでファルノーが取り上げているものが、先に見た1811年の規約のことを指すのかどうかは確認することができなかった。
39) Farnaud (1821), pp.280-281.
40) Farnaud (1821), pp.282-285.
41) 明治期日本の地主に関しても、土地改良において個人的な利益を越えて、役割を果たしていたことが指摘されている。例えば、地域的な利害対立の調整において、在村地主といった名望家たちが、「たんに増歩や小作料の増大を狙うという個人的な利益だけではなく、地域全体の農業生産と農民生活を発展させたいという「使命感」にも支えられ」ていたと指摘されている（今村他（1977)、102-103頁）。茨城県久野の耕地整理事業について分析した東氏も、事業の中心人物であった下村勇治郎の視界に「地方産業の振興、地域計画運動が」「あって当然である」としている（東 (2001)、529頁）。また、大鎌氏も「耕地整理政策の展開の中では、地主の持つ小作料収奪者としての性格は、むしろ否定的にしか評価されていない」ところ、「耕地整理の実施の条件として、部落的な農民の「共同心」と、そこにおける在村地主層の指導が、欠かすことのできないものとして重要であった」としている（大鎌（1976)、88頁）。
42) ただし、こうした動きをあまりに予定調和的に見ることは、もちろん正しくはないであろう。灌漑施設整備による果実は確かに存在したであろうが、それだけではなく、同時に、灌漑利用にかかる維持、管理費用負担増の恐れも存在したからである。夫役

現品によることもありえたが、賦課金の形で支払うとなれば、何らかの形で現金が必要となる。こうした状況が直ちに農業経営を圧迫したとは限らないであろうが、窮乏化の契機の1つにはなりえたであろう。少なくとも、自給部門に比べ、販売部門のウエイトを、以前にも増して拡大することが求められたであろう。当時、すでに、この地の農民も、市場経済や商品経済に巻き込まれていたであろうが、このデ＝ゼルベによる灌漑開発は、前進と窮乏化の両方向への契機を含みながら市場経済や商品経済により深く巻き込まれていく、その、さらなる1歩となりえたといえよう。

43）Vernet（1934), pp.140-141.
44）この地域では、1 トワーズは約3.8平方メートルに等しい（Charbonnier（1994), p.33）。
45）県文書館所蔵の文書からのヴェルネの引用による（Vernet（1934), p.141)。
46）*J.O.D.D.S.*, juillet 1881, n.361, p.478, Vernet（1934), pp.141-142.
47）Vernet（1934), p.142.
48）Vernet（1934), pp.142-143.
49）*J.O.D.D.S.*, juillet 1881, n.361, pp.478-479.
50）*J.O.D.D.S.*, juillet 1881, n.361, p.479.
51）*J.O.D.D.C.*, juin 1881, n.3708, p.1005.
52）*J.O.D.D.S.*, juillet 1881, n.361, p.479. なお、この調査結果に関する史料は国立文書館に収蔵されている（A.N., F10/3209)。
53）*J.O.D.D.C.*, juin 1881, n.3708, p.1005.
54）*J.O.D.D.C.*, juin 1881, n.3708, p.1005.
55）*J.O.D.D.S.*, juillet 1881, n.361, p.479.
56）*J.O.D.D.C.*, juin 1881, n.3708, p.1005.
57）*J.O.D.D.C.*, juin 1881, n.3708, p.1005.
58）*J.O.D.D.S.*, juillet 1881, n.361, p.478.
59）*J.O.D.D.S.*, juillet 1881, n.361, p.478.
60）*J.O.D.D.S.*, juillet 1881, n.361, pp.479-480.
61）*J.O.D.D.S.*, juillet 1881, n.361, p.480.
62）Vernet（1934), p.143.
63）*R.A.A.*, 1880, pp.199-203. なお、国立文書館には、組合規約が2部保存されている（A.N., F10/3209)。5章のものと6章のもの（前者は、後者に、手書きで第2章と第3章をあわせて1つの章にするように修正されている）で、いずれも41条よりなる。第12条で規定されている代議員の数が11名となっており、県規則集に抄録されているもの（9名）とで（*R.A.A.*, 1880, p.200)、相違が見られる。なお、国立文書館所蔵の規約は、後に見る1869年11月14日の規約か、それに関連するものと思われるが、確認することはできなかった。
64）65年法第22条では、必要であれば、区分けをし、その区分けごとに代議員の選挙を行うことが規定されており、受益地が広範囲にわたるヴァンタヴォン組合において、こうした措置が取られようとしたのであろう。
65）*R.A.A.*, 1880, pp.199-200.
66）*R.A.A.*, 1880, pp.200-202. なお、代議会の役割に関する組合規約の規定は、表3-11で見た68年県規則の規定に、職員の任命と報酬にかかわる条項が1つ追加されているが、

第6章　オート＝ザルプ県における灌漑組合

他は、ほぼ同一の文言となっている。
67) *R.A.A.*, 1880, p.199.
68) Allard（1877）, p.13. ヴァンタヴォンの領主については、Roman（1887）, p.132 を参照。
69) Vigier（1963b）, tome 1, p.129.
70) Allard（1877）, pp.13-20.
71) Robert et Cougny（1889-1891）, tome 5, p.498.
72) Vigier（1963b）, tome 1, pp.129, 176.
73) Robert et Cougny（1889-1891）, tome 5, p.498.
74) Liotard（1879）, pp.14-16. 1879 年 8 月 16 日のヴァンタヴォン死去の際の墓前演説が残されており（Evêque de Gap et al.,（1879））、ギャップ司教、オート＝ザルプ県知事、元老院議員ブラン、アリエ、ヴァンタヴォン灌漑組合助役リオタール、バス＝ザルプ県元老院議員ミシェルのものが印刷されている。この中でリオタールのものが灌漑組合に関するものとなっている。
75) 国立文書館に規約と参加登録の文書が収められており（A.N., F10/3209）、これを指すものと思われるが、確認することはできなかった。なお、この、国立文書館収蔵の参加登録の文書は以下のような内容を持つ。1869 年 11 月 14 日のヴァンタヴォンの公証人ロッシュによる組合規約の条項に賛同すること、灌漑されうる受益地内の、現在耕作されている所有地すべて（ただし、ブドウ畑と、他の灌漑用水を利用しているものは除く）を灌漑に付すこと、参加受益地面積の合計が少なくとも 2,000 ヘクタールに達しないと組合は結成されず、効力を発しないことを了解すること、正式に、組合が、許可組合として結成されることを要望するとともに、そのために必要な手続すべてを行政に対して行うために任命される代議員に託することなどを内容としている。
76) Allard（1877）, pp.20-21.
77) さらに言えば、次章で見るように、ヴァンタヴォンは、1873 年に、65 年法改正のための法案の提出もしており、こうしたところでも、農村部の要望を国家につなぐ媒介機能を果たしているのである。
78) こうした財政補助により、2,000 ヘクタール余の登録者を得た組合の負担（87 万フラン）は、ヘクタールあたりにすると約 400 フランとなり、5％の利子率で計算すると、年 20 フランとなる。それに、その半額程度の維持費や管理費が加わるという見積もりが代議院と元老院の報告でされている（*J.O.D.D.C.*, 1881, juin n.3708, pp.1005-1006、*J.O.D.D.S.*, juillet 1881, n.361, p.479）。第 4 章第 3 節で事例として見た灌漑組合における年間費用に比べると、なおも負担は大きいものの、可能な範囲に収まるという計算があったのであろう。
79) 明治期日本に関しても事業の大規模化に伴い国や政府の役割が拡大したことが指摘されている。従来は、地域の豪農など声望家が、利害調整を担うとともに資金調達を行いつつ土地改良を担っていたが、事業の大規模化に伴い、企業意識に富んだ豪商が参加するようになり、明治 30 年（1897 年）ごろからは、かわって、工事費への府県や国からの補助金、大蔵省預金部の低利融資などを通じ、資金面で政府の発言権が増大し（今村他（1977）、103-104 頁）、さらに、大正 12 年（1923 年）の「用排水幹線改良事業の補助金で本格的国家資金投入の制度が確立」すると指摘されている（今村他（1977）、

135頁)。なお、こうした国家資金投入の論理としては米の増産と、地主・小作関係の安定、治水事業の進展にともなう用排水幹線改良促進の必要性、水力発電事業との調整の必要性が挙げられている(今村他 (1977)、135頁)。

第7章
1888年法による灌漑組合制度の改正と参加の強制の実現

第1節　はじめに

　第5章で見たように、65年法制定前であっても、65年法下であっても、灌漑組合は農業改良を目的とするものとみなされ、不同意土地所有者に対する参加の強制を行うことができない規定となっていた。よって、組合結成や費用負担に支障が出ることが懸念されていた。灌漑組合でも不同意土地所有者に対する参加の強制を可能とするための制度構築について、すでにファルノーが主張をしており、65年法制定時においても、灌漑組合もまた許可組合として結成できるよう規定するべきだとの意見も存在していた。しかしながら、結論としては、65年法においては、こうした制度は確立しなかった。こうしたことから、早くも66年農業アンケートにおいて批判が出され、その後も、農村部、農業界から法改正の要望が寄せられることとなったのであった。
　また、第6章で見たヴァンタヴォン灌漑組合の事例のように、規模の大きな施設建設において、国家の支援が必要であるとともに、多くの受益者参加による、1人あたりの費用負担軽減を通して、工事実施と事業成功がより確実となる事情が、法改正要求の背景として存在していた。
　そして、次に見るように1873年、65年法改正を目指す法案がオート＝ザルプ県選出の代議院議員カジミール・ドゥ＝ヴァンタヴォンより提出された。これは、法としては成立しなかったが、1878年にはフロケとナドによって同趣旨の法案が提出され、さらに、1885年にもナドによって法案が提出された。そして、ついに、1888年に、土地改良組合法改正を目的とする法が成立、灌

漑組合もまた、ようやく、許可組合として結成可能となったのであった。本章では、こうした動きについて検討することにしよう。

第2節　1873年、1878年の土地改良組合法改正案

1　1873年の法案
(1) ヴァンタヴォンによる提案

　すでにみたように農村部や農業界から、65年法制定直後より、その改正を望む意見が出されていたが、議会でも、土地改良組合法の改正に向けた動きが出始める。1873年3月28日、カジミール・ドゥ＝ヴァンタヴォン他[1]により65年法改正のための1条からなる法案が代議院に提出された。65年法第9条を改正し、第1条に列挙されている事業の区分を撤廃し、すべてについて、それを目的とする組合を許可組合として設立可能とすることを目指した法案であった。

　その提案理由で、ヴァンタヴォンは、第1条で列挙されている工事の目的は、堤防工事の他はすべて改良工事とみなすことができるにもかかわらず、そのうち灌漑などが、関係者全員一致をもってしか行いえないことを問題にしている。1845年法など既存の法制度は、多数の者や行政当局が灌漑用水路などを整備しようとしても、少数の者が協力を拒否することでおこる障害に対応できないと批判する。こうしたことで、一般的な有益性のある工事が妨げられてはならず、そもそも、65年法では、少数の者が保護されていないわけではないと述べた上で、65年法第1条に列挙された8つの目的について許可組合として結成することを可能にするよう、第9条の改正を提案したのである[2]。

　このヴァンタヴォンの法案提出を受け、ユオン＝ドゥ＝プナンステを長とする法案検討委員会で検討がされた。そこで、この法案は、公的な富と所有権とに関わるものであるとの指摘がされ、それを支持する旨が表明されるが、ただし、所有権については、より慎重な検討が必要であると結論付けられた。よって、あらためて、ヴァンタヴォンを長とする委員会が作られ、さらなる検討がされることとなった。

第7章　1888年法による灌漑組合制度の改正と参加の強制の実現

(2) ヴァンタヴォン委員会報告書

　この委員会の検討報告書がヴァンタヴォンによって提出されている。委員会での議論の様子が、おおよそ以下のように報告されている[3]。

　何人もの委員が、防御工事と改良工事の差異を繰り返し主張し、後者の場合には、正に所有権侵害となるとして法案に反対した。これに対し、客土工事と防御工事の類似性、灌漑用水路の改修等の工事とその開鑿との関係、沼沢地干拓は農業改良ではないかという点、塩田施設は防御工事とはなんら関係がないという点より、区分の根拠は曖昧と反論された。そして、薄弱な根拠にもかかわらず65年法でこの区別がされたのは、灌漑、客土、排水、経営用道路は重要なものではなく、強制的な実行が必要な有用性を持たないと、立法者が判断したからであると主張した。

　そこで、こうした判断が妥当なものであるかどうかを確認するべく、委員会は資料調査により、フランスでは灌漑農地面積が200万ヘクタールにも達していないが、少なくとも600万ヘクタールが容易に灌漑しうるとし、灌漑工事が無用でないと数字をもって指摘する。そして、1866年農業アンケートを始め、農村部、農業界より寄せられた多くの要望[4]に鑑みるに法案の有用性は疑いないものであるとし、これら要望に引かれている例より、範囲の狭い小規模な灌漑用水路であれば、すべての関係者の同意を得ることが可能でも、大面積を対象とした何10キロメートルにもわたる用水路の場合には、そうではなく、灌漑において義務的な組合が有益であるとする。

　所有権の侵害の問題については、1807年法、1845年法、1854年法、民法典を引き合いに、それがすでに制限を受けていることを指摘する。関係土地所有者に組合参加を強制する立法が可能かという問題には、65年法第14条により、土地所有者は補償を受け取り、組合に土地を譲渡できることを指摘、それにより組合への参加の強制を免れ得る解決策がすでに準備されていることを示す[5]。少数者の利益の十分な保障については、最大の問題と捉え、組合許可を県知事にのみゆだねると、地域の中の大きな影響力のなすがままに小土地所有者を置くことになりかねないと危惧し、それへの対応として、組合結成に先立ち、国務院デクレによる公益性認定を前提とすることがメプラン

195

により提案され、委員会の多数の賛成で採択されたとしている。小土地所有者に対する配慮を見せるべく、国務院デクレによる公益性認定が制度に追加されたというわけである。

　加えて、ヴァンタヴォンは、国が最も重い負担を耐えている今、灌漑の大事業を促進することで土地生産を増加させる時機が来ているとし、肥沃な水が流れているのにもかかわらず、それを自然に流れるがままにすることは、有利な状況を理解していないことであり、フィロクセラの危機に晒されている南部諸県で灌漑に対する要求がされていることにも触れつつ、灌漑や排水、経営用道路などの工事において許可組合を結成することができるよう法改正することが望まれるとしたのであった。

　つまりは農村部や農業界において必要とされていることに加え、灌漑建設の促進は国益にもかなうとし、国富増強のために地域の水資源の有効活用を提言しているというわけである。

　このように法改正の必要性が強調されたのであるが、同時に、この法案の孕む問題の重大性に鑑みて、国務院の検討に回されることとなった[6]。

(3) 国務院の意見

　国務院による検討結果は1876年5月4日、6日付の意見書として出されている。大略は以下のようである[7]。

　65年法の条文でも立法院の議論においても、防御や衛生に関する目的を持つものにのみ許可組合の結成を認めていることを指摘、塩田施設に関しては、すべての土地所有者の負担となるのが自然としつつも、灌漑、排水、経営用道路は、利得のための事業であり、確かに、公的富と私的富の発展に影響あるものであるが、しかし、それを何人も強制されることはなく、各自の自由意志によるべき[8]とした上で、65年法制定者の意向に従えば、これら事業については許可組合としては結成されえないが、しかし、フィロクセラ防御のための灌漑や湿地の改善につながる客土や排水は、第1条の最初の5項目と類似するものと見なしうるとする。つまりは、土地改良組合の区分は堅持、ただし、防御と見なせるものも灌漑と排水工事に存在すると認めるのである。

第7章　1888年法による灌漑組合制度の改正と参加の強制の実現

　そして、ヴァンタヴォン委員会案について、小土地所有者の権利を守るべく国務院デクレによる公益性認定を先立たせているが、65年法では、第1条第1項から第5項に関する収用において公益性の認定を規定していること、また、委員会案では、政府が第1条第6項、第7項、第8項の工事のために創設される組合において土地所有者に参加を強制させる権利をもつことになること、そして、灌漑などの組合も、まずは自由組合として結成した後、第8条の規定により許可組合への転換が65年法においても可能であり、それにより許可組合に認められた便宜を享受しうることを指摘する。

　そして、結局、結論として、国務院は、灌漑と排水に関する工事について、土地所有の保護や公衆衛生の予防を目的とする場合にのみ、国務院デクレによる公益性認定と65年法に定められた手続きを踏まえた上で、堤防工事などと同様に許可組合として結成可能とすると第9条に付け加えることを提案、委員会案の他の部分については却下するとしたのであった。

　要するに76年の国務院意見では、65年法制定者によって置かれた防御工事と改良工事との区分は維持し、灌漑や排水工事においては防御工事に該当するものがあることに鑑みて、それに限り、許可組合として設立可とすることが適切と結論付けるのである。ファルノー以来の農村部、農業界からの要望やヴァンタヴォンの法案の趣旨は、ここにおいては汲み取られなかったというわけである。

2　1878年の法案

　結局のところ、ヴァンタヴォンの提出した法案は、法として成立はしなかった。かわって、65年法の改正を目的とした法案がフロケとナド[9]によって、1878年1月18日に提出された。この法案は4条からなり（表7-1参照）、65年法を都市における工事に拡張しようとするものである（表7-2参照）が、同時に、ヴァンタヴォンによる改正案を含みこんだものであった。すなわち、第2条で、灌漑工事や客土工事、排水工事などを目的とするものについて、堤防組合などと同様に許可組合の結成が可能となるような案であった。土地改良組合の目的に都市における集団的利益の性格を持つ改良工事を加えるとともに、

表7-1　1878年法案の概要

第1条（65年法第1条の改正） 　都市における工事を土地改良組合の目的として追加
第2条（65年法第9条の改正） 　許可組合の対象の拡張
第3条（65年法第14条の改正） 　都市工事における所有地譲渡条件追加
第4条（65年法第18条の改正） 　都市工事における収用規定追加

出典）*J.O.*, le 3 février 1878, n.308, pp.1021-1022 より作成。

表7-2　1878年法案における土地改良組合の目的

1. 堤防建設
2. 浚渫等工事
3. 沼沢地干拓
4. 塩田経営用施設
5. 非衛生湿地の改善
6. 灌漑と流水客土
7. 排水工事
8. 経営用道路と他の集団的利益を持つ農業改良工事
9. 公道の衛生改善、開通、舗装、通路の開設、延長や他の集団的利益を持つ都市改良工事

出典）*J.O.*, le 3 février 1878, n.308, p.1021 より作成。
　注）9 ついずれの目的についても、県知事アレテによって、多数の基準を満たすことで許可組合として結成可。86年委員会案でも同じ。

灌漑などすべての目的について許可組合が結成されうるような改正案を提出したのであった[10]。

　この法案を検討するためにフロケを長とした委員会が作られ、1879年5月26日に、その報告書が、14条からなる委員会案とともにミールによって提出された。ただし、この案は、65年法改正を目指したものではなく、都市での工事について規定した新たな法を作ろうとしたもので、灌漑など農業改良工事については触れられていない。その理由について、ミールの報告書では、1865年法を改正する必要があることを認めながらも、その検討は農村法典起草者にゆだね、ここでは、とりあえず、都市工事に関する規定に限定したものを目指すことにしたとしているのである[11]。

第7章　1888年法による灌漑組合制度の改正と参加の強制の実現

表7-3　1886年委員会案の概要

第1条（65年法第1条の改正） 　　都市における工事を土地改良組合の目的として追加
第2条（65年法第9条の改正） 　　許可組合の対象の拡張
第3条（65年法第11条の改正） 　　総会へのコミューン長の参加
第4条（65年法第14条の改正） 　　都市工事における所有地議渡条件追加
第5条（65年法第18条の改正） 　　都市工事における収用規定追加
第6条（65年法第23条の改正） 　　商工会議所の補助金の規定追加

出典）*J.O.Doc.C.*, juillet 1886, n.335, p.672 より作成。

第3節　1888年法による灌漑組合制度の改正

1　ナドによる法案と代議院での議論

　78年の法案も、結局は法として成立せず、1885年11月26日にナドによる2回目の法案提出が行なわれた。78年の法案と同一のものであった[12]。以下に見るように、代議院、元老院での審議、修正の後、1888年12月22日法として成立、ここに灌漑を目的とする組合も、許可組合として結成できることとなった[13]。

　法案は検討委員会で修正され、その報告書が、6つの条文よりなる委員会案（表7-3）とともに1886年1月14日に提出された。灌漑工事を目的とする組合も許可組合として結成可能な規定は保持されている（第2条）。報告の中で、ギヨは76年の国務院意見に触れ、防御工事と改良工事の区別が厳密なものかと疑問を呈し、灌漑は改良の利益に関するが公共の利益には関係しないという意見に対し、改良の利益と公共の利益を対立させるのは不適当で、塩田の場合と比較しながら、この組合の区分は厳密には行えないとする。そして、所有権の侵害や都市工事をめぐる問題を論ずるとともに[14]、灌漑に関して、ヴォクリューズ県とブッシュ＝デュ＝ローヌ県を対象としたバラルの調査[15]でも

表7-4　代議院案の概要

第1条（65年法第1条の改正）
　都市における工事を土地改良組合の目的として追加
第2条（65年法第4条の改正）
　県知事、コミューン長、共和国大統領等の参加
第3条（65年法第9条の改正）
　許可組合の対象の拡張
第4条（65年法第11条の改正）
　総会へのコミューン長の参加
第5条（65年法第12条の改正）
　都市工事における設立条件追加
第6条（65年法第13条の改正）
　コミューン会による訴訟
第7条（65年法第14条の改正）
　第3条で新たに許可組合の対象とされたものの所有地譲渡条件追加
第8条（65年法第18条の改正）
　都市工事における収用規定追加
第9条（65年法第23条の改正）
　商工会議所の補助金の規定追加

出典）*J.O.Doc.S.*, mai 1886, n.34, pp.104-105 より作成。

65年法改正が望まれていると触れ、許可組合制度を灌漑組合に拡張することを支持しているのである[16]。

　しかし、1月28日の代議院での法案審議で、ラマルティーヌが、土地所有者の観点、とりわけ農村部における土地所有者の観点から法案審議を受け入れることができないと問題提起した。委員会も、それを受け入れ、審議は延期[17]、2月1日に修正を施された案が提出された。そこでは、ラマルティーヌの意見を入れ、灌漑工事に関しては、フィロクセラの害から所有地を守るために、もしくは公衆衛生のために実施される場合に、排水工事に関しては、衛生改善を目的にする場合にという制限がつけられたのであった[18]。要するに、ここで、再び、先に見た国務院の意見書の線で条文案がまとめられる事態に陥ったというわけである。

　他に、新たな条文が追加されるなどして、9条からなる代議院修正案（表7-4）として元老院に送られた[19]。

第7章　1888年法による灌漑組合制度の改正と参加の強制の実現

表7-5　代議院案における土地改良組合の目的

1. 堤防建設
2. 浚渫等工事
3. 沼沢地干拓
4. 塩田経営用施設
5. 非衛生湿地の改善
6. 公道の衛生改善、開通、舗装、通路の開設、延長や他の公的利益を持つ都市改良工事
7. 灌漑と流水客土
8. 排水工事
9. 経営用道路と他の集団的利益を持つ農業改良工事

出典）*J.O. Doc.S.*, mai 1886, n.34, p.104 より作成。
注）前6者の目的について、許可組合として結成可能であるとともに、7と8については、所有地防御、特にフィロクセラ防止のため、もしくは公的衛生を目的とする灌漑、衛生改善を目的とする排水工事において許可組合として結成可能となっている。

2 　代議院修正案をめぐる議論

　代議院修正案は元老院の法案検討委員会で検討され、その報告がバルヌによって1887年5月23日にようやくなされた。法案可決までの経緯を説明し、第1条において、土地改良組合の目的として都市に関する工事が追加されたこと(表7-5参照)、第3条において、灌漑組合においてはフィロクセラ対策に関連する場合に、排水においては衛生改善に関連する場合に、許可組合として結成可能となるよう、1876年の国務院意見の考えを取り入れ、ナドの原案から範囲を狭めた規定に改められたことなどを説明した。

　それを受けて、同年6月10日に第1読会がなされた。第3条案をめぐる議論の中で、クレマンと報告者の間で、許可組合と自由組合の性格、都市に関する工事にまで土地改良組合の対象を拡大することの是非などについて議論がなされた。法案が重大な内容を含むことに鑑みて、読会を再度実施することが必要不可欠とされ、6月21日と6月23日に第2読会が行われた。ビレやクレマンス、ルノエルらにより、主として都市工事に関して激しい議論が戦わされた[20]。結局、第1条について、都市工事に関わるもので、合意が難しい第6項を除き、可決されたが、他の条文は審議されることなく中断、ルノエルらの修正動議を受け付けることとなり、翌24日に、適切な対応に十分な検討時間確保が必要として、補足報告がなるまで、審議延期となった。

3 ドゥヴェル修正案とそれをめぐる議論

(1) ドゥヴェル修正案

ルノエルらの修正動議を受け、委員会が法案を再検討した。1888年11月6日にようやくドゥヴェルによって修正案が、提案理由を説明する補足報告とともに提出された。修正案は10条よりなる（表7-6参照）。第1条により、土地改良組合の目的は合計10となり（表7-7参照）、灌漑は第8項に挙げられている[21]。第3条では、許可組合の対象となるものが拡大され、灌漑工事や排水工事などの農業改良を目的とする場合にも、国務院デクレによる公益性認定を得て、許可組合として関係所有者が集まることができるとされている。これは、ブーランジェとドゥヴェルの出した修正動議を反映したもので、フィロクセラ対策等に関係する、しないにかかわらず許可組合としての結成を認めている。76年国務院意見や代議院修正案から離れ、73年のヴァンタヴォンの法案やナドの法案に再び近づくものであった。そして、65年法第12条の改正に関する第5条では、許可組合設立に関する関係所有者の参加の条件、所有地の割合、地租支払額の割合などについて、新たな規定が追加されている。これら、第3条と第5条の規定により、灌漑工事を目的とする組合に関しても、多数の者が少数の不同意土地所有者に対して組合に参加を強制しうる制度となっているのである。

(2) 修正案第3条・第5条に関するドゥヴェルの説明

補足報告の中で、ドゥヴェルは、修正案第3条について、提出された動議に答える形で説明をしている[22]。動議は、ルノエルのもの、ブーランジェとドゥヴェル共同のもの、バルトのもの、ビレとアルガン共同のものが出されていた[23]。このうちブーランジェとドゥヴェル共同のものが、修正案に採用されており、それに関して、大要、次のような説明が行われている。

これまでの法改正の流れを振り返った後、委員会においては、小土地所有に保障を付け加えつつ、65年法第1条で挙げられている項目すべてに許可組合制度を拡張することが適切か検討、これら工事はいずれも公共の富に高い程度で関連していること、土地改良組合工事の区別は根拠に乏しいものであ

第7章　1888年法による灌漑組合制度の改正と参加の強制の実現

表7-6　ドゥヴェル修正案の概要

第1条（65年法第1条の改正）
　都市における工事を土地改良組合の目的として追加
第2条（65年法第4条の改正）
　県知事、コミューン長、財務省等の参加
第3条（65年法第9条の改正）
　許可組合の対象の拡張
第4条（65年法第11条の改正）
　総会へのコミューン長、県知事の参加
第5条（65年法第12条の改正）
　第3条で新たに許可組合の対象とされたものの設立条件追加
第6条（65年法第14条の改正）
　第3条で新たに許可組合の対象とされたものの所有地譲渡条件追加
第7条（65年法第18条の改正）
　都市工事における収用規定追加
第8条（65年法第23条の改正）
　商工会議所の補助金の規定追加
第9条（65年法第25条の改正）
　賦課金徴収、工事、維持作業不実施の場合
第10条（65年法に第27条を追加）
　本法施行のための規則を定めることを規定

出典）*J.O.Doc.S.*, le 6 janvier 1889, n.30, pp.48-49 より作成。
注）成立した88年法は、9条よりなり、この修正案の第9条が削除されている（*J.O.Déb.S.*, le 24 novembre 1888, p.1502）。

表7-7　ドゥヴェル修正案における土地改良組合の目的

1．堤防建設
2．浚渫等工事
3．沼沢地干拓
4．塩田経営用施設
5．非衛生湿地の改善
6．都市等における衛生改善
7．公道の衛生改善、開通、舗装、通路の開設、延長や他の公的利益を持つ都市等の改良工事
8．灌漑と流水客土
9．排水工事
10．経営用道路と他の集団的利益を持つ農業改良工事

出典）*J.O.Doc.S.*, le 6 janvier 1889, n.30, p.48 より作成。

ること、そして、本書で見てきたものも含め、農業関係者からも改正が求められていることを指摘し、この修正案が適切であると主張する[24]。

　所有権侵害の問題に関しては、イギリスなどの諸外国の法制度を引きながら、近隣諸国では社会変化と農業進歩の調和を図っており、フランスでも必要とされる改革実現をためらってはならず、一般利益が要求する時には、所有者の個人的事情に対し、共同体の必要を優先させるという社会の権利は、所有権に対する最大限の尊重によっても排除されはしないとし、所有権の問題に関しても、一定の配慮を見せつつ、それが制限されうるものとしているのである[25]。

　そして、さらに、ドゥヴェルは農業が経済的に苦境にあることも、修正採用の理由とする。すなわち、「われわれは経済的な大混乱に直面している。農業は厳しい危機の中にある。迅速で力強い方策が必要であることを皆が知っている。議会は、穀物に関する法を可決し、国に最初の満足を与えた。しかし、農業問題はすべてが関税に集約されるわけではない。関税保護は国際関係の抗い得ない進展を常に制することはできないであろう。それは弥縫の策に過ぎず、一時的な措置を越えるものではない。メリーヌ氏が正当にも想起させたように、経済的状況によって求められた予防的で不可欠なものではあるが、しかし、生産を最大限の力にまでにするための他の性質の措置全体の序章にすぎない方策としか、議会は関税改正を見なしていない。農業問題の解決は、グランドゥー氏によると、こうした定式に中にある。「原価を下げるために収量を増加させること。」そこで、生産を増加させ、最大限の力にまでするには、次のようなものが必要である」として、水利用、排水、経営道路の開設、農地の区画整理[26]の4つを挙げ、ドイツの耕地整理法（lois allemandes relatives aux réunions de parcelles）を紹介しながら、これら農業改良に関しても特別の措置が必要であり、よって、検討委員会は修正に与したという。そして、同時に、少数者や小土地所有者を地域の強い影響力から守るため、国務院による公益性認定を許可組合設立に先立つ条件とする規定を取り入れたと、ドゥヴェルは説明する[27]。

　つまりは、ここでは、従来から繰り返されてきた農村部や農業界からの要

第7章　1888年法による灌漑組合制度の改正と参加の強制の実現

望や所有権の観点だけではなく、あらたに、フランス農業の危機的状況を鑑みて、保護や支援を念頭に、農業改良に関わる目的であっても、不同意土地所有者に対する参加の強制を可能とするような主張を行っているというわけである。保護関税政策だけでは危機を乗り越えるには不十分であるとし、加えて、農業生産の促進を目指す措置の必要性を主張しているのであり[28]、灌漑などの土地改良の推進により、農産物市場における国際的競争への対応が可能となるような条件整備をするべく生産力主義的な方向が目指されているのである。上に引いたようにまさに「生産を最大限の力にまでする」方策が必要であり、その一環として灌漑施設の整備が目論まれたというわけである。そして、それは、単に農民の自発性にゆだねるというのではなく、より積極的に、農業生産力の向上に介入しようとの志向を見ることができるのである[29]。

以上のように修正案第3条では、国務院意見や代議院修正案を覆しつつ、ヴァンタヴォンやナドの案に立ち返り、農村部や農業界の要望にこたえるとともに、所有権や小土地所有者にも一定の配慮を見せつつ、さらには農業の危機的状況に対応するべく、関税政策に加えた措置を取ることが目指されているのである。ここで、農村部や農業界から出されていた灌漑工事における不同意土地所有者の参加の実際的な必要性を受け、所有権および組合目的の区分をめぐる抽象的な議論に対して、こうした現実的な必要を主張し、さらには、農業保護の観点をも取り上げ、生産政策実施の必要性から修正案の正当性を主張しているのである。

修正案第5条に関してもドゥヴェルは説明をしている[30]。これは65年法第12条の改正に関するもので、灌漑工事や排水工事などを目的とする時には、賛同所有者の割合、その所有地面積の割合に加え、地租支払額の割合も問題にされるようになった。すなわち、関係所有者の4分3が賛同しつつ、その所有地面積が3分の2以上を超え、地租の3分の2以上を支払っている場合、もしくは関係者の3分の2が賛同しつつ、その所有地面積が4分の3以上を超え、地租の4分の3以上を支払っている場合に許可組合が結成されうるとなっている。

こうした規定について、ドゥヴェルの説明では、堤防組合などと都市に関

する組合や灌漑組合などとの相違に触れ、前者のケースでは面積がおおよその価値を表していると考えられるが、後者の場合では、そうではないとする。都市では不動産の価値は、立地条件や建築物の重要性により、灌漑などの場合には、土地の肥沃度や耕作方法によって変化するとし、こうしたことを考慮に入れ、面積ではなく価値による基準を導入したということである。また、土地所有者に、大きすぎると考えるリスクをとるか、重すぎると考える負担を負うか、不動産を譲渡するかの選択を強制することの重大さを鑑みて、このような強制を正当化するのに十分な多数と十分な利益が必要となると指摘し、こうしたことから、特に灌漑工事や排水工事、都市に関する改良工事については、堤防など防御に関する組合における基準よりも厳しいものとしたと説明しているのである[31]。

(3) 元老院での議論

ドゥヴェルによる修正案の報告を受け、1888年11月22日より元老院で審議が開始された[32]。修正案第3条の審理[33]では、ルノエルによる攻撃が再び行われた。土地改良組合に関する区分について異議を出すとともに、所有権に対する保障が不十分であると、人権宣言第17条、民法典第544条、第545条を引き合いに出し、これらは社会の根幹であり、革命は、所有権拡大と保障の2つの目的、2つの思想においてなされたとし、歴史的に見て、社会進歩の度合い、道徳的、物質的繁栄の状態は、所有権の尊重に比例するとまでしつつ、修正案に反対した[34]。

こうした攻撃に対して、ドゥヴェルは、ルノエルの固執にもかかわらず、防御工事と改良工事との区別を認める必要はなく、1866年アンケート[35]など、われわれも見てきたものも含めて引きながら、許可組合の拡大は農村部、農業界から要請されていることであるとする。また、所有権については、特別に保障されるべきで、一般利益に対し盲目的な犠牲とはされえないとした上で、提出法案では公益の正当な要求と調和しているではないかと反論するのである[36]。

そして、農業の状況について、外国との競争にさらされており、土地の生

第7章　1888年法による灌漑組合制度の改正と参加の強制の実現

産を増加させ、最大限の力にもっていくことが絶対に必要であるとし、排水、区画整理、経営用道路といった工事[37]は収量を増加させ原価を下げることを目的とするものであるとする[38]。つまり、先に見たドゥヴェルの補足報告で展開された農業危機への対応の必要性を、ここでも繰り返し強調、修正案により、農業改良を目的とする土地改良組合においても許可組合として設立可能とするべきと主張するのであった。

　しかしながら、なおも、第1条の都市工事に関わる第7項については許可組合結成を認めるべきではないとの主張をルノエルは譲ることはなく、結局のところ、22日の審議中には採決に至らず、議論は翌日に持ち越された。そこで、委員会は、第7項についても公益性認定に関する国務院デクレの条件を保障としてつけるという妥協案を提示した[39]が、法案への攻撃は収まらない。まずは、ルノエルが、この日は矛先を変え、防御に関わる対フィロクセラ組合の法では所有権に対する保障が厚く手当てされているが、改良に関わるものにもかかわらず、今回の法案では保障が薄いと批判した[40]。

　また、ビレは、単なる農業改良のための土地改良組合をも許可組合とし、収用を認めることは社会の危険であると述べ[41]、加えて、再び、ルノエルが、またもや矛先を変え、自由組合がなくなると問題にし、クレマンも、その発言を引き継ぎ、法案を攻撃する[42]。

　これら攻撃に対して、結局のところ、法案検討委員長マルキは、修正案は、個人のイニシアティブを促進し、困難な状況にある農業に援助をもたらすためであり、1865年法で立法者は無価値な土地を耕作するべく許可組合を創設したのであり、それに対して、今回の案は、既存の資本が荒廃するのを防ぐために許可組合を設立しようとするものであるとし、その利点は同じで、より効果的な方策で危機への対応を可能とするものであり、農業を真に助けると考え、提案を行っていると説明するのである[43]。

　結局、採決がとられ、その結果、ようやく修正案第3条が可決されるに至った[44]のであった[45]。11月27日に全体が可決された法案は、代議院に送付され、そこで修正されることなく可決[46]、ようやく1888年12月22日法として成立した。ここに、灌漑組合においても、第5条の基準を満たすときに、許可組

合として設立が可能となり、不同意土地所有者に対しても参加を強制しうる制度となったのであった[47]。

第4節 小　　括

　こうして、ようやく88年法において灌漑組合でも、多数の者による、ある種の強制力が少数の者に働くという制度が出来上がることとなったのであった。堤防組合などに比べると厳しい条件ではあったが、第5条に定められた基準を満たすことにより、少数の不同意土地所有者に参加を強制できることとなった。

　改正が実現した背景には、われわれが第5章で見たような、農村部や農業界から出された要求や要望があった。こうしたことは、本章で見た各法案の趣旨説明において、繰り返し、引き合いに出されており、灌漑組合など農業改良を旨とする土地改良組合に関しても許可組合の対象とするべきである根拠とされてきたのであった。本章注1で見たように73年のヴァンタヴォンによる法案は地主や法曹家が含まれており、法改正を通じて灌漑等農業改良を促進しようという、彼らの意向に沿ったものであるといえようが、同時に、リスクを抱えながらも、こうした農業改良を実現することで前進を目論む土地所有農民の意向にも合致しうるものであり、こうした上昇を志向する農民や地主らの意見を背景に持つものであったとすることができよう。確かに、抽象的な側面から、所有権の侵害や組合目的の区分に関連して、制度改正には批判が出されていたが、こうした意見に対し、具体的な対応が迫られる現場からの声が下支えとなり、ようやく、土地改良組合法の改正のための88年法が成立したというわけである。

　ただし、それだけで、制度改革がなったとするのも言い過ぎではあろう。こうした現場からの声だけではなく、ドゥヴェル修正案報告にも出ていたように、農業危機への対応といった契機が存在していたことも事実である。こうした危機の中にある農民の意を満たし、その支持を調達することは政府にとって大きな課題となっており、当時、例えば、保護関税にかかる制度が整備さ

第7章　1888年法による灌漑組合制度の改正と参加の強制の実現

れつつあったし、農業政策を目的とする省として、農業省を独立させるなどの措置が打ち出されつつあった[48]。こうした政策に加えて、本章で見たように土地改良組合制度を改正し、生産政策的な措置も打ち出すことで、大不況による資本主義経済の変質と農業をめぐる状況の悪化の中で、農民をして市場における競争への対応を可能ならしめることを目論んだのである[49]。いわば65年法以前から続く、地域からの働きかけのベクトルが、地主や法曹家の手を通して中央にもたらされ、作用しつつも、同時に、国家の側からの支持調達の志向があいまって、ここに、灌漑組合における不同意土地所有者に対する参加の強制制度が確立したといえるのである。

●注
1) サン＝ピュルジャンが指摘していたように (154頁)、この法案提出者には法曹家や大土地所有者が含まれている。実際、土地改良工事を促進することで、彼らの取得地代も増大しえたであろうから大地主の意向に即したものとして捉えることもできるであろう。

　しかし、同時に、土地改良工事は、第4章で挙げた灌漑による改良の諸事例や、第6章のデ＝ゼルベ組合の例からもわかるように、地域の中で土地を所有する農民経営に対しても収量増大をもたらしうるものであり、彼らの意向にもかないうるものであった。もっとも、灌漑導入前後での収益性の差や、灌漑導入経営とそうでない経営の相違に関して詳細な情報を、われわれは持っているわけではない。しかも、もちろん、サン＝ピュルジャンが指摘し、デ＝ゼルベ灌漑組合でも、ヴァンタヴォン灌漑組合でも逡巡する者がいたようにリスクをも含むものであり、没落の契機ともなりえた。しかし、同時に、こうした経営にとっても、資本主義的なものを展開させるまでには至らなくとも、土地改良を通じた前進を実現させる可能性が拡大したとも考えられよう。よって、地主のイニシアティブによって出されているとしても、この法案は、土地所有農民の意向をも含みうるものといえ、特に、前進志向や上昇志向を持つ農民の利害をも汲み取りうる側面があったであろう。こうした地主や、リスクを抱えながらも前進を志向する土地所有農民などによる農村部や農業界からの要望を、地域における支持の調達にもつながりえることをも含みながら、ヴァンタヴォンら大地主や法曹家が、法的な知識を援用しつつ、法案の形に整え、議会に提出し、成立を目指したのである。

2) *J.O.*, le 12 mai 1873, n.1743, pp.3662-3663. なお、第6章で見たように、この時、まさにヴァンタヴォンは、ヴァンタヴォン灌漑用水路の建設のために奔走中であった。そして、5,000ヘクタール以上の灌漑可能面積のうち、2,000ヘクタールにも登録者が達しない状況であった。よって、実は、65年法の多数の基準にも達し得ない状況であり、

そうした点を考えると、第4章で見たデセーニュの主張のように、強制組合として結成させる方がより効果的であったろう。しかし、ここでは、そこまでは、踏み込んではいないというわけである。

3) A.N., F10/4365.
4) ここでは、1866年農業アンケート上級委員会、県委員会、行政によって収集された情報に基づくモニー＝ドゥ＝モルネの報告、小委員会による法改正に関する検討結果を引き、加えて、農業大臣に依頼した農業会議所に対する意向調査（140の会議所のうち、改正案に対し110が賛意を、8が条件付で賛意を表明しており、9が反対、13が回答なしであった）、ウール県農業自由協会、アリエージュ県農業協会、イル＝エ＝ヴィレンヌ県農業共進会による提案への賛成、イゼール県技師による覚書、ドゥラギニョン農工協会とリュネヴィル農業共進会による議会への請願、イゼール県農業協会とオート＝ロワール県ピュイ農業科学技術商業協会における議事録、1874年2月の会期におけるデセーニュによるフランス農業者協会の要望、議会農業者自由会議の議事が挙げられている。
5) 第2章注58でも触れたが、65年法では、第1条に列挙された目的のうち第3項から第5項までが対象となっている。ただし、第14条の規定を使うにしろ、土地を譲渡しなければならないので、土地所有を確保できるというわけではない。
6) こうした経緯については、Gain (1890), p.27 を参照。
7) A.N., F10/4365.
8) 利得のための事業には、あくまで自発的に参入するべきであり、強制されるものではないという、このような見解は、農業経営の前進へと農民を積極的に方向付けるものではなく、国務院は、むしろ、そうしたことに消極的なのである。
9) この法案提出者はマルタン・ナドという名前であり、Robert et Cougny (1889-1891) には、この名の議員は、他に見受けられないことから、かの石工のマルタン・ナドであろう。彼の回想録の中で、建築物組合（les syndicats du bâtiment）として触れられている（Nadaud (1998), pp.337-338）のが、この土地改良組合法改正案と次に見る1885年に提出されたものと思われる。なお、ナドについては喜安（1994）、275-348頁を参照。
10) *J.O.,* le 3 février 1878, n.308, pp.1020-1022.
11) *J.O.,* le 19 juin 1879, n.1427, p.5376. この法案にも所有権を侵害し、都市の工事についてコミューンの権限を侵害するものであるという反対が出された（*J.O. Doc.C.,* juillet 1886, n.335, p.669）。
12) *J.O. Doc. C.,* mai 1886, n.92, p.370.
13) 88年法成立までの経緯については、Gain (1890), pp.40-61 を参照。
14) なお、78年の法案が所有権を侵害するという反対意見について、ギヨは、所有権の構成もまた、他の社会現象と同様、変化すること、私的所有権の概念が明確化されると、その代償として、柔軟で広がりのある公益という言葉が必要となり、その範囲は、習慣、法制度、経済組織の状況のみを基準とするとし、提出法案が、現在の法制度、習慣による概念に調和しているかどうかこそが重要であるとしている（*J.O.Doc.C.,* juillet 1886, n.335, p.669）。
15) Barral (1876a), Barral (1876b), Barral (1877), Barral (1878) のことであり、ヴォクリューズ県に関するバラルの指摘（Barral (1877), p.573）を引き合いに出している。

第7章　1888年法による灌漑組合制度の改正と参加の強制の実現

16) *J.O.Doc.C.*, juillet 1886, n.335, p.670. また、ギヨの報告については Gain (1890), pp.42-45 も参照。
17) *J.O.Déb.C.*, le 28 janvier 1886, p.75.
18) *J.O.Déb.C.*, le 1er février 1886, p.90.
19) *J.O.Déb.C.*, le 1er février 1886, pp.90-91. 代議院修正案は *J.O.Doc.S.*, mai 1886, n.34, pp.104-105, *J.O.Doc.S.*, session ordinaire de 1887, n.254, pp.606-607 を参照。代議院の審議において変更された点については、Gain (1890), pp.45-51 を参照。
20) 第2読会は6月21日より行われ、激しい議論が戦わされた。ビレとクレマンは、組合の目的を都市に関わる工事にまで拡張することで、所有権の保障の問題、少数者の権利の抑圧、コミューンの権限に対する侵害といった問題が発生すると指摘し、法案に反対した。これに対し、内務大臣ファリエールは、65年法や今回の法案の性格を改めて説明し、それを擁護しようとした（*J.O.Déb.S.*, supplément, le 22 juin 1887, pp.645-654. なお、説明において、ファリエールは、65年法の防御工事と改良工事との区分は実のところ曖昧であったと塩田施設に関する工事を挙げて主張し、こうした区分に対する批判が66年農業アンケートで出されていることを指摘したり、73年のヴァンタヴォンの法案による改正の試みを取り上げ、その提出署名者の中に、バトゥビーなど著名な法曹家が含まれていることを指摘している）。

　　審議は引き続き6月23日にも行われた。そこで、クレマンは、76年の国務院の意見を引き合いに出し、65年法における2つの種類の組合について触れ、再び、組合目的を都市工事にまで拡張することに異を唱える。それに対して、ルノエルもまた法案を批判するが、クレマンとは異なり、都市工事を目的に含むことは同意、ただし、それを衛生に関するものと改良に関するものとの2つに分けるよう要請したのであった（*J.O.Déb.S.*, supplément, le 24 juin 1887, pp.655-664）。
21) 中断のきっかけとなった第1条については、前注で見たルノエルの主張（防御工事と改良工事が基本的な区別であり、都市工事に関してもこの区分に即した項目を立てるべきであるとする主張）を受け入れた形となっている。委員会としては、ルノエルのこうした考えに与するものではないが、そうはいっても受け入れること自体に支障があるわけでもないとして、都市工事を2項に分割したのであった（*J.O.Doc.S.*, le 6 janvier 1889, n.30, p.44）。ただし、ビレやクレマンの異議は反映しておらず、これについて議論が再び戦わされることとなった。
22) *J.O.Doc.S.*, le 6 janvier 1889, n.30, pp.44-46. この第3条案の意図について、ドゥヴェルは、1888年11月22日の議事冒頭で、改めて説明している（*J.O.Déb.S.*, le 23 novembre 1888, p.1478）。
23) ルノエルは、都市工事のうち、防御目的のものには許可組合結成を認め、改良目的のものには自由組合としてでしか結成を認めないよう提起した。委員会としては、防御のための工事と改良のための工事とは区別なく65年法第9条適用とし、そもそも国務院が考えるような両者の区別はそれほど厳密でないと指摘するとともに、所有権に対する保障も、現案によって、むしろより強化されているとする。さらに、都市の美化や改良は衛生と公的安全に関わる工事を伴うのが常であるとの例を出し、ルノエルのいう2種類の工事の区別は現実には困難であることを改めて指摘、彼の案を退けた。他にも、バルトが、改良に関わる工事について資金供託もしくは担保提供による保障

211

と最小100人の土地所有者の参加を要件とする動議を、ビレとアルガンが共同で、受益地範囲や受益評価にかかわる異議について動議を出したが、いずれも却下されている（*J.O.Doc.S.*, le 6 janvier 1889, n.30, pp.44-47）。
24) *J.O.Doc.S.*, le 6 janvier 1889, n.30, pp.45-46.
25) *J.O.Doc.S.*, le 6 janvier 1889, n.30, p.46
26) 原語は、abornement で、直訳すると境界画定となるが、東部の事例が引かれており、そこでは、区画整理にあたる事柄が述べられている。
27) *J.O.Doc.S.*, le 6 janvier 1889, n.30, p.46.
28) 農業政策として他に、農業省の独立や農業信用、農業教育にかかるものなどが打ち出されつつあった。なお、この時期の政策については、Augé-Laribé（1950）, pp.63-300, Désert et Specklin（1976）, pp.383-397, Estier（1976）, pp.307-309, Moulin（1988）, pp.138-141, Vivier（2008）, pp.67-71, トレイシー（1966）、61-83頁、大森（1975）など参照。
29) こうした方向性は、いわば、灌漑の整備によって市場における国際的競争に対応可能な条件を生産力の点で整備し、農業経営の前進をサポートしようとするものであったが、同時に、経営にとっては、建設費用負担も生ずることから、没落、窮乏化のリスクとも背中合わせの状態に置かれることに繋がるものでもあった。そして、さらに言えば、仮に経営の前進を実現したとしても、不断に、市場からの淘汰リスクに晒され続けることに繋がりえたであろう。結局のところ、淘汰されないためには、利得を追求し続けなければならず、あたかも、こうした利得追求行動を余儀なくさせる外的力が働いているかのような、いわば、市場の磁場の中に投げ入れられ続けることに繋がりうるものであったといえるであろう。
30) *J.O.Doc.S.*, le 6 janvier 1889, n.30, p.47. この規定に関して、第3条案と同様、ドゥヴェルは、改めて1888年11月22日の議事冒頭の発言で、その意図について説明している（*J.O.Déb.S.*, le 23 novembre 1888, p.1478）。
31) *J.O.Doc.S.*, le 6 janvier 1889, n.30, p.47.
32) *J.O.Déb.S.*, le 23 novembre 1888, pp.1479-1484. なお、第1条第6項、第7項はクレマンの激しい攻撃にさらされたが、結局、第6項は賛成188反対64で、第7項は投票を経ずに可決された。*J.O.Déb.S.*, le 23 novembre 1888, p.1485.
33) なお、第3条の審理については、Gain（1890）, pp.56-58 も参照。
34) *J.O.Déb.S.*, le 23 novembre 1888, pp.1485-1487. ここでルノエルは、法案提出者は、集団主義、共産主義的所有権制度により古代社会に連れて行こうとしていると批判、対して、現在の社会状態の変更は望まれておらず、それは良きもので、掛け替えなきものであるとまで主張している（*J.O.Déb.S.*, le 23 novembre 1888, p.1487）。
35) 原文では1867年アンケートと出ているが誤謬であろう。
36) *J.O.Déb.S.*, le 23 novembre 1888, pp.1488-1489.
37) 原文では、灌漑が挙げられていないが、それも含まれていると考えてよいであろう。
38) *J.O.Déb.S.*, le 23 novembre 1888, p.1489.
39) *J.O.Déb.S.*, le 24 novembre 1888, p.1491.
　なお、ドゥヴェルは、前日の議論では、灌漑など農業改良工事は集団的利益を目的とするものであるので、地域の上位者の影響から少数者や小土地所有者を守るために、

第7章 1888年法による灌漑組合制度の改正と参加の強制の実現

公益性認定の制度を入れているが、都市工事は公共利益の性格を持つものとしており、よって国務院デクレによる認定を規定には入れていないと説明していた（*J.O.Déb.S.*, le 23 novembre 1888, p.1489.）。

40) *J.O.Déb.S.*, le 24 novembre 1888, p.1493. ルノエルは、対フィロクセラ組合法の第2条で、組合設立のイニシアティブが、コミューン長にも県知事にもなく、受益者にだけ認められていること、第3条で、申請が県知事と、調査監視地域委員会、県農業教師にも伝達され、彼らもまた意見を述べ、受益地範囲の提案を行うなどと規定されていること、第6条で申請、意見、調査記録、議事録が、県会もしくは県行政委員会の審査に付されると規定されていることを挙げ、今回の法案よりも手厚い保障の制度を提供しているとしているのである。こうした意見にビュッフェも賛同する旨発言しているが、結局のところ取り入れられなかった（*J.O.Déb.S.*, le 24 novembre 1888, pp.1494-1495）。

41) *J.O.Déb.S.*, le 24 novembre 1888, p.1495. ビレは、ヴァンデ県の元代議士ボーセールの著作『法原理』より「土地所有の細分化は農業進歩の障害であるので、小土地所有を収用しよう。耕作地の一部が適切に耕作されていないので、因習にとらわれる農民を収用しよう。資本が労働を破壊するので、資本を収用しよう。このような見事な論法から純粋な共産主義までは、ほんの1歩でしかない」としている箇所などを援用しつつ、法案が社会的危険を構成するものであると訴えたのである。

42) *J.O.Déb.S.*, le 24 novembre 1888, pp.1495-1497

43) *J.O.Déb.S.*, le 24 novembre 1888, p.1498.

44) 採決は、条文案全体ではなく、パラグラフごとに行われることとなり、特に意見の対立している第2パラグラフについては、投票による採決がなされた。結果は、賛成177 反対86で可決され（*J.O.Déb.S.*, le 24 novembre 1888, p.1498）、投票を経ずに可決された他のパラグラフを合わせ、条文全体が採択されたのである（*J.O.Déb.S.*, le 24 novembre 1888, p.1499）。

45) なお、修正案第5条に関しては討議されるまでもなく可決されている（*J.O.Déb.S.*, le 24 novembre 1888, p.1501）。

46) Gain（1890）, p.55.

47) なお、明治期日本の耕地整理法でも不同意土地所有者に対する参加の強制を行いえる規定となっていた。1899年（明治32年）の法制定時には、土地所有者数、総面積、地価総額の3分の2以上の同意により事業が発足できることとされている（新沢（1980）、14頁）。1905年（明治38年）の改正により、灌漑設備に関する工事も事業の目的として加えられた（新沢（1980）、18頁）。そして、1909年（明治42年）の耕地整理法改正法律（新法）では、面積と地価については変更されなかったが、土地所有者数に関しては2分の1以上の同意によると条件が緩和されたのであった（新沢（1980）、20頁）。

この耕地整理法についてはすでに多く論じられており、地主制の展開との関連を問題にするもの（渡辺（1958）、29-35頁、馬場（1965）、137-209頁）もあれば、増産を狙った政策としたり（大内（1960）、98-99頁）、社会政策的農政への転換として1905年や1909年などの改正をとらえ、独占資本主義段階の政策に変質しつつあるとするもの（大内（1960）、148-149頁）もある。また、農法論的な観点から検討するもの（須々田（1981））、日本における農業革命と関連付けて論ずるもの（飯沼（1975）、飯沼（1985）、632-640頁、

213

飯沼（1987）、227-234 頁）、農業生産政策や東北大凶作への対応に着目して分析するもの（大鎌（1976））、さらには、明治 20 年代から 30 年代前半の地主を、地主であるとともに耕作者として産業者でもあったととらえつつ、地域史の視点から耕地整理事業を検討するもの（東（2001）、東（2005）、上巻、162-172 頁）や、農業補助金政策の展開を分析するべく、耕地整理事業について扱うもの（長妻（2001）、306-349 頁）がある。

　また、戦後、創設された日本の土地改良区においても強制加入といった制度が採用されている。そこでは土地改良事業について関係者の 3 分の 2 以上の同意があれば不同意の者もその事業への参加が強制されることとなっている。玉城氏はこうしたことについて「日本の場合、農地の分散錯圃と、これを基礎にした村落の水利共同体的秩序の存在と言う点を考慮すれば、土地改良団体を個人を単位とする加入脱退自由な社団的組織と考えることはほとんど不可能であったろう」（玉城（1980）、342 頁）としている。また、同様に、分散錯圃的な土地の利用構造とこれにむすびついた用水の利用・管理体制により、農家が「水利共同体」である村に運命的に帰属していたのであり、こうした構造が、「当然加入」を成立させる基盤であったともしている（玉城（1982）、94 頁。なお、他にこうした日本の土地改良区の強制加入の導入とその理由や背景について論じたものに、利谷（1975）、今村他（1977）、玉城他（1984）がある）。

　このように日本の耕地整理組合や土地改良区の規定は、地主制の動向や性格、農業政策の展開や変質、農法や農業技術との関連、さらには日本村落における共同的関係のあり方との関連の中で論じられてきた。こうした諸点の検討を日仏両国の比較を通して行うことは本書では果たせなかった。今後、改めて、取り組みたい。

48）なお、これら諸政策が打ち出されていく 1880 年代、90 年代頃において、穏健共和派や左派が、主要な選挙民を構成していた農村人口の意を満たそうとしていたことをヴィヴィエとペトゥメザスが指摘している（Vivier et Petmezas（2008）、p.16）。

49）なお、日本の耕地整理法の展開を農民の商品経済への対応や恐慌対策にかかる生産力増大を目論むものであったとしつつ、大内氏が、大要、次のように述べている。1890 年から 1910 年頃に水利改善・耕地整理・土地改良の発展が農業生産力の展開に大きな力をもち、主に地主により行われ、新肥料の利用、農機具改良、新品種導入などとともに、農民の商品経済発達への対応を可能にしたとしながら（大内（1960）、83-84 頁）、1899 年には耕地整理法が制定され、政府によって、それが促進されるとともに、少数不同意者があった場合にも強制加入せしめる制度を定めたと指摘（大内（1960）、98-99 頁）、また、1905 年、1909 年、1915 年の 3 度の耕地整理法改正について「中小農業者の生産力の増大をはかるためのものに変化し」、「土地改良政策は、だんだん小農民にたいして、農業生産力の上昇によって生産コストの引き下げをはかり、恐慌に対応しうる力をもたせようとする政策に変わってきたのであり、それとともにこれまで地主の果たしてきた機能をむしろ政府が果たさなければならなくなってきている」とし（大内（1960）、149 頁）、われわれが見た 88 年法や土地改良組合制度の展開に通ずる所がある。別の機会に本格的に比較したい。

終 章
総　括

　オート＝ザルプ県における堤防と灌漑、それらの建設を目的とする組合の実態、その制度的枠組みの展開、問題点と改正に向けた動きに関する分析や検討の結果を受けて、総括をここで行おう。

1　堤防と灌漑

　山岳が優勢なオート＝ザルプ県においては、毎年のように県内各地で被害をもたらす急流河川と夏季を中心とした乾燥気候という不利な自然条件を抱えていた。急流河川については、図1-1でみたように、県内最大河川のデュランス川であっても、日本の河川と同様に短小で、急勾配を持つものであった。降水に関しては、少なくとも年間700ミリ程度はあるが、アルプ地方の中では少なく、冬季に雨量が偏っており、夏季には、強雨にさらされることはあるが、乾燥が支配的となっていた。

　そうした状況の中、当県住民は、これら不利な条件を受忍するわけではなく、激烈な急流氾濫に対しては堤防を、過度の乾燥気候に対しては灌漑施設を整備、建設することで、自然に対して能動的に働きかけ、それを克服し、自らの生存や生活を改善しようと試みていた。オート＝ザルプ県の住民は単なる受動的な存在では決してなく、地形や河川の傾斜、起伏、土質といった自然条件や財政的条件などに制約され、困難を極める場合も存在したが、当県の水流や自然をよく観察し、その特徴を把握した上で、経験に基づきながら、こうした脅威に対抗しようとしていたのである。

　そして、こうした堤防や灌漑の建設といった大地への働きかけを礎に、当県農業の展開が目指されたのであった。例えば、牧草地を拡大し、灌漑を施す

ことにより、当県農民にとって大きな収入源の1つであった畜産の拡大につながったであろう。肥料の増産を通して、他作目への好影響も期待できた。野菜や果樹、マメ類の栽培においても灌漑は好影響をもたらしたのであり、ファルノーも指摘していたように、穀作においても導入されていた。

堤防による農地の造成、防御と灌漑による改良の果実は、当県農業経営の発展を促すものとなった。オート＝ザルプ県全体で見れば、確かに、農業生産力は19世紀を通して低位にとどまっており、地域によっては後退へと向かっていったが、そうした動向一色で塗りつぶされていたわけではなく、第4章や第6章で見たように灌漑導入で農業生産が拡大するなどして、前進的な傾向を見せるところもあったのである[1]。

２ 堤防組合と灌漑組合

堤防や灌漑の建設では、関係土地所有者からなる組合が結成され、工事の実施、費用の負担が行われた。組合は、代議会が中心となり運営されていた。代議員は、共和暦13年のデクレや1807年法では県知事が任命することとなっていたが、65年法では選挙によって選出され、第6章で見たデ＝ゼルベ組合においても受益者により任命されることとなっていた。その任務としては、工事計画の検討、準備、実施、監督や組合の運営、行政との折衝など多岐にわたっていた。一般受益者は、費用負担に応ずるとともに、第3章で見たラ＝ミュール組合を除き、受益者総会で、組合運営に対して意見を寄せ、役員を選出することとされていた。代議会が中心であったとはいえ、一般組合員も、組合運営にタッチしたり、意見を述べる機会も与えられていたのであり、こうした受益にもとづく共同的関係に立脚した組合によって工事が実施されていったというわけである。

もっとも、組合の中で軋轢や掣肘が存在したことも指摘しなければなるまい。ラ＝ミュール堤防組合では、工事遅延をめぐり、代議会を告発する文書が、そのメンバーに入っていない組合員より県知事宛に出されていた。ラ＝プレーヌ堤防組合においても組合に賛同しなかったにもかかわらず参加を強制された者による賦課分担拒否にかかる混乱が引き起こされていた。軋轢や

終章　総　括

鬩ぎあいを抱えつつ、組合は運営されていたのである。

　また、旧領主層や地主など地域の有力者の役割や機能も無視することはできない。デ＝ゼルベ灌漑組合においては、技術的な点、財政的な点、組合運営に関わる点などあらゆる側面においてデ＝ゼルベが中心的役割を果たしていた。ヴァンタヴォン灌漑組合においても、中心的人物であったカジミール・ドゥ＝ヴァンタヴォンが、その設立の手続きのために奔走したのであった。

　彼らは、もちろん、土地改良を進めることで、自らの所領や農場における生産性を向上させ、地代取得を増大させることを目論んでいたであろう。しかしながら、それだけではなく、地域の産業の発展や開発を進め、農民の前進志向を支援するという側面も見受けられた。地域の問題を発見し、その解決のために、土地改良の実行、組合運営、行政処理などにおいて自ら実践的活動を行うとともに、地域の利害を代表し、公益性や国家の利害からの考察をも含た政策提言を通して国に法制度の整備を要請し、地域と中央をつなぐものとしての機能を持つこともあった。こうした動きを通して、名望家として地域住民の支持調達を図るという側面もあったであろう。第6章で見たヴァンタヴォンのケースでは、選挙対策との批判がされていたが、こうした支持調達といった側面が見え隠れしていたのであろう。

　さらに、中央から派遣された技師の役割も指摘することができる。本書で見たシュレルのような土木技師は、堤防や灌漑建設に当たって、構造物の設計や見積もり、工事における監督などの業務を通して技術的な貢献をし、行政的手続きや法の適用、運用においても意見を述べたのであった[2]。

　もっとも、当県の自然条件が特殊であるがゆえに、彼らの知識が限界に突き当たり、問題を惹起させてしまうケースもあった。そうした場合、地域の農民や住民の経験、見解を入れた業務遂行が求められた。

　行政もまた、19世紀において整備されつつあった法制度に則り、組合運営において役割を果たした。行政上の便宜を組合に対して図り、工事を促進した。建設すべき構造物をめぐり、既存の組合や付近住民から異議が出され、調整が必要とされたり、既存の組合による灌漑取水量減少の懸念より計画反対が出されることや、用水路の敷地に当たる部分を所有する者からも異議が出さ

れ、計画自体が頓挫することもありえるなど、他組合との関係の中で軋轢が生ずることもあり、行政による地域社会間の調整が必要とされた。さらには、工事の規模が大きくなると、費用負担の面でも補助金といった形で行政の役割も大きくなり、ヴァンタヴォン灌漑用水路の例では、異例の措置としてではあるが、幹線水路工事の責任までを担ったのであった。

　もっとも、行政もまた、組合工事の桎梏となりえた。ラ＝ミュール堤防組合の例で見たように、行政的な手続を進める中で、時間を空費してしまうような状況となり、河川氾濫に対応できなくなる事態が惹起したり、灌漑組合における不同意土地所有者の参加の強制が認められないことで、多くの計画が中断、頓挫し、その実を結ぶことが困難となることも起きていた。こうした形で行政が桎梏となりうることも、同時に指摘しなければならないであろう[3]。

3 堤防・灌漑組合と不同意土地所有者に対する参加の強制

　このようにして堤防や灌漑の建設は、土地改良組合を通して遂行されてきたわけであるが、こうした組合の特徴として、本書で見てきたように、不同意土地所有者への参加の強制について指摘することができる。堤防組合に関しては、公益性を持つ工事が対象となるがゆえに、こうした強制制度は当然のものとして捉えられていた。共和暦13年のデクレや1807年法では政府や県知事が必要と認めれば、仮に、誰1人として賛同することがないとしても、強制的に組合を結成し、堤防建設を実施することとされていた。土地改良組合における自発的イニシアティブを重視した65年法においてさえも、多数の基準が満たされると、組合不賛同者に対しても参加と費用負担の強制がかかるのであった。氾濫被害の規模やリスクには不確定な部分があり、対策の必要性を十分に認識しない者も存在しえたが、熟議の上、同心協力相成るとは限らないのであり、参加の強制に関する制度は、こうした事態による災害対策上の不備を回避し、不確実性を持つリスクへの予防的措置を可能ならしめるためのものであったといえよう。第3章のラ＝プレーヌ組合の事例で見たように、組合における不同意土地所有者の存在は紛争の可能性を内包する

ものではあったが、彼らに参加を強制することは、法的制度によって担保されていたことであった。

ただし灌漑組合に関しては、これまでに見てきたように、堤防組合とは異なり、不同意土地所有者に対する組合参加の強制は直ちには認められなかった。農業改良という私的利益の追求に係ることがらであって、不賛同者の意思に反して、工事の費用負担が発生しうる組合参加を求めることはできないとされてきたのであった。しかし、本書で見てきたように、現場の農村部では、灌漑整備においてこうした不賛同者の存在が障害となる場合があった。よって、土地改良組合制度の整備の中で、対応の必要性が叫ばれてきたのであった。所有権の尊重や組合目的の区別といった反対に直面し、立法にまでは直ちには結びつかなかったが、1888年法によって、堤防建設に比べるとより厳しい条件が課されたが、漸く、制度改正が実現に至ったのであった。

そこでは、農村部や農業界からの意見が背景として大きな役割を果たしていた。灌漑普及のためには土地所有者の協力が必要であり、こうした参加の強制を行いうる制度が必要であることが、第5章で見たように1866年農業アンケート[4]や県会、農業会議所、フランス農業者協会などにおいて訴えられていた。これらを受けつつ、議会において、大土地所有者や法曹家が中心となり、65年法改正が目指された。法改正を目指す者たちは、自らの取得地代の増加の思惑を含んでいたであろうが、同時に、地域の開発、産業化を目論み、上昇志向を持つ農民の意向をも汲み取る形で、自らへの支持調達も図ろうとしたのであろう。問題点の指摘と解決策の提言、中央との媒介といった機能を果たした。さらには、農業生産の一般利益も強調し、国家利益の提言、もしくは代弁のような形で主張を展開した。

1807年法、1865年法は、皇帝や政府のイニシアティブによるものであったが、1888年法はそうではなかった。ヴァンタヴォンやフロケ、ナドといった議員のイニシアティブによって法案が提出され、制度改正が動き出していったのであった。農村部、農業界からの意見を汲み取り、下からのベクトルを受け止めるシステムが、それなりに整備されつつあったのである。法的知識や立法技術、立法機会を持つ者を媒介としてではあるが、彼らに支持供与を

行うことで、下から制度に能動的に働きかけ、それを変化させる可能性が広がっていたのである[5]。

　もっとも、それだけで制度改革がなったとするのは、やはり不十分であろう。灌漑は農業改良工事に過ぎないとの見解から、むしろ所有権尊重に重点を置くべきであるとの批判が法制定の過程において出され、制度の実現は頓挫を繰り返したのであり、73年のヴァンタヴォンの法案提出より15年、漸く、88年に制度改正が達成されるのであった。そこでは、経済的危機に直面する農業に対して保護的な措置や支援の必要が唱えられており、灌漑などの建設促進を通じ、農産物市場における競争への対応を可能とする生産力主義的な条件整備を実施することが目指され、制度改正が実現したのである。80年代よりフランスでも大不況の影響から農業を保護するべく、関税の漸次的設定が実施され、加えて農業省と関連部局の創設、農業信用、農業教育にかかる措置なども打ち出されつつあったが、こうしたものとあわせて、土地改良の促進を図るべく88年法が、その一環として成立したのであった。灌漑など農業改良をめぐる共同的関係構築を制度的にサポートすることで、生産力主義的な政策を推進、経済的な危機に直面していた農民をして、農産物市場における国際的な競争への対応を可能ならしめるべく措置を取り、もって、彼らより、国家に対する支持を調達しようという上からのベクトルが具体的に発現したもの考えることができるであろう。

　こうした上からのベクトルと下からのベクトルが、いわば交叉したところで、88年法は成立したのである。自発的意思にもとづくアソシアシオンが広がる趨勢の中、国家により整備された制度のもと、参加強制の原理をもつ組合の結成が促進されたのであり、こうした原理に則って、堤防建設に加えて、灌漑施設の建設も進められることとなったのである[6]。

●注
1）例えば、第3章で見たエグリエを含むオー＝アンブリュネについて、ブランシャールが、19世紀初頭には耕作地が3,000ヘクタールほど存在していたのが、1939年には、2,029ヘクタールに減少、特に高地において人口が減少し、耕作を続けることができな

終章　総　　括

くなったことを指摘しているが、集落近くの低地では、堤防建設と灌漑によって沃地がもたらされたとしている（Blanchard (1950), pp.811-812）。
2）こうした技師（エンジニア）については栗田（1992）、13-48頁、特に、その機能については、栗田（1992）、39-46頁を参照。また、Thoral (2005) も参照。
3）なお、明治期日本の土地改良に関しても、地主や政府、官僚の役割が指摘されている。第6章の注41でも触れた地域全体の農業生産や農民生活の発展を念頭に地主が土地改良事業を進めてきたという指摘に加えて、数村から数十ヵ村、さらに数郡に及ぶような大規模な事業になるとさらに規模の大きな地主などの調整が必要となったこと、明治38年（1905年）頃からは、広域に土地を所有する不在地主の発言力が増すとともに、耕地整理組合や普通水利組合、土功組合の役割が増大、大地主が支配力を強化し、府県や政府を動かして事業の推進、補助金増大をはかったこと、明治41年（1908年）からは、国庫補助により、国や府県が発言権を増していくことが指摘されている（今村他（1977）、102-103頁）。

　また、資金調達に関して、名望家とともに、企業意識に富んだ豪商が参加したものの、明治30年（1897年）頃から、その役割が減退し、かわって、政府の発言権が増大してきたことも指摘されている（今村他（1997）、104頁）。

　さらに、土地改良技術に関しても、江戸時代からの農民技術を基礎にした蓄積や改良が進んでいたが、事業が大型化するにつれて、計画や設計にも学校での専門家が必要とされはじめたこと、農民技術だけでは対応しきれなくなるにつれて、官僚技術が支配権を持つようになってきたことが指摘されている（今村他（1977）、104-105頁）。
4）このアンケートは、伊丹（2003）で扱った相続分の具体的形成の自由確立をめぐる意見も収集し、中央の委員会において法改正が提言され、破毀院判決の変更を促した。英仏通商条約の農村部における影響を把握するために、ナポレオン3世の指令により実施されたこの大規模な調査は、この2つの事項に止まらず、他にも、広範な分野にわたって証言の収集や調査を実施している。農村部や農業界の抱える問題点や意向を把握するための情報源として、その後の農業政策の展開の中で、このアンケートは大きな意味を持っていたのではないだろうか。こうした点に関しては、改めて検討したいと考えている。
5）ファーブルは、19世紀を単に規律化の時代としてとらえることに反対しつつ、役場、学校、広場の設置といった空間の管理に関わることがらについて、「あらゆる点で、国家への依拠ははっきり」しており、「国家という回路を通して、自分たちの空間の昇級をはかろうとしている利益の追求には、きわめて興味深いものがある」とする。また、フランス語の普及についても、「農民たち自身が要求するのですが、そうして新しい社会の利害に自ら適応しようとしていった」としている。さらに、農村社会における学校や精神疾患者の問題についても「国家組織への依拠を示す」ものであり、「かつてなら家族や村の内部で対応されていた問題が、国家によって提出された制度に頼るようになってい」き、「問題は、ローカルな社会の基盤における変化と国家が提出している手段との、両者の兼ね合いの中で処理され」、「現実に必要な細かな点を処理するのは、村役人などローカルな社会内部の人間なのです」とし、「国民国家的なシステムの成立という点で、十九世紀のフランスは、じつにたくみに中間的な段階を媒介させて、繊

221

細な戦略を成功させていったようにみえます」としている（福井（1995）、171-172頁）。

　本書で見た土地改良組合に関しても、国家が整備した制度に依拠しながら農業生産増という利益を追求し、また、組合内外の紛争や工事の費用、責任を国に頼るような事態が生じている点を指摘でき、しかも、現実の組合運営は、代議会や地主が処理しているところを見ると、ファーブルの図式に合うところが多いように思われる。

　もっとも、われわれは、ファーブルが言うように、国家によって提出された制度に依拠するようになるだけではなく、大きな流れとしてはそうであろうが、同時に、ここで見ているように、大地主や法曹家の利害調整機能や立法技術の媒介を通しながらであるが（さらには、こうした媒介項との乖離といった危ういバランスに乗ったものではあろうが）、制度を能動的に変化させる可能性をもはらんでいたのではないかと考えるのである。

6）こうした制度の確立は、第7章の注29でも指摘したように、農業経営を市場への淘汰圧に晒すこととなったであろう。前進するものもあろうが、常に後退のリスクを伴うものであり、前進したとしても常にこうした淘汰のリスクに晒され続け、利得を追い求める商業的農業へと方向付けられていくこととなろう。よって、下からのベクトルとしての農村部や農業界の要求と、上からのベクトルとしての国家による農業生産力増強支援策の整備による支持調達の試みとが交差することで形成された灌漑施設建設促進のための組合参加の強制制度の確立は、農業経営を、市場経済の磁場の只中へと駆動し、利得を追い求めることを余儀なくするものへとドライブするような、それへ向けた、さらなる1歩を踏み出さしめるものとも考えられるであろう。

　また、こうした制度改革は、農業生産において、より多くの水資源の、より効果的な利用を促進しようとするものでもあった（196頁で見たように、73年法案の検討にかかるヴァンタヴォンの報告でも目指されていたことである）。もっとも、第4章注70でギャップ灌漑用水路やヴァンタヴォン灌漑用水路について触れたように、それによって復元不可能なほどの資源の破壊と濫用が引き起こされたわけではなかったかもしれないが、しかし、自然への働きかけをより大規模なものとすることを可能とするものであったといえるであろうし、さらには20世紀的な自然破壊へと繋がりうる、それへ向けた1つの歩と位置づけることができるであろう。

　このように考えれば、本書で見てきた土地改良組合制度の展開は、20世紀を予兆させるような性格を、その裏に秘めていたとすることができるであろう。

あとがき

　本書は、2003年以来取り組んでいるフランス・オート＝ザルプ県を対象とした地域環境史研究の一部分をとりあえず纏めたものである。現在の職場で農業や資源、環境問題の歴史や現状に関する講義を担当していることや、全国的に名の知られたヴォランタリーな環境市民団体が職場近辺に存在し、その活動や直面している問題――例えば、マンパワーや財政の問題、行政、地域社会、企業や開発行為などとの関係をめぐる問題など――について知る機会を持ったこともあり、環境や資源問題に関する分析を、これまで取り組んできた19世紀フランス農村史の中で行おうと考え、続けてきた研究である。

　本来であれば、堤防や灌漑だけではなく、共同地、共同林の管理や山岳地の復元・保全政策などもふくめ、議論するべきであるが、分析を進める中で、土地改良組合制度の改正において、当県選出の代議士カジミール・ドゥ＝ヴァンタヴォンが中心的な役割を果たしていたこと、実際に、組合の運営や結成において、制度や行政との関わりの中で問題が生じていたこと、こうした問題は、すでに19世紀の前半より当県では認識されていたこと、そして、こうしたことがヴァンタヴォンの制度改正提言の背景となっていたことなどが判明したため、分析の途上ではあったが、とりあえず、堤防組合、灌漑組合とその制度、変化に焦点を当てて取り纏め、本書としたのである。

　これまでに発表した拙稿のうち、以下のものが本書に関係するものとなっているが、しかし、その後の史料調査や問題関心の変化などにより、大幅に加筆修正、論旨の変更を、また、加えて過誤や錯認、数値の誤謬などの訂正を必要に応じて行っている。

1）伊丹一浩「19世紀中葉フランス・オート＝アルプ県の堤防組合――エグリエ・ラ＝ミュール堤防組合を事例として――」『人間と社会』第16号、97-112頁、2005年。

2）伊丹一浩「1865年フランス土地改良組合法における許可組合と強制組合——立法院議事録の分析より——」『人間と社会』第17号、127-139頁、2006年。
3）伊丹一浩「1888年エグリエ・ラ＝プレーヌ堤防組合の賦課をめぐる紛争（フランス・オート＝アルプ県）」『日本農業経済学会論文集』354-361頁、2006年。
4）伊丹一浩「19世紀フランス灌漑組合制度における不同意土地所有者に対する参加の強制」『農業史研究』、第42号、47-57頁、2008年。

　昨今の厳しい事情の中で、前著同様、出版をお引き受けくださった御茶の水書房橋本盛作社長と小堺章夫氏に、まずは感謝の意を表したい。
　本書をまとめるに当たっては内外の文書館、図書館において史料・文献の調査・分析を行った。特に、オート＝ザルプ県文書館には、2003年より2008年まで、ほぼ毎年、1週間から10日程度であるが、史料調査のため訪れた。丁度、文書館では、土地改良組合に関する史料を整理している最中で、そのため、史料の所在が、一時、わからなくなるなどあわてたこともあったが、閲覧に際しては、多くの便宜や助言を賜った。特に、モニク・ガルバン＝ドゥモ氏には、関係する文献や史料についてご教示いただいた。ここに感謝の意を表したい。また、グルノーブルのアルプ人間科学館のイザベル・ブールドー氏には、文献収集において便宜を図っていただいた。同じく謝意を表したい。
　利用した文献の中には、故柴田雅敏先生（元東京大学）の形見分けとして頂いたものが含まれている。前途を嘱望されていた先生は、惜しくも若くして御逝去されたが、マルク・ブロック『フランス農村史の基本性格』の邦訳本に残された、先生による書き込みを見る度に、先生の無念さが推し量られるとともに、その高い志に少しでも近づけるようにと考えている次第である。御生前に、いろいろと御指導頂いたことに対し、お礼を申し上げるとともに、御冥福をお祈りしたい。
　ところで、それにしても、今の大学の状況は、就職前にイメージしていたものとは、相当にかけ離れたものである。率直に言うと、「これでも知的生産の場なのか」と思われることもある。市場経済の淘汰圧が、大学にも及びつつあるということなのであろうか。たとえ、競争への対応を実施したとして

あとがき

も、結局のところ、不断にその磁場の中に投げ込まれ続けるということなのであろうか。

　正直、気持ちが折れそうになることもあるが、そのような時、学界の場にいる研究者の方や大学関係者の方から励ましをいただいた。特に、松本武祝先生(東京大学)と原直行氏(香川大学)には、電話やメール、学会の場などで助言や励ましをいただいた。ここに感謝の意を表したい。また、松田裕子氏(農林水産政策研究所)には、多くぼやきの相手となっていただいた。同じく、ここに記して感謝の意を表したい。

　また、学界以外の場にいる方々からも多くの助力を受けることができた。中には、20年ほど前のことになるが、お会いすることがなかったならば、言葉をかけてもらえなかったならば、ここまで研究を続けることはできなかったであろうと思われる方もいる。ここに感謝の意を表すとともに、微力ではあるが、少しでも、その言葉に応えることができるようにと考えているところである。

2011年1月

伊丹　一浩

〔付記〕本書は、日本学術振興会科学研究費補助金若手研究B（課題番号14760140）同じく若手研究B（課題番号17780170）、及び、基盤研究C（課題番号22580235）による研究成果の一部である。関係各位に謝意を表したい。

〔追記〕本書の校正中、2011年3月11日に東日本大震災が発生した。巨大な自然の力を前にして、人間の無力さを感じざるをえないが、しかし、それでもなお、先人が連綿として続けてきたように、それへの能動的な働きかけをやめてしまうことはできないであろう。亡くなった方々に対し、心から哀悼の意を表するとともに、被災地の1日も早い復興をお祈りしたい（2011年3月18日）。

史料一覧

1. 文書館史料

(1) フランス国立文書館 (Archives nationales)
F10/3209, F10/4363, F10/4365.
(2) オート＝ザルプ県文書館 (Archives départementales des Hautes-Alpes)
F3405.
15J16.
6M208, 6M299, 6M718.
P1055/1-23, P1181/1-24, P1041/1-11, 3P16391-16394.
7S263, 7S270, 7S271, 7S294, 7S1358, 7S8043.
4°A pièce 316, 4°A pièce 608.

2. 官報

Gazette nationale ou le moniteur universel.
Moniteur universel.
Journal officiel de la République française.
Journal officiel de la République française. Débats et documents parlementaires. Chambre des députés.
Journal officiel de la République française. Débats et documents parlementaires. Sénat.
Journal officiel de la République française. Débats parlementaires. Chambre des députés.
Journal officiel de la République française. Documents parlementaires. Chambre des députés.
Journal officiel de la République française. Débats parlementaires. Sénat.
Journal officiel de la République française. Documents parlementaires. Sénat.

3. オート＝ザルプ県規則集

Recueil des actes administratifs de la préfecture du département des Hautes-Alpes.

4. 農業水理局報告書

Bulletin. Direction de l'hydraulique agricole.

参考文献一覧

1. 外国語文献

Abad, R. (2006) *La conjuration contre les carpes. Enquête sur les origines du décret de dessèchement des étangs du 14 frimaire an II*, Fayard.

Abbé, J.-L. et M. Ferrières (coordonnée par) (2007) *Etangs et marais. Les sociétés méridionales et les milieux humides, de la Protohistoire au XIXe siècle: Annales du Midi*, 119-1.

Allard (1877) *Notice sur le village, le château et les anciens seigneurs de Ventavon*, Marius Olive.

Alleau, J. (2009) 'Sociétés rurales et chasse aux nuisibles en Haute-Provence. L'exemple du loup (XVIIe-XVIIIe siècle)', *Histoire et sociétés rurales*, 32, pp.49-80

Antoine J.-M. (1988) 'Un torrent oublié mais catastrophique en Haute-Ariège', *Revue géographique des Pyrénées et du Sud-Ouest*, 59-1, pp.73-88.

Antoine, J.-M. (1989) 'Torrentialité en val d'Ariège : des catastrophes passées aux risques présents', *Revue géographique des Pyrénées et du Sud-Ouest*, 60-4, pp.521-534.

Antoine, J.-M. (1991) 'Communautés montagnardes et inondations dans l'Ariège de l'Ancien Régime', *Bulletin de l'association de géographes français*, 68-4, pp.321-334.

Antoine, J.-M. (1993) 'Catastrophes torrentielles et géographicité des sources historiques – Le cas de la baronnie de Château-Verdun (Pyrénées ariègeoises) au XVIIIe siècle', *Sources. Travaux historiques*, 33, pp.51-68.

Antoine J.-M. et B. Desailly (1998) 'Le risque naturel, l'élu et l'ingénieur dans les Pyrénées ariégeoises', *Revue de géographie alpine*, 86-2, pp.63-76.

Antoine, J.-M. et B. Desailly (2001) 'Habitat, terroirs et cônes de déjection torrentiels dans les Pyrénées commingeoises', *in* M. Berthe et B. Cursente (éd.), *Villages. Pyrénées. Morphogenèse d'un habitat de montagne*, CNRS-Université de Toulouse-Le Mirail, pp.27-44.

Antoine, J.-M., B. Desailly et F. Gazelle (2001) 'Les crues meurtrières, du Roussillon aux Cévennes, *Annales de Géographie*, 662, pp.597-623.

Antoine, J-M., B. Desailly et J.-P. Métailié (1994) 'Cartographie des risques naturels dans les Pyrénées et sur leur piémont, *Mappe monde*, 4/1994, pp.27-30.

Antoine, J-M., B. Desailly et J.-P. Métailié (1996) 'Les grands aygats du XVIIIe siècle dans les Pyrénées', *in* Bennassar (éd.), *Les catastrophes naturelles dans l'Europe médiévale et moderne*, Presses universitaires du Mirail, pp.243-260.

Armengaud, A. (1976) 'Le rôle de la démographie', *in* F. Braudel et E. Labrousse (éd.), *Histoire économique et sociale de la France, 3, 1789-1880*, Presses universitaires de France (引用は1993年版を用いた).

Aubriot, O. et G. Jolly (sous la coordination de) (2002) *Histoire d'une eau partagée. Provence Alpes Pyrénées*, Publications de l'Université de Provence.

Aucoc, L. (1879) *Conférences sur l'administration et le droit administratif faites à l'école des Ponts et Chaussées*, deuxième édition, tome deuxième, Dunod.

Augé-Laribé, M. (1950) *La politique agricole de la France de 1880 à 1940*, Presses universitaires de France.

Baraille, St., D. Blanshon, D. Gilbert et R. Lestournelle (2006) *Les torrents de montagne. L'exemple du Briançonnais*, Editions du Fournel.

Barral, P. (1876a) *Les irrigations dans le département des Bouches-du-Rhône. Rapport sur le concours ouvert en 1875 pour le meilleur emploi des eaux d'irrigation*, Imprimerie nationale.

Barral, P. (1876b) *Les irrigations dans le département des Bouches-du-Rhône. Rapport sur le concours ouvert en 1876 pour le meilleur emploi des eaux d'irrigation*, Imprimerie nationale.

Barral, P. (1877) *Les irrigations dans le département de Vaucluse. Rapport sur le concours ouvert en 1876 pour le meilleur emploi des eaux d'irrigation*, Imprimerie nationale.

Barral, P. (1878) *Les irrigations dans le département de Vaucluse. Rapport sur le concours ouvert en 1877 pour le meilleur emploi des eaux d'irrigation*, Imprimerie nationale.

Batbie, A. (1885) *Traité théorique et pratique de droit public et administratif*, deuxième édition, tome cinquième, L. Larose et Forcel.

Béaur, G. (2006) 'En un débat douteux. Les communaux, quels enjeux dans la France des XVIIIe-XIXe siècles ?', *Revue d'histoire moderne et contemporaine*, 53-1, pp.89-114.

Bennassar B. (éd.) (1996) *Les catastrophes naturelles dans l'Europe médiévale et moderne*, Presses universitaires du Mirail.

Berlioz, J. (1998) *Catastrophes naturelles et calamités au Moyen Age,* Sismel-Edizioni del Galluzzo.

Billaud, J.-P. (1984) *Marais poitevin. Rencontres de la terre et de l'eau*, L'Harmattan.

参考文献一覧

Blanchard, A., H. Michel et E. Pelaquier (actes recueillis par) (1993) *Météorologie et catastrophes naturelles dans la France méridionale à l'époque moderne*, Université Paul-Valéry Monpellier III.

Blanchard, R. (1922) 'Aiguilles', *Revue de géographie alpine*, 10-1, pp.127-165.

Blanchard, R. (1925) *Les Alpes françaises*, Armand Colin.

Blanchard, R. (1938), *Les Alpes occidentales. 1. Les Préalpes françaises du Nord*, Arthaud.

Blanchard, R. (1941) *Les Alpes occidentales. 2. Les Cluses préalpines et le Sillon alpin*, 2 volumes, Arthaud.

Blanchard,R. (1943) *Les Alpes occidentales. 3. Les Grandes Alpes françaises du Nord*, 2 volumes, Arthaud.

Blanchard, R. (1945) *Les Alpes occidentales. 4. Les Préalpes françaises du Sud*, 3 volumes, Arthaud.

Blanchard R. (1949) *Les Alpes occidentales. 5. Les Grandes Alpes françaises du Sud*, premier volume, Arthaud.

Blanchard, R. (1950), *Les Alpes occidentales. 5. Les Grandes Alpes françaises du Sud*, deuxième volume, Arthaud.

Blanchard, R. (1956), *Les Alpes occidentales. 7. Essai d'une synthèse*, Arthaud.

Blanchard, R. et F. Seive (1942) *Les Alpes françaises à vol d'oiseau*, Arthaud.

Bodon, V. (2003) *La modernité au village. Tignes, Savines, Ubaye··· La submersion de communes rurales au nom de l'intérêt général. 1920-1970*, Presses universitaires de Grenoble.

Bonnaire (1801) *Mémoire au ministre de l'intérieur, sur la statistique du département des Hautes-Alpes*, l'Imprimerie des Sourds-Muets.

Bordes, J.-L. (2005) *Les barrages-réservoirs en France du milieu du XVIIIe au début du XXe siècle*, Presses de l'école nationale des Ponts et Chaussées.

Boulaine, J. (1996) *Histoire de l'agronomie en France*, Lavoisier, technique et documentation.

Boulaine, J. et J.-P. Legros (1998) *D'Olivier de Serres à René Dumont. Portraits d'agronomes*, Lavoisier, technique et documentation.

Briot, F. (1896) *Les Alpes françaises. Etudes sur l'économie alpestre et l'application de la loi du 4 avril 1882 à la restauration et à l'amélioration des pâturages*, Berger-Levrault.

Brun, J.-P. (1995) *Paroisses et communes de France. Dictionnaire d'histoire administrative et démographique. Hautes-Alpes*, CNRS.

Brunhes, J. (1910) *Géographie humaine. Essai de classification positive. Principes et exemples*,

Félix Alcan.

Cézanne, E. (1872) *Etude sur les torrents des Hautes-Alpes*, deuxième édition, tome second, Dunod.

Chaix, B. (1845) *Préoccupations statistiques, géographiques, pittoresques et synoptiques du département des Hautes-Alpes*, Allier.

Champion, M. (1858-1864) *Les inondations en France du VIe siècle à nos jours*, Dunod.

Chancel, H. (2005) *Les paysans-mineurs du Briançonnais*, Editions du Fournel.

Charbonnier, P. (sous la direction de)(1994) *Les anciennes mesures locales du Midi méditerranéen d'après les tables de conversion*, Publications de l'Institut d'études du Massif Central.

Charbonnier, P., P. Couturier, A. Follain et P. Fournier (sous la direction de)(2007) *Les espaces collectifs dans les campagnes. XIe-XXIe siècle*, Presses universitaires Blaise-Pascal.

Chauvet, P. et P. Pons (1975) *Les Hautes-Alpes. Hier, aujourd'hui, demain* ···, 2 tomes, Société d'études des Hautes-Alpes.

Citron, P. (1990) *Giono. 1895-1970*, Editions du Seuil.

Cœur, D. (2000) 'L'œuvre de Maurice Champion', *in Réédition de CHAMPION (M.) Les inondations en France du VIe siècle à nos jours, Paris, Dunod 1858-1864*, Cemagref (CD-Rom).

Cœur, D. (2002) 'Des associations de propriétaires pour lutter contre l'inondation : les syndicats de riverains dans la plaine de Grenoble (vers 1750-vers 1930)', *in* R. Favier (sous la direction de), *Les pouvoirs publics face aux risques naturels dans l'histoire*, Publications de la MSH-Alpes, pp.131-152.

Cœur, D. (2008) *La plaine de Grenoble face aux inondations. Genèse d'une politique publique du XVIIe au XXe siècle*, Editions Quæ.

Comité des travaux historiques et scientifiques (1914) *La statistique agricole de 1814*, F. Rieder et Cie, éditeurs.

Corvol, A. (1987) *L'homme aux bois. Histoire des relations de l'homme et de la forêt. XVIIe-XXe siècle*, Fayard.

Corvol, A. (sous la direction de) (1999) *Les sources de l'histoire de l'environnement. Le XIXe siècle*, L'Harmattan.

Corvol, A. (textes réunis et présentés par) (2007) *Forêt et eau. XIIIe-XXIe siècle*, L'Harmattan.

Debauve, A. (1879) *Dictionnaire administratif des travaux publics. Complément ou 20e fascicule du manuel de l'ingénieur des Ponts et Chaussées*, tome premier, Dunod.

Delumeau J. et Y. Lequin (1987) *Les malheurs des temps*, Larousse.

Demélas, M.-D. et N. Vivier (sous la direction de) (2003) *Les propriétés collectives face aux attaques libérales (1750-1914). Europe occidentale et Amérique latine*, Presses universitiares de Rennes.

Derex, J.-M. (2001a) *La gestion de l'eau et des zones humides en Brie (fin de l'Ancen Régime – fin du XIXe siècle)*, L'Harmattan.

Derex, J.-M. (2001b) 'Pour une histoire des zones humides en France (XVIIe-XIXe siècle). Des paysages oubliés, une histoire à écrire', *Histoire et sociétés rurales*, 15-1, pp.11-36.

Derex, J.-M. (2004) 'Le dessèchement des étangs et des marais dans le débat politique et social francais du milieu du XVIIIe siècle', *in* S. Ciriacono (sous la direction de), *Eau et développement dans l'Europe moderne*, Editions de la Maison des sciences de l'homme, pp.231-247.

Derex, J.-M. (2006) 'L'histoire des zones humides. Etat des lieux', *Etudes rurales*, 177, pp.169-178.

Desailly, B. (1989) 'Les ingénieurs des Ponts et Chaussées face aux inondations en Roussillon (1770- 1800)', *Revue géographique des Pyrénées et du Sud-Ouest*, 60-3, pp.329-343.

Desailly, B. (1990a) 'Crues et inondations en Roussillon: le risque, les discours et l'aménagement', *Revue géographique des Pyrénées et du Sud-Ouest*, 61-4, pp.515-528.

Desailly, B. (1990b) 'L'aménagement du lit de la Têt à Perpignan. Un exemple de travaux de protection contre les crues au dix-huitième siècle', *Bulletin de l'association de géographes français*, 67-1, pp.23-34.

Desailly, B., (1995) 'La perception savante des catastrophes naturelles dans les Pyrénées-Orientales à la fin du XIXe siècle', *in* V. Berdoulay (éd.), *Les Pyrénées. Lieux d'interaction des savoirs (XIXe-début XXe siècle)*, Editions du CTHS, pp.203-208.

Désert, G. (1976) 'Vers le surpeuplement ?' *in* G. Duby et A. Wallon (sous la direction de), *Histoire de la France rurale, 3, De 1789 à 1914*, Editions du Seuil, pp.49-73 (引用は1992年版を用いた).

Désert, G. et R. Specklin (1976) 'Les réactions face à la crise', *in* G. Duby et A. Wallon (sous la direction de), *Histoire de la France rurale, 3, De 1789 à 1914*, Editions du Seuil, pp.383-428 (引用は1992年版を用いた).

Dessaignes (1874) *Rapport sur les cours d'eau non navigables et non flottables; irrigations*, Imprimerie Berger-Levrault.

Dessaignes (1875) *Rapport sur des modifications à la loi qui régit les associations syndicales,*

Imprimerie Berger-Levrault.

Duband, D. (2000) 'Le fonds Maurice Pardé disponible sur internet. Un fonds documentaire sur l'hydrologie passée au service de la compréhension des phénomènes hydrologiques récents', *Revue de géographie alpine*, 88-4, pp.82-84.

Dumas, D. (2004) 'Les deux crues mémorables de l'Isère à Grenoble (1651-1859). Analyse des estimations de M. Pardé', *Revue de géographie alpine*, 92-1, pp.27-49.

Dumont, Cl. (2002) 'Les canaux d'arrosage du Briançonnais. Modalités de gestion et droits d'eau, *in* O. Aubriot et G. Jolly (sous la coordination de) *Histoire d'une eau partagée. Provence Alpes Pyrénées*, Publications de l'Université de Provence, pp.101-121.

Durand-Claye, A. (1892) *Hydraulique agricole et génie rural. Leçons professées à l'école des Ponts et Chaussées*, tome second, Octave Doin.

Duvergier, J.-B. (1836) *Collection complète des lois, décrets, ordonnances, règlemens, avis du conseil-d'Etat*, tome 15, deuxième édition, Guyot et Scribe.

Estier, R. (1976) 'Le temps des dépressions' *in* J.-P. Houssel (sous la direction de), *Histoire des paysans français du XVIIIe siècle à nos jours*, Editions Horvath.

Evêque de Gap et al, (1879) *Discour prononcés sur la tombe de M. Casimir de Ventavon, sénateur des Hautes-Alpes. Le 16 aout 1879, jour de ses obsèques au château de Ventavon*, Richard.

Fanthou, Th. et G. Gambier (1991) 'Un atlas des risques majeurs dans les Hautes-Alpes', *Bulletin de l'association de géographes français*, 68-3, pp.205-210.

Fantou Th. et B. Kaiser (1990) 'Evaluation des risques naturels dans les Hautes-Alpes et la Savoie. Le recours aux documents d'archives et aux enquêtes', *Bulletin de l'association de géographes français,* 67-4, pp.323-341.

Farnaud, M. (1802) *Essai sur l'ouverture d'un canal à puiser dans le Drac d'Orcières, pour arroser le territoire de la ville de Gap et de quelques communes environnantes*, Allier.

Farnaud, M. (1811) *Exposé des améliorations introduites depuis environ cinquante ans dans les diverses branches de l'économie rurale du département des Hautes-Alpes*, Allier.

Farnaud, M. (1821) *Mémoire sur l'histoire des canaux d'arrosage et la pratique des irrigations dans le département des Hautes-Alpes*, Imprimerie de madame Huzard.

Farnaud, M. (1885) 'L'origine d'un décret relatif aux Hautes-Alpes', *Bulletin de la société d'études des Hautes-Alpes*, 4, pp.187-190.

Faure, M. aîné (1823) *Statistique rurale et industrielle de l'arrondissemen de Briançon, département des Hautes-Alpes*, Allier.

Favier, R.（2002a）'Editorial', *Annales des Ponts et Chausées*, 103, p.1

Favier, R.（sous la direction de）（2002b）*Les pouvoirs publics face aux risques naturels dans l'histoire*, Publications de la MSH-Alpes.

Favier R. et A.-M. Granet-Abisset（sous la direction de）（2000）*Histoire et mémoire des risques naturels*, Publications de la MSH-Alpes.

Favier R. et A.-M. Granet-Abisset（sous la direction de）（2005）*Récits et représentations des catastrophes depuis l'Antiquité*, Publications de la MSH-Alpes.

Favier R. et A.-M. Granet-Abisset（2009）'Society and natural risks in France, 1500-2000: Changing historical perspectives', *in* Ch. Mauch and Ch. Pfister（edited by）, *Natural disasters, cultural responses. Case studies toward a global environemental history*, Lexington books, pp.103-136.

Favier, R. et Ch. Pfister（sous la direction de）（2007）*Solidarité et assurance. Les sociétés européennes face aux catastrophes (17ᵉ-21ᵉ siècles)*, Publications de la MSH-Alpes.

Febvre, L.（1922）*La terre et l'évolution humaine. Introduction géographique à histoire*, Albin Michel.

Fontaine, L.（2003）*Pouvoir, identités et migrations dans les hautes vallées des Alpes occidentales (XVIIᵉ-XVIIIᵉ siècle)*, Presses universitaires de Grenoble.

Gain, G.（1884）*Traité élémentaire théorique et pratique des associations syndicales de défense, de desséchement, de curage, d'irrigation, etc. suivant la doctrine et la jurisprudence*, A. Chevalier-Marescq.

Gain, G.（1890）*Etude sur les associations syndicales. Commentaire de la loi du 22 décembre 1888, ayant pour objet de modifier la loi du 21 juin 1865*, Imprimerie Francisque Guyon.

Garden, M. et H. Le Bras（1988）'La dynamique de la population française（1801-1914）', *in* J. Dupâquier（éd.）, *Histoire de la population française, 3, De 1789 à 1914*, Presses universitaires de France（引用は1995年版を用いた）.

Gennep, A. van（1946）*Le folklore des Hautes-Alpes. Etude descriptive et comparée de psychologie populaire*, tome 1, G. P. Maisonneuve.

Giono, J. et A. Allioux（1958）*Hortense ou l'eau vive*, Edition France-Empire.

Girault de Saint Fargeau, A.（1851）*Dictionnaire géographique, historique, industriel et commercial de toutes les communes de la France et de plus de 20,000 hameaux en dépendant*, 3 volumes, Librairie de Dutertre.

Godoffre, A.（1867）*Des associations syndicales. Leur régime avant et depuis la loi du 21 juin 1865*, Générale de jurisprudence.

Granet-Abisset, A.-M. (1994) *La route réinventée. Les migrations des Queyrassins aux XIXe et XXe siècles*, Presses universitaires de Grenoble.

Granet-Abisset, A.-M. (2005) 'La bataille des bois. Enjeux sociaux et politiques de la forêt pour les sociétés rurales en France au XIXe siècle', *in* Jean- François Tanguy, *Les campagnes dans les évolutions sociales et politiques en Europe des années 1830 à la fin des années 1920. Etude comparée de la France, de l'Allemagne, de l'Espagne et de l'Italie*, Ellipses, pp.47-65.

Granet-Abisset, A.-M. et G. Brugnot (sous la direction de) (2002) *Avalanches et risques. Regards croisés d'ingénieurs et d'historiens*, Publications de la MSH-Alpes.

Guichonnet, P. (sous la direction de) (1980) *Hsitoire et civilisations des Alpes*, 2 tomes, Privat / Payot.

Guigues, J. (1892) *Des associations syndicales appliquées à l'agriculture*, Imprimerie Ménard.

Guillaume, Abbé P. (1908) *Recueil des réponse faites par les communautés de l'élection de Gap au questionnaire envoyé par la commission intermédiaire des Etats du Dauphiné*, Imprimerie nationale.

Guiter, J. (1948) *Les Hautes-Alpes: les paysages, les hommes, l'histoire*, Louis Jean Imprimeur-Editeur.

Joanne, A. (1882) *Géographie du département des Hautes-Alpes*, 2e édition Hachette.

Jouanna, J., J. Leclant et M. Zink (éd.) (2006) *L'homme face aux calamités naturelles dans l' Antiquité et au Moyen Age*, Diffusion de Boccard.

Jousselin, J. (1850) *Traité de servitudes d'utilité publique ou des modifications apportées par les lois et par les règlements à la propriété immobilière en faveur de l'utilité publique*, tome premier, Videcoq.

Knittel, F. (2009) *Agronomie et innovation. Le cas Mathieu de Dombasle (1777-1843)*, Presses universitaires de Nancy.

La Brugère, F. de et J. Trousset (1877) *Atlas national contenant la géographie physique, politique, historique, économique, militaire, agricole, industrielle et commerciale de la France et la statistique la plus récente et la plus complète*, Fayard (引用は *Les Hautes-Alpes. Villes, bourgs, villages, châteaux, et monuments remarquables; curiosités naturelles et sites pittoresques*, Les éditions du Bastion, 1996によった).

Lachiver, M. (1997), *Dictionnaire du monde rural. Les mots du passé*, Fayard.

Ladoucette, J.-C.-F. (1820) *Hsitoire, antiquités, usages, dialectes des Hautes-Alpes*, Hérissant le doux.

Ladoucette, J.-C.-F. (1834) *Hsitoire, antiquités, usages, dialectes des Hautes-Alpes*, seconde édition, Ancien librairie de Fantin.

Ladoucette, J.-C.-F. (1848) *Hsitoire, antiquités, usages, dialectes des Hautes-Alpes*, troisième édition, Gide et Cie.

Lahousse, Ph. (1997) 'L'apport de l'enquête historique dans l'évaluation des risques morphodynamiques : l'exemple de la vallée de la Guisane (Hautes-Alpes, France)', *Revue de géographie alpine*, 85-1, pp.53-60.

Landon, N. et H. Piégay (1999) 'Mise en évidence de l'ajustement d'un lit fluvial à partir de documents d'archives : le cas de la haute Drôme, *Revue de géographie alpine*, 87-3, pp.67-86.

Lang, M., D. Cœur, S. Brochot et R. Naudet (2003) *Information historique et ingénierie des risques naturels. L'Isère et le torrent du Manival*, Cemagref éditions.

Laurent, R. (1976) 'Tradition et progrès : Le secteur agricole' *in* F. Braudel et E. Labrousse (éd.), *Histoire économique et sociale de la France, 3, 1789-1880*, Presses universitaires de France, pp.617-735 (引用は1993年版を用いた).

Lemonnier, P. (1980) *Les salines de l'Ouest. Logique technique et logique sociale*, Editions de la Maison des sciences de l'homme et Presses universitaires de Lille.

Le Roy Ladurie, E. (1959) 'Histoire et climat', *Annales. Economies, sociétés et civilisations*, 14-1, pp.3-34.

Le Roy Ladurie, E. (1967) *Histoire du climat depuis l'an mil*, Flammarion.

Le Roy Ladurie, E. (1970) 'Pour une histoire de l'environnement: la part du climat', *Annales. Economies, sociétés et civilisations*, 25-5, pp.1459-1470.

Le Roy Ladurie, E. (1973) 'L'histoire sans les hommes: Le climat, nouveau domaine de clio', *in* E. Le Roy Ladurie, *Le territoire de l'historien*, Gallimard, pp.417-536.

Le Roy Ladurie, E. (1983) *Histoire du climat depuis l'an mil*, Flammarion (2e édition).

Le Roy Ladurie, E. (2004) *Histoire humaine et comparée du climat. Canicules et glaciers. XIIIe-XVIIIe siècles*, tome 1, Fayard.

Le Roy Ladurie, E. (2006) *Histoire humaine et comparée du climat. Disettes et Révolutions. 1740-1860*, tome 2, Fayard.

Le Roy Ladurie E. (2007) *Abrégé d'histoire du climat de Moyen Age à nos jours* (entretiens avec Anouchka Vasak), Fayard.

Le Roy Ladurie, E. (2009) *Histoire humaine et comparée du climat. Le réchauffement de 1860 à nos jours*, tome 3, Fayard.

Le Roy Ladurie, E., J. Berchtold et J.-P. Sermain (2007), *L'événement climatique et ses représentations (XVIIe-XIXe siècle). Histoire, littérature, musique et peinture* (avec le concours de Guillaume Séchet), Editions Desjonquères.

Le Roy Ladurie, E., V. Daux et J. Luterbacher (2006) 'Le climat de Bourgogne et d'ailleurs. XIVe-XXe siècle', *Histoire, économie et société*, pp.421-436.

Lestournelle, R., Cl. Dumont, D. Gilbert et G. Lanteri (2007) *Les canaux du Briançonnais*, Editions du Fournel.

Lévi-Salvador, P. (1896) *Hydraulique agricole,* I, Dunod et Vicq.

Lévi-Salvador, P. (1898) *Hydraulique agricole,* II, Dunod et Vicq.

Liotard (1879) 'Discours de M. Liotard' in *Discours prononcés sur la tombe de M. Casimir de Ventavon, sénateur des Hautes-Alpes. Le 16 aout 1879, jour de ses obsèques au château de Ventavon*, Richard.

Martin, B. (1998) 'La réhabilitation d'un ancien réseau de drainage comme moyen de lutte contre les mouvements de terrain à Vars (Hautes-Alpes, France), R*evue de géographie alpine*, 86-1, pp.59-65.

Martonne, E. de (1946) *Les Alpes. Géographie générale*, Armand Colin.

Meny, J. (1978) *Jean Giono et le cinéma*, Editions Jean-Claude Simoën.

Mercier-Faivre, A.-M. et Ch. Thomas (sous la direction de) (2008) *L'invention de la catastrophe au XVIIIe siècle. Du châtiment divin au désastre naturel*, Librairie Droz.

Métailié, J.-P. (1999) 'Lutter contre l'erosion : Le reboisement des montagnes', *in* A. Corvol (sous la direction de), *Les sources de l'histoire de l'environnement. Le XIXe siècle*, pp.97-110.

Ministère de l'agriculture (1867) *Enquête agricole*, 2e série, Enquête départementale, tome 24, tome 25, Imprimerie impériale.

Ministère de l'agriculture (1869) *Enquête agricole*, 1er série, Documents généraux, décrets, rapports, etc. séance de la commission supérieurs, tome 1, tome 2, Imprimerie nationale.

Moriceau, J.-M. (2007) *Histoire du méchant loup. 3000 attaques sur l'homme en France (XV-XVIIIe siècle)*, Fayard.

Moriceau, J.-M. (2008) *La bête du Gévaudan. 1764-1767*, Larousse.

Morizot (1821) *Notice des principales lois, décrets, ordonnances, règlements et instructions ministèrielles, relatifs 1° aux rivières, torrens et cours d'eau; 2° aux établissemens de charité, 3° aux épizooties*, Guichard.

Moulin, A. (1988) *Les paysans dans la société française. De la Révolution à nos jours*, Edition du Seuil.

Moustier, Ph.（2007）'Les communaux des Hautes-Alpes de la Révolution à nos jours: L'exemple du Champsaur-Valgaudemar' *in* P. Charbonnier, P. Couturier, A. Follain et P. Fournier（sous la direction de）, *Les espaces collectifs dans les campagnes. XIe-XXIe siècle*, Presses universitaires Blaise-Pascal.

Nadaud, M.（1998）*Mémoires de Léonard. Ancien garçon maçon*, Edition établie par Maurice Agulhon, Lucien Souny

Noblemaire（2002）'Extraits de la notice biographique sur Alexandre Surell. Annales des Ponts et Chaussées 1888, 1er semestre', *Annales des Ponts et Chausées*, 103, pp.4-13.

Patault, A.-M.（1989）*Introduction historique au droit des biens*, Presses universitaires de France.

Peiry, J.-L.（1986）'Dynamique fluviale historique et contemporaine du confluent Giffre-Arve（Haute-Savoie）', *Revue de géographie de Lyon*, 61-1, pp.79-96.

Peiry, J.-L.,（1989）'L'utilisation du cadastre sarde de 1730 pour l'étude des rivières savoyardes : L'exemple de la vallée de l'Arve（Haute-Savoie）', *Revue de géographie de Lyon*, 64-4, pp.197-203.

Pellault, H.（1845）*Commentaire de la nouvelle loi sur les irrigations（loi du 29 avril 1845）avec un aperçu des législations ansiennes et modernes sur la matière, et les rapports de MM. Dalloz et Passy*, Durand et Madame veuve Bouchard-Huzard.

Pfister L.（2004）*Introduction historique au droit privé*, Presses universitaires de France.

Pichard, G.（2001）'Endettement communautaire et environnement en Provence（1640-1730）', *Histoire et sociétés rurales*, 16-2, pp. 81-115.

Plack, N.（2009）*Common land, wine and the French Revolution. Rural society and economy in southern France, c. 1789-1820*, Ashgate.

Poterlet（1817）*Code des desséchemens ou recueil des règlemens rendus sur cette matière, depuis le règne d'Henri IV jusqu'à nos jours; Suivi d'un commentaire sur la loi du 16 septembre 1807, et d'un tableau général des marais du Royaume*, Imprimerie de Fain.

Raillard, E.（1870）*Avis de l'ingénieur en chef*, Ponts-et-Chaussées. Service hydraulique（本書ではA.N., F10/4365所蔵の史料を用いた）.

Réault-Mille, S.（2003）*Les marais charentais. Géohistoire des paysages du sel*, Presses universitaires de Rennes.

Rémond, R.（1965）*La vie politique en France depuis 1789*, tome 1, Armand Colin（引用は2005年版を用いた）.

Renaut M.-H.（2004）*Hsitoire du droit de la proriété*, Ellipses.

Robert, A. et G. Cougny (1880-1891), *Dictionnaire des parlementaires français : comprenant tous les membres des Assemblées françaises et tous les ministres français depuis le 1er mai 1789 jusqu'au 1er mai 1889*, 5 tomes, Bourloton.

Roman, J. (1887) *Tableau historique du département des Hautes-Alpes*, première partie, Alphonse Picard et Allier.

Ronna, A. (1888) *Les irrigations*, 3 tomes, Firmin-Didot.

Rosenthal, J.-L. (1992) *The fruits of Revolution. Property rights, litigation, and French agriculture, 1700-1860*, Cambridge university press.

Rosenthal, J.-L. (2004) 'Le drainage dans le pays d'Auge : Les conséquences des droits de propriété incertains', S. Ciriacono (sous la direction de), *Eau et développement dans l'Europe moderne*, Editions de la Maison des sciences de l'homme, pp.197-217.

Ruf, Th. (2001) 'Droits d'eau et institutions communautaires dans les Pyrénées-Orientales. Les tenanciers des canaux de Prades (XIVe-XXe siècle), *Histoire et sociétés rurales*, 16, pp.11-44.

Saint-Pulgent, L. de (1875) *Rapport présenté à la séance du 17 octobre 1874, à l'ocasion d'une proposition de loi faite à l'Assemblée nationale, et ayant pour objet de modifier l'article 9 de la loi du 21 juin 1865, sur les associations syndicales*, Huguet.

Soma Bonfillon, M. (2007) *Le canal de Craponne. Un exemple de maîtrise de l'eau en Provence occidentale. 1554-1954*, Publications de l'université de Provence.

Suire, Y. (2006) *Le marais poitevin. Une écohistoire du XVIe à l'aube du XXe siècle*, Centre vendéen de recherches historiques.

Surell, A. (1841) *Etude sur les torrents des Hautes-Alpes*, Carilian-Goeury et Vor Dalmont.

Surell, A. (1870) *Etude sur les torrents des Hautes-Alpes*, deuxième édition avec une suite par Ernest Cézanne, tome premier, Dunod.

Thivot, H. (1970) *La vie publique dans les Hautes-Alpes vers le milieu du XIXe siècle*, Editions des cahiers de l'Alpe.

Thivot, H. (1995) *La vie privée dans les Hautes-Alpes vers le milieu du XIXe siècle*, Editions de la librairie des Hautes-Alpes.

Thoral, M.-C. (2005) 'Les limites de la centralisation administrative face à la lutte contre les inondations en Isère de 1800 à la fin des années 1830', *Revue de géographie alpine*, 93-3, pp.109-128.

Thoral, M.-C. (2010) *L'émergence du pouvoir local. Le département de l'Isère face à la centralisation (1800-1837)*, Presses universitaires de Grenoble, Presses universitaires de

Rennes.

Vallejo, S. et E. Salesse (2002) 'Les canaux de la plaine durancienne de Villelaure : structure hydraulique, évolution historique et droits d'eau, *in* O. Aubriot et G. Jolly (sous la coordination de), *Histoire d'une eau partagée. Provence Alpes Pyrénées*, Publications de l'Université de Provence, pp.145-159.

Vernet, E. (1934) 'Les canaux d'arrosage de l'anquité à nos jours', *Bulletin de la société d'études historique, scientifiques et littéraires des Hautes-Alpes*, 53-9, 10, 11 et 12, pp.50-196.

Veyret, P. (1944) *Les pays de la moyenne Durance alpestre (Bas Embrunais, Pays de Seyne, Gapençais, Bas Bochaine), Etude géographique*, Arthaud.

Veyret, P. (1972) *Les Alpes*, Presses universitaires de France.

Veyret, P. et G. Veyret (1970) *Les Grandes Alpes ensoleillées*, Arthaud.

Veyret, P. et G. Veyret (1979) *Atlas et géographie des Alpes françaises*, Flammarion.

Vidal de la Brache, P. (1922) *Principe de géographie humaine*, Armand Colin.

Vigier, Ph. (1963a) *Essai sur la répartition de la propriété foncière dans la région alpine. Son évolution des origines du cadastre à la fin du Second Empire*, S.E.V.P.E.N.

Vigier, Ph. (1963b) *La Seconde République dans la région alpine. Etude politique et sociale*, 2 tomes, Presses universitaires de France.

Vivier, N. (1992) *Le Briançonnais rural au XVIIIe et XIXe siècles*, L'Harmattan.

Viver, N. (1998) *Propriété collective et identité communale. Les biens communaux en France. 1750-1914*, Publications de la Sorbonne.

Vivier, N. (2008) 'The interventions of the French state in rural society. The major concerns of the state, mid-18th mid-20th century, *in* N. Vivier (edited by), *The state and rural societies. Policy and education in Europe. 1750-2000*, Brepols, pp.57-76.

Vivier, N. et S. Petmezas (2008) 'The state and rural societies' *in* N. Vivier (edited by), *The state and rural societies. Policy and education in Europe. 1750-2000*, Brepols, pp.11-33.

Walter, F. (2008) *Catastrophes. Une histoire culturelle. XVIe-XXIe siècle*, Editions du Seuil.

Film *L'eau vive* (邦題『河は呼んでる』), Gaumont, sélection au festival de Cannes 1958, scénario Jean Giono, adaptation Alain Allioux, réalisation François Villiers, 92min.

2. 日本語文献

安藝皎一 (1944)『河相論』常磐書房。

安芸皎一 (1972)「護岸水制概説」古島敏雄・安芸皎一『近世科学思想 上』岩波書店、481-497頁。

飯沼二郎 (1975)「近代日本における農業革命」農法研究会編『農法展開の論理』御茶の水書房、67-90頁。

飯沼二郎 (1985)『農業革命の研究――近代農学の成立と破綻――』農山漁村文化協会。

飯沼二郎 (1987)『増補 農業革命論』未来社。

伊丹一浩 (2003)『民法典相続法と農民の戦略――19世紀フランスを対象に――』御茶の水書房。

伊丹一浩 (2005)「19世紀中葉フランス・オート＝アルプ県の堤防組合：エグリエ・ラ＝ミュール堤防組合を事例として」『人間と社会』第16号、97-112頁。

伊丹一浩 (2006a)「1865年フランス土地改良組合法における許可組合と強制組合：立法院議事録の分析より」『人間と社会』第17号、127-139頁。

伊丹一浩 (2006b)「1888年エグリエ・ラ＝プレーヌ堤防組合の賦課をめぐる紛争：フランス・オート＝アルプ県」『日本農業経済学会論文集』354-361頁。

伊丹一浩 (2008)「19世紀フランス灌漑組合制度における不同意土地所有者に対する参加の強制」『農業史研究』第42号、47-57頁。

伊丹一浩 (2009)「一九世紀フランス・オート＝アルプ県における地域資源管理と共同性」『【年報】村落社会研究44 近世村落社会の共同性を再考する――日本・西欧・アジアにおける村落社会の源を求めて――』農山漁村文化協会、183-205頁。

伊藤栄晃 (2010)「19世紀初頭のウィリンガム教区における「沼沢＆酪農」経済」『関東学園大学経済学紀要』第35集、89-175頁。

稲本洋之助 (1968)『近代相続法の研究――フランスにおけるその歴史的展開』岩波書店。

稲本洋之助 (1979)「フランスにおける近代的所有権の成立過程」甲斐道太郎・稲本洋之助・戒能通厚・田山輝明『所有権思想の歴史』有斐閣、69-114頁。

今村奈良臣・佐藤俊朗・志村博康・玉城哲・永田恵十郎・旗手勲 (1977)『土地改良百年史』平凡社。

ウィットフォーゲル (1991)『オリエンタル・デスポティズム 専制官僚国家の生成と崩壊』(湯浅赳男訳)、新評論。

エムブレトン、C.(編著)(1997)『ヨーロッパの地形』(大矢雅彦・坂幸恭監訳)大明堂。

大内力 (1960)『日本現代史大系 農業史』東洋経済新報社。

大鎌邦雄 (1976)「明治後期における耕地整理政策の展開」『農業総合研究』第30巻第3号、47-89頁。

参考文献一覧

大熊孝(2007)『[増補] 洪水と治水の河川史　水害の制圧から受容へ』平凡社。
大森弘喜(1975)「19世紀末農業恐慌とフランス農業の構造変化」『エコノミア』第55号、57-112頁。
雄川一郎(1956)「フランス行政法」田中二郎・原龍之助・柳瀬良幹編『行政法講座』第1巻、151-186頁。
小田中直樹(1988)「19世紀フランスにおける農村民衆の「政治化」をめぐって」『土地制度史学』第118号、50-60頁。
小田中直樹(1995)『フランス近代社会　1814〜1852』木鐸社。
小田中直樹(2002)『歴史学のアポリア　ヨーロッパ近代社会史再読』山川出版社。
喜安朗(1994)『近代フランス民衆の〈個と共同性〉』平凡社。
喜安朗(1995)「日常的実践の個性化とソシアビリテ」二宮宏之編『結びあうかたち　ソシアビリテ論の射程』山川出版社、197-228頁。
工藤光一(1988)「移行期における民衆の「ソシアビリテ」――アンシャン・レジーム末期のバス=プロヴァンス地方農村社会――」『社会史研究』第8号、175-213頁。
工藤光一(1993)「フランス第二帝政下における村の「国民祭典」――シャンパーニュ地方の事例――」『歴史学研究』第651号、155-165頁。
工藤光一(1994)「「国民祭典」と農村世界の政治文化――第二帝政下のシャンパーニュ地方――」『思想』第836号、45-71頁。
工藤光一(1995)「フランス近代農村史研究からの若干の考察」二宮宏之編『結びあうかたち　ソシアビリテ論の射程』山川出版社、185-194頁。
工藤光一(1998)「「祝祭と国民化」――19世紀末フランス第3共和制下の共和主義祭典――」『思想』第884号、28-51頁。
工藤光一(2004)「「ソシアビリテ」から「集い」へ？」森村敏己・山根徹也編『集いのかたち　歴史における人間関係』柏書房、299-313頁。
工藤光一(2007)「二宮史学にとってのフランス現代歴史学」『Flambeau』第32・33号、23-49頁。
工藤光一(2008)「1851年蜂起と農村民衆の「政治」――バス=プロヴァンス地方ヴァール県の事例を中心に――」『Quadrante クァドランテ　地域・文化・位置のための総合雑誌』第10号、255-303頁。
栗田啓子(1992)『エンジニア・エコノミスト　フランス公共経済学の成立』東京大学出版会。
栗田啓子(1997)「フランス・ランド地方の土地改良事業と土木エンジニア――第二帝政期における国土開発との関連において――」『経済と社会』第25号、1-18頁。

栗田啓子(2003)「デュピュイと水」『経済と社会』第31号、27-42頁。
是永東彦 (1975)「フランスの19世紀農業革命における農法展開——パリ盆地中央部について——」農法研究会編『農法展開の論理』御茶の水書房、107-130頁。
是永東彦 (1978)「一九世紀後半のフランス農民層の動向——マルクス・エンゲルスの小農論の検討——」日高晋・大谷瑞郎・斎藤仁・戸原四郎編『マルクス経済学　理論と実証』東京大学出版会、477-491頁。
是永東彦(1998)『フランス山間地農業の新展開　農業政策から農村政策へ【全集　世界の食料　世界の農村7】』農山漁村文化協会。
阪口豊・高橋裕・大森博雄(1986)『日本の自然3　日本の川』岩波書店。
佐川美加(2009)『パリが沈んだ日　セーヌ川の洪水史』白水社。
佐藤真紀(1996)「フランス革命期における共同地分割」『歴史学研究』第686号、32-45頁。
新沢嘉芽統 (1980)「明治期から終戦まで」土地改良制度史料編纂委員会編『土地改良制度資料集成』第1巻、全国土地改良事業団体連合会、1-38頁。
須々田黎吉(1981)「耕地整理展開の政治経済的および農法的考察——石川式「田区改正」から耕地整理法の成立まで——」『農村研究』第53号、1-16頁。
高橋基泰 (2005)「ケンブリッジ州ウィリンガム教区再訪——『外』から見た沼沢地縁り fen-edged 村落——」『愛媛大学法文学部論集』第19号、1-26頁。
高橋裕(2008)『新版　河川工学』東京大学出版会。
高橋裕・阪口豊(1976)「日本の川」『科学』第46巻第8号、488-499頁。
高村学人(2008)『アソシアシオンへの自由　〈共和国〉の論理』勁草書房。
滝沢正(2002)『フランス法』第2版、三省堂。
竹岡敬温 (1986)「一九世紀フランスの農業発展と工業化」『社会経済史学』第52巻第5号、1-33頁。
田崎愼吾 (1982)「19世紀中葉におけるフランス農業の地域性——1862年農業統計分析——」『農業経済研究』第54巻第3号、147-156頁。
田崎愼吾 (1984)「フランスにおける農業サンディカ運動——とくにその経済活動の法的性格をめぐって——」『協同組合奨励研究報告』第10輯、211-244頁。
田崎愼吾 (1985)「フランス農業組合の思想的性格(一八八四-一九一四年)」椎名重明編『団体主義(コレクティヴィズム)その組織と原理』東京大学出版会、129-155頁。
田崎愼吾 (1987)「今世紀初頭南フランスブドウ栽培労働者の争議——半農民的労働者の運動をめぐって——」椎名重明編『ファミリー・ファームの比較史的研究』御茶の水書房、37-60頁。
田崎愼吾 (1997)「フランスにおける森林研究の紹介——採薪権を中心として——」『帝京

国際文化』第10号、265-292頁。

田崎慎吾(1998)「19世紀フランスの「森の人」の活動」『帝京国際文化』第11号、425-437頁。

田中定(1978)『佐賀県農業論　佐賀県平坦地帯一農村の分析　昭和前期農政経済名著集第6巻』農山漁村文化協会。

谷川稔(1997)『十字架と三色旗　もうひとつの近代フランス』山川出版社。

玉城哲(1980)「「土地改良法」の成立」土地改良制度史料編纂委員会編『土地改良制度資料集成』第1巻、全国土地改良事業団体連合会、327-348頁。

玉城哲(1982)『日本の社会システム――むらと水からの再構成――』農山漁村文化協会。

玉城哲・旗手勲(1974)『風土　大地と人間の歴史』平凡社。

玉城哲・旗手勲・今村奈良臣編(1984)『水利の社会構造』国際連合大学・東京大学出版会。

田山輝明(1988)『西ドイツ農地整備法制の研究』成文堂。

遅塚忠躬(1965)「十九世紀前半におけるフランスの農業と土地所有」高橋幸八郎編『産業革命の研究』岩波書店、353-397頁。

遅塚忠躬(1970)「戦後フランスにおける農業経営構造の変化：19世紀後半以降との対比におけるその特徴」『土地制度史学』第46号、1-25頁。

遅塚忠躬(1986)『ロベスピエールとドリヴィエ　フランス革命の世界史的位置』東京大学出版会。

テーア(2008)『合理的農業の原理』(相川哲夫訳)中巻、農山漁村文化協会。

デュピュイ(2001)『公共事業と経済学』(栗田啓子訳)日本経済評論社。

利谷信義(1975)「農地改革と土地改良法の成立」東京大学社会科学研究所編『戦後改革6　農地改革』東京大学出版会、301-363頁。

富野章(2002)『日本の伝統的河川工法』信山社サイテック。

トレイシー(1966)『西欧の農業――1880年以降の危機と適応――』(阿曽村邦昭・瀬崎克己訳)、農林水産業生産性向上会議。

ドロール・ワルテール(2006)『環境の歴史　ヨーロッパ、原初から現代まで』(桃木暁子・門脇仁訳)みすず書房。

中島俊克(2007)「フランスにおける環境史研究の動向」『社会経済史学』第73号第4号、85-92頁。

中島幹人(2003)「フランス革命期のドローム県における共同地違法分割」『社会経済史学』第69巻第2号、51-92頁。

長妻廣至(2001)『補助金の社会史　近代日本における成立過程』人文書院。

中野隆生（2003）「「ソシアビリテ＝社会的結合」論の二〇年」歴史学研究会編『現代歴史学の成果と課題1980－2000年　Ⅱ　国家像・社会像の変貌』青木書店、177-190頁。

西川長夫（1984）『フランスの近代とボナパルティズム』岩波書店。

二宮宏之（1988）『全体を見る眼と歴史家たち』木鐸社。

二宮宏之（1994）『歴史学再考　生活世界から権力秩序へ』日本エディタースクール出版部。

二宮宏之（1995）「ソシアビリテ論の射程」二宮宏之編『結びあうかたち　ソシアビリテ論の射程』山川出版社、3-20頁。

二宮宏之（2007）『フランス アンシャン・レジーム論――社会的結合・権力秩序・叛乱――』岩波書店。

服部春彦（1998）「フランス革命と土地所有の社会的移動」『京都橘女子大学研究紀要』第29号、112-90頁。

服部春彦（2009）『経済史上のフランス革命・ナポレオン時代』多賀出版。

馬場昭（1965）『水利事業の展開と地主制』御茶の水書房。

原田純孝（1980）『近代土地賃貸借法の研究――フランス農地賃貸借法の構造と史的展開――』東京大学出版会。

東敏雄（2001）「久野の耕地整理事業」牛久市史編さん委員会編『牛久市史　近現代Ⅰ』牛久市、522-547頁。

東敏雄（2005）『地域が語る日本の近代』岩田書院。

深沢克己（1979）「アドリアン・ド・ガスパランの農学思想――19世紀南フランス農業の発展方向との関連で――」『土地制度史学』第84号、15-34頁。

福井憲彦編（1995）『歴史の愉しみ　歴史家への道　フランス最前線の歴史家たちとの対話』新曜社。

福井憲彦（2006）「アソシアシオンで読み解くフランス史」綾部恒雄監修・福井憲彦編『結社の世界史3　アソシアシオンで読み解くフランス史』山川出版社、3-13頁。

藤田幸一郎（1999a）「19世紀オルデンブルクの農地開発による人口成長と農業集落の拡大」『土地制度史学』第162号、32-47頁。

藤田幸一郎（1999b）「19世紀オルデンブルクにおけるコロニー建設」『経済学研究』第41号、3-46頁。

藤田幸一郎（2001）「19世紀初期の西北ドイツ北海沿岸低湿地（マルシェ）における農村景観と農業の特質」『経済学研究』第43号、3-53頁。

古井戸宏通（2007）「フランス林政における『水と森林』の史的展開序説」『水資源・環

境研究』第20号、73-86頁。

古島敏雄 (1967)『土地に刻まれた歴史』岩波書店。

古島敏雄 (1972a)「問題の所在」古島敏雄・安芸皎一『近世科学思想 上』岩波書店、423-430頁。

古島敏雄 (1972b)「地方書にあらわれた治水の地域性と技術の発展」古島敏雄・安芸皎一『近世科学思想 上』岩波書店、471-480頁。

ブロック (1959)『フランス農村史の基本性格』(河野健二・飯沼二郎訳)、創文社。

ベヴィラックワ (2008)『ヴェネツィアと水 環境と人間の歴史』(北村暁夫訳) 岩波書店。

誉田保之 (1968)「十九世紀前半におけるフランス農業＝土地問題への一視角」川島武宜・松田智雄編『国民経済の諸類型 大塚久雄教授還暦記念Ⅱ』岩波書店、319-348頁。

槇原茂 (1982)「一九〇七年の南部ブドウ栽培者の叛乱」『西洋史学報』第9号、33-50頁。

槇原茂 (2000)「受動的農民像の克服？──フランス農民の政治化論の動向をめぐって──」『史学研究』第227号、63-77頁。

槇原茂 (2002)『近代フランス農村の変貌──アソシアシオンの社会史──』刀水書房。

槇原茂 (2006)「農村社会のアソシアシオン 農業協会／シャンブレ／相互扶助会／農業組合」綾部恒雄監修・福井憲彦編『結社の世界史3 アソシアシオンで読み解くフランス史』山川出版社、116-129頁。

宮崎揚弘 (2009)『災害都市、トゥルーズ 17世紀フランスの地方名望家政治』岩波書店。

宮村忠 (1985)『水害 治水と水防の知恵』中央公論社。

山口俊夫編 (2002)『フランス法辞典』東京大学出版会。

山口俊夫 (2004)『概説フランス法 下』東京大学出版会。

湯浅赳男 (1981)『フランス土地近代化史論──近代化と共同体──』木鐸社。

湯村武人 (1967)『フランス近代農村の構造』法律文化社。

湯村武人 (1984)『十六‐十九世紀の英仏農村における農業年雇の研究』九州大学出版会。

吉田克己 (1990)「フランス民法典第五四四条と「絶対的所有権」」乾昭三編『土地法の理論的展開』法律文化社。

吉田静一 (1975)『近代フランスの社会と経済』未来社。

リヴェロ (1982)『フランス行政法』(兼子仁・磯部力・小早川光郎編訳) 東京大学出版会。

ル＝ロワ＝ラデュリ (2000)『気候の歴史』(稲垣文雄訳)、藤原書店。

ル＝ロワ＝ラデュリ (2009)『気候と人間の歴史・入門【中世から現代まで】』(稲垣文雄訳)、藤原書店。

渡辺洋三 (1958)「農業関係法」鵜飼信成・福島正夫・川島武宜・辻清明編『日本近代法発達史』勁草書房、1-98頁。

図表一覧

図1-1	デュランス川と他河川の縦断面曲線	28
図1-2	堰堤の例	34
図1-3	水制の例	35
図1-4	堤防(石張り土堤)の例	35
図1-5	堤防(石壁による防御)の例	36
表1-1	ケラ地方におけるギル川の氾濫被害(1810年)	31
表1-2	主な洪水被害コミューン(オート＝ザルプ県：1841年)	31
表1-3	ブリアンソン付近の洪水被害の概要(1856年)	32
表1-4	渓流における氾濫・土石流・泥流の例	33
表1-5	デュランス川の防御施設(ラルジャンティエールからルモロンまで)	41
表2-1	1863年草案の概要	60
表2-2	1863年草案における土地改良組合の目的	60
表2-3	1864年政府案の概要	61
表2-4	1865年委員会案の概要	63
表2-5	1865年委員会案における土地改良組合の目的	63
表3-1	活動中の土地改良組合が100以上挙げられている県一覧(1901年)	79
表3-2	土地改良組合が0とされている県一覧(1901年)	79
表3-3	堤防を目的に含む組合の受益地面積別分布(オート＝ザルプ県：1901年)	80
表3-4	エグリエ・ラ＝ミュール堤防組合規約の概要	83
表3-5	受益者の居住地による分布	86
表3-6	受益者の賦課金額による分布	86
表3-7	受益者各層の賦課金合計額	86
表3-8	主な受益者	87
表3-9	ラ＝プレーヌ堤防組合規約の概要	95
表3-10	1868年オート＝ザルプ県規則の概要	96
表3-11	68年県規則における代議会の役割	97
表3-12	受益者の居住地による分布	99
表3-13	受益者の賦課額による分布	99

表3-14	受益者各層の賦課合計額	99
表3-15	エグリエ土地利用分布(1830年)	106
表3-16	エグリエ土地所有規模別分布(1830年)	106
表3-17	エグリエの土地所有規模別分布(各層に属する土地所有の総面積)(1830年)	106
表4-1	セヴレセット川の灌漑用水路	124
表4-2	セヴレセット川の灌漑用水路の構造物	125
表4-3	ギザンヌ川の用水路	127
表4-4	リビエ用水路の概要	129
表4-5	1880年県灌漑用水路管理規則の概要	132
表5-1	ファルノーによる水流に関わる33の提言	142
表6-1	オート＝ザルプ県の灌漑組合の取水量別分布(1901年)	167
表6-2	オート＝ザルプ県の灌漑組合の灌漑面積別分布(1901年)	167
表6-3	1811年デ＝ゼルベ灌漑組合規約の概要	171
表6-4	デ＝ゼルベ灌漑組合の代議員の役割	172
表6-5	デ＝ゼルベに関する規定(1811年規約)	172
表6-6	ヴァンタヴォン灌漑組合規約(抄録)	181
表7-1	1878年法案の概要	198
表7-2	1878年法案における土地改良組合の目的	198
表7-3	1886年委員会案の概要	199
表7-4	代議院案の概要	200
表7-5	代議院案における土地改良組合の目的	201
表7-6	ドゥヴェル修正案の概要	203
表7-7	ドゥヴェル修正案における土地改良組合の目的	203

索　引

【あ】

安藝皓一　48.
アギュロン　18.
アソシアシオン　8, 18-20, 187, 188, 220.
アソシアシオン法　18.
アソシアシオン論　8.
アルプ　4, 5, 7, 11, 16, 21, 24, 45, 49, 116, 183, 215.
アルプ＝マリティーム県　25, 79, 149.
アンブラン　20, 22, 24, 28, 41-43, 45, 86, 128.
アンブラン大郡　11, 21, 24, 105.
アンブラン大郡庁　82.
アンブリュネ　22.
石壁　27, 36, 125.
石張り土堤　27, 34, 35, 37, 41, 48.
イゼール県　5, 11, 20, 24, 40, 44, 48, 78, 79, 104, 156, 173, 182, 184, 210.
ヴァール県　18, 79, 149.
ヴァルゴドゥマール　12.
ヴァンタヴォン（地名）23, 176, 182, 191.
ヴァンタヴォン（カジミール・ドゥ＝）　10, 11, 129, 152, 162, 165, 175, 176, 181-186, 191, 193-197, 202, 205, 208, 209, 211, 217, 219, 220, 222.
ヴァンタヴォン（ジャン＝アントワーヌ・ドゥ＝）　176.

ヴァンタヴォン灌漑組合　10, 157, 162, 165, 166, 168, 169, 175, 179, 181, 185-188, 190, 191, 193, 209, 217.
ヴァンタヴォン灌漑用水路　10, 76, 128, 129, 134, 135, 176-179, 182-186, 209, 218, 222.
ヴェルネ　10, 114, 132, 169, 170, 175, 188, 190.
ヴォクリューズ県　24, 79, 108, 164, 168, 178, 188, 199, 210.
畝間灌漑　116.
エグリエ　9, 23, 30, 41, 47, 58, 70, 71, 73, 77, 80, 81, 84-88, 91, 93, 94, 98-102, 105-107, 109, 220.
堰堤　27, 33, 34, 36, 37, 44, 47, 119, 126-128.
オー＝アンブリュネ　22, 220.
オート＝サヴォワ県　5, 11, 16.
オート＝ザルプ県　3-5, 8-11, 15, 17, 20-28, 30, 31, 36, 37, 39, 40, 44-49, 51, 53, 54, 77-80, 93, 99, 103, 105, 107-111, 113-116, 118, 120, 122, 123, 130, 132-134, 137, 138, 140, 148, 157, 160, 162, 165-168, 176-180, 182, 184-187, 191, 193, 215, 216.
オート＝ザルプ県の急流と河川における構造物に関するデクレ（共和暦13年のデクレ）　9, 51, 53-55, 70,

73, 77, 81, 103, 141, 216, 218.
オーブサーニュ　23, 169, 170, 172, 173, 188.
オルドナンス　56, 77, 81-83, 105.

【か】

かけ流し灌漑　116, 132.
籠類　47.
河川の浚渫に関する法（共和暦11年法）　53, 63-65, 67-70, 72, 76, 105, 140, 142, 151, 156.
河相　48.
空積み石壁　33.
ガルニエ　129, 135, 176, 177, 186.
『河は呼んでる』　49.
灌漑組合　3, 4, 7, 8, 10, 14, 20, 51, 66, 71, 74, 78, 104, 105, 107, 137, 139, 140, 143-145, 147-149, 152, 153, 155-159, 165-167, 185, 187, 188, 191, 193, 194, 200, 201, 206-209, 216, 218, 219.
灌漑組合制度　10, 137, 138, 143, 148, 165, 193, 199.
灌漑用取水堰設置に関する法（1847年法）　75, 138, 143, 160, 161.
灌漑用水路の通過に関する法（1845年法）　75, 137, 138, 143, 149-152, 160, 161, 163, 194, 195.
ギエーストル　82, 85, 89, 127, 130.
ギエーストル小郡　21, 105.
北アルプ　11, 21.
ギャップ　11, 20-22, 24, 53, 86, 115, 123, 128, 134, 135, 140, 160, 176, 188, 191.
ギャップ灌漑会社　166, 168, 169, 185-187.
ギャップ灌漑用水路　10, 128, 129, 160, 177, 178, 222.
ギャップ大郡　11, 21, 24.
ギャパンセ　22, 25.
強制組合　9, 51-53, 56, 59, 60, 62, 64, 65, 67-72, 78, 105, 107, 137-139, 143, 148, 152, 155-157, 187, 210.
共同的関係　3, 80, 104, 164, 168, 214, 216, 220.
橋梁土木総評議会　56, 82, 139, 183.
許可組合　9, 10, 51, 58-71, 75, 76, 78, 93-95, 100-105, 132, 133, 138, 144-148, 150-152, 154, 156-158, 161-163, 165-167, 186, 187, 191, 193, 194, 196-208, 211.
ギル川　22, 29-31, 47, 77, 81, 82, 88, 90-93, 104, 105, 107.
工藤光一　8, 18, 19.
グルノーブル　5, 16, 21, 22, 173, 182, 183.
ケゼール　5, 28.
ケラ　13, 21-23, 30, 31, 117, 123, 126, 132.
県会　10, 64, 69, 76, 138, 148, 151, 152, 158, 162, 176, 213, 219.
県会議員　45, 46.
県灌漑用水路管理規則　117, 132.
県事務総長　45.
県知事　9, 28, 45, 46, 53, 54, 56, 59, 61-63, 67, 72, 73, 81-85, 88-95, 97, 98,

索引

108-110, 116, 139, 141, 142, 151, 152, 170-172, 180, 181, 183, 191, 195, 200, 203, 213, 216, 218.
県知事アレテ　58-60, 66, 77, 81, 93-95, 100, 109, 111, 139, 144, 167, 176, 179, 198.
県庁　47, 54, 90, 100, 139.
県評議会　54, 65, 67, 72, 102, 142, 159.
元老院　66, 76, 129, 135, 179, 191, 199-201, 206.
元老院議員　129, 182, 191.
公益性認定　56, 67, 129, 139, 150, 176, 179, 183, 195-197, 202, 204, 207, 213.
公共事業省　56, 58, 82, 85, 177.
公共事業大臣　75, 83, 90, 110, 151, 152, 164, 183.
公的収用に関する法（1841年法）　76.
国務院　56, 57, 59, 61, 62, 67, 72-74, 196, 197, 199-202, 204, 205, 210, 211.
国務院公共事業部　84.
国務院デクレ　59-61, 67, 144, 195-197, 202, 207, 213.
コミューン会　141, 200.
コミューン会議員　88.
コミューン長　53, 72, 73, 81, 82, 85, 86, 88, 91, 93, 94, 110, 141, 170, 173, 199, 200, 203, 213.

【さ】

サヴォワ　20, 22.
サヴォワ県　5, 110.

サン＝クレパン　41, 86, 98-102, 105, 109.
サン＝ジャック　169, 170, 172, 173.
ジオノ　49.
自然流下式灌漑　118.
自発的意思組合　52, 72, 105, 107, 137-139, 149, 166, 167, 187.
自発的意思による許可組合　72.
シャンソール　12, 123, 124, 126, 130.
シャンソール＝ヴァルゴドゥマール　22, 24, 123.
自由組合　51, 58, 60-64, 67, 69, 75, 102, 105, 137, 143, 144, 146-150, 152, 153, 155, 156, 159, 161, 166, 167, 187, 197, 201, 207, 211.
縦断面曲線　27, 28.
重力灌漑　10, 113, 118, 120-122, 130, 133.
取水施設　113, 119, 121, 126, 127, 129, 137, 139, 151.
シュレル　9, 28, 29, 32, 38, 40, 45-49, 54, 82, 108, 217.
沼沢地干拓　51, 52, 56, 58, 63, 64, 67, 69, 74, 76, 105, 107, 147, 151, 158, 195, 198, 201, 203.
沼沢地干拓組合　3, 108.
沼沢地干拓に関する法（1807年法）　9, 51, 52, 55, 56-59, 63-71, 73, 74, 77, 82, 83, 103-105, 140, 148, 152, 154, 156, 195, 216, 218, 219.
ショフェイエ　23, 169.
助役　63, 96-98, 110, 111, 180-182, 191.

253

水制　27, 33-37, 40, 41, 43-45, 47, 49.
水道橋　75, 113, 119, 121-130.
水防林　47.
水門　43, 75, 119, 128, 132.
水路支持壁　113, 121, 123, 125-128.
捨石　33, 37, 41-43, 119, 121.
セヴレス川　22, 169, 174, 188.
セール＝ポンソン・ダム　48, 49, 134.
ソシアビリテ　18, 19, 187.
ソシアビリテ論　8.
粗朶　27, 41, 119.
村道に関する法（1836年法）　67, 75, 76.

【た】

代議員　6, 57, 61-65, 74, 81, 83-88, 94-98, 100, 101, 109-111, 116, 138, 171-174, 180, 181, 190, 191, 216.
代議院　10, 129, 135, 165, 179, 191, 194, 199-202, 205, 207, 211.
代議院議員　129, 155, 182, 193.
代議会　6, 53, 54, 56, 60, 61, 64, 67, 70, 72, 73, 81-85, 88-92, 94-98, 110, 139, 141, 142, 152, 171, 176, 180-182, 184, 190, 216, 222.
代議長　54, 63, 65, 73, 83-87, 90, 93, 96-98, 100, 102, 110, 111, 138, 180, 181.
大郡庁　47.
大郡長　45, 73, 81, 88, 89, 91, 94, 108, 110.
地役権　52, 63, 65, 67, 75, 132, 137, 151, 163, 171.
池沼干拓に関するデクレ　17.
遅塚忠躬　18.

貯水池　75, 113, 120, 121, 130.
テーア　132.
堤防組合　3-10, 14, 20, 51, 52, 55, 56, 58, 60, 66, 70, 71, 77, 78, 80, 85, 93, 102, 103, 105, 107, 108, 137, 144, 157, 165, 197, 205, 208, 216, 218, 219.
堤防組合制度　51, 52, 55, 58, 66, 67, 71, 143.
デクレ　20, 51, 53, 54, 56, 72, 73, 77, 139, 187.
デ＝ゼルベ（デュポール＝ドゥ＝ポンシャラ＝）　132, 169-175, 184-186, 188-190, 217.
デ＝ゼルベ灌漑組合　10, 117, 133, 165, 169, 171, 172, 175, 181, 185, 209, 216, 217.
デ＝ゼルベ灌漑用水路　122, 132, 133, 175.
デュランス川　12, 14, 20-22, 27-29, 31, 32, 37, 40-44, 48, 49, 77, 80, 93, 101, 105, 107, 114, 115, 128, 129, 134, 168, 176, 178, 179, 182, 183, 215.
デルベルグ＝コルモンのシステム　49.
ドゥラック川　21, 22, 29, 43, 125, 128, 134, 135, 140, 169, 178, 188.
ドゥローム県　11, 24, 73, 78, 79.
特別委員　84, 85, 88.
特別委員会　56-58, 65, 67, 83, 84, 88, 92.
独立組合　52, 72, 78, 104, 105, 107, 137-139, 144, 159, 166-168, 187, 188.
都市洪水に関する法（1858年法）　68, 162.

254

土地改良組合　3, 9, 14, 52, 58-64, 69, 71, 72, 75, 78, 79, 102-105, 107, 110, 137, 138, 144, 150, 153, 155, 156, 159, 161-163, 188, 196-203, 206-208, 218, 222.
土地改良組合一般規則（1868年県規則）　95-98, 102, 109-111, 190.
土地改良組合制度　3, 4, 51, 61, 74, 102, 143, 209, 214, 219, 222.
土地改良組合に関する全国調査（1901年調査）　77, 78, 105, 107, 159, 166, 187.
――組合一覧表　78, 79, 105, 107, 108, 166, 187.
――補綴集計表　78, 79, 105, 166, 187.
土地改良組合に関する1865年法を改正する法（1888年法）　4, 11, 103, 105, 148, 163, 167, 193, 199, 203, 207, 208, 210, 214, 219, 220.
土地改良組合に関する法（1865年法）　9-11, 51, 52, 57-59, 63, 66, 67, 70, 71, 75, 77, 78, 81, 93-96, 101, 102, 104, 105, 109, 110, 137-139, 143, 144, 147-153, 156, 157, 159, 161-165, 167, 173, 179-182, 186, 190, 191, 193-198, 200, 202, 205, 207-211, 216, 218, 219.
土地に刻まれた歴史　25.
ドーフィネ　173.
トラル　5, 48, 104.
トンネル　113, 118-122, 130, 133.

【な】

ナド　19, 193, 197, 199, 201, 202, 205, 210, 219.
ナポレオン3世　58, 59, 74, 131, 221.
認可会社　104, 105, 132, 133, 159, 166, 167, 187.
練積み石壁　33, 34, 36, 125.
農業アンケート（1866年農業アンケート）　10, 15, 76, 115, 131, 138, 148, 150, 158, 165, 184-186, 193, 195, 206, 210, 211, 219.
農業会議所　10, 138, 148, 152, 155, 158, 210, 219.
農業省　15, 209, 212, 220.

【は】

配水管理人　132, 133, 171, 174.
排水に関する法（1854年法）　67, 75, 76, 105, 147, 152, 195.
バス＝ザルプ県　11, 21, 22, 24, 25, 73, 78, 79, 129, 149, 166, 167, 176, 178, 182, 187, 191.
バス＝プロヴァンス　8, 18, 25.
バライユ　5, 29.
バラル　108, 199, 210.
パリ　11, 21, 109, 177.
ビュエッシュ川　20-22, 29, 43, 128, 129, 176.
ピレネー　5, 7.
ピレネー＝ゾリアンタル県　7, 78, 79, 162, 163, 187.
ファーブル　221, 222.

255

ファーブルのシステム　49.
ファルノー　10, 15, 25, 28, 37, 39, 43, 45-47, 53, 54, 105, 114, 115, 117, 120, 122-124, 126, 128, 131-134, 138, 140-143, 157, 159, 160, 165, 169, 170, 175, 185, 188, 189, 193, 197, 216.
ファントゥー　5, 28, 30.
フィアールのシステム　37, 43, 44, 49.
フィロクセラ　4, 11, 12, 179, 196, 200-202, 207, 213.
福井憲彦　20.
ブッシュ＝デュ＝ローヌ県　79, 107, 108, 168, 188, 199.
フランス・アルプ　11, 20, 114.
フランス農業者協会　10, 138, 148, 155, 158, 164, 210, 219.
ブリアンソネ　5, 7, 12, 13, 17, 21-24, 29, 115, 117, 123, 126, 132.
ブリアンソン　20-22, 31, 32, 126, 127.
ブリアンソン大郡　11, 21, 23, 24.
ブリオ　115, 116, 131, 133.
古島敏雄　25, 48.
プロヴァンス　7, 46, 49.
分権化　58, 59, 74.
分権化に関するデクレ（1852年のデクレ）　58, 73, 105.
法制審議院　55, 73.
防潮堤組合　107.
補充代議員　96, 97, 100, 110, 111, 171, 172.
ボネール　29, 115.

【ま】
槙原茂　8, 19.
南アルプ　11.
民事組合　138, 159.
民法典　52, 53, 72, 138, 159, 195, 206.
モン＝ドーファン　20, 85-87, 98, 99, 105, 109.

【や】
ユバイユ　12, 49.
用水路管理人　117, 132, 133, 171.
ヨーロッパ・アルプ　21.

【ら】
ラドゥーセット　9, 10, 24, 28, 40-43, 45, 46, 49, 53, 114, 124-127, 130.
ラ＝プレーヌ堤防組合　9, 70, 71, 77, 93, 95, 100-105, 110, 111, 181, 216, 218.
ラ＝ミュール堤防組合　9, 58, 73, 74, 77, 81, 98, 103-105, 173, 216, 218.
立法院（第1帝政期）　55, 73.
立法院（第2帝政期）　61-63, 68, 145, 150, 196.
立法院議員　59, 129, 176.
両岸堤防　38, 40, 49.
ルシヨン　16, 74.
ル＝ロワ＝ラデュリ　4, 16.
連続堰堤　47.
連続水制　37, 43.

【わ】
枠類　33, 36, 41.

《著者紹介》

伊丹　一浩（いたみ　かずひろ）

1968 年　兵庫県神戸市に生まれる
1998 年　東京大学大学院農学生命科学研究科博士課程単位取得退学
同　年　東京大学大学院農学生命科学研究科助手
現　在　茨城大学農学部准教授・博士（農学）

著　書　『民法典相続法と農民の戦略——19 世紀フランスを対象に——』（御茶の水書房、2003 年）（2004 年度日本農業経済学会奨励賞、第 15 回尾中郁夫・家族法学術奨励賞受賞）

堤防・灌漑組合と参加の強制
——19 世紀フランス・オート＝ザルプ県を中心に——

2011 年 4 月 28 日　第 1 版第 1 刷発行

編　者　伊丹　一浩
発行者　橋本　盛作
発行所　株式会社 御茶の水書房
〒113-0033　東京都文京区本郷 5-30-20
電話 03（5684）0751，FAX 03（5684）0753

組版・印刷／製本　（株）タスプ

定価はカバーに表示してあります
乱丁・落丁はお取り替えいたします。

Printed in Japan
ISBN978-4-275-00916-6　C3022

伊丹一浩著
民法典相続法と農民の戦略　A5判／250頁　本体5600円
――19世紀フランスを対象に――
　フランス農民の相続とその戦略を手稿史料から解明し、民法典との葛藤の中から新しい制度が立ち上がる過程を分析。尾中郁夫・家族法学術奨励賞受賞。日本農業経済学会奨励賞受賞。

渡辺洋三著
慣習的権利と所有権　A5判／336頁　本体5800円
　実践的渡辺社会学が、土地所有・入会・水利・温泉の紛争に際して、実証的・理論的位置づけをあたえる。法律学・実務家ならびに社会経済史学、法制史学研究者必読書。

北條　浩著
日本水利権史の研究　A5判／776頁　本体9500円
――長野県北部志賀高原とその水系――
　志賀高原とその水系十数部落の水利と水利集団の関係を近世以後の歴史から実証分析し、従来からの農業水利概念を是正する。歴史学者・法律学者・水利関係者等の指針となる研究。

北條浩、宮平真弥著
部落有林野の形成と水利　A5判／320頁　本体5000円
　徳川幕府下の松代藩において村持地ならびに二か村の共同入会地が、地租改正の山林原野官民有区別によって官有地に編入されることを残された文書・資料にもとづいて明らかにする。

北條　浩著
入会の法社会学（上・下巻）
　A5判／（上）552頁　本体7500円。（下）450頁　本体6500円
　入会研究をさらに進め林政史・経済史・法制史・民俗学の面からも検討し、法社会学の入会研究に独自の領域をうちたてた著者の入会研究の集大成である。

加用信文著
農法史序説　A5判／200頁　本体3200円
　農業の近代化の過程を理解する上で、生産関係的視点からだけでなく、農業生産力を推進する技術的＝生産力視点から「農法」なる理念を着想し、概括的にまとめたもの。

柿崎京一、陸学藝、金一鐵、矢野敬生編
東アジア村落の基礎構造　B5判／364頁　本体8400円
――日本・中国・韓国村落の実証的研究――
　　　民族社会の基礎構造を解明するために、文化的伝統を比較的濃密に表出している村落社会を対象にし、日中韓三ヶ国の社会学者・人類学者が参加して、それぞれ当該国の村落社会において長期にわたる綿密なフィールド調査を実施した。

内山雅生著
日本の中国農村調査と伝統社会　A5判／296頁　本体4600円
　　　満鉄調査部、東亜研究所、興亜院、青島守備軍などの戦前戦中期の日本研究機関による調査と、現代の再調査で得た資料を分析し、中国社会の基底部に内在している「共同性」の内実に迫る。

柳澤和也著
近代中国における農家経営と土地所有
――1920～30年代華北・華中地域の構造と変動――
A5判／270頁　本体4800円
　　　中国近現代史を連続した時間軸で把握し、土地の流動化が進む現実をふまえ、近代における地主階層の土地集積と農民の窮乏化を直截に結ぶ思考を再検討する。

後藤　晃著
中東の農業社会と国家　菊判／352頁　本体4000円
――イラン近代史の中の村――
　　　中東の政治経済は砂漠とオアシスの風土によって育まれ西欧に近接する地政学上の位置によって影響を受けた。本書は中東近現代史のダイナミズムをオアシス農村の場から描いた実証研究。

松尾展成著
ザクセン農民解放運動史研究　A5判／250頁　本体4000円
　　　農民解放の実施過程を根本資料＝土地負担償却協定や、九月騒乱期と三月革命に提出された請願書、民衆運動に関するパンフレットなどから分析し、中部ドイツの荘園制の解体を究明する。

森　芳三著
イギリス綿花飢餓と原綿政策　A5判／360頁　本体6500円
　　　19世紀のイギリス経済は綿業が基幹的産業だった。南北戦争によるアメリカ綿花の供給途絶は綿花飢餓と呼ばれる事態に陥った。そのときのランカシャ綿業の対策と経過を分析する。

神立春樹著
村方争論・事件にみる近世農民の生活
――近世農村史の一齣――

A5判／160頁　本体3600円

江戸時代関東地方の一村に起きた二つの出来事「権現堂川堤外地をめぐる論争」「権現堂堤杭木流失事件」をめぐる文書を検討し、その時期の村の状況や村の人々の生活実態を明らかにする。

平野哲也著
江戸時代村社会の存立構造

菊判／518頁　本体9200円

百姓が「村」という基層的な社会システムを構築し、「村」の協同関係を維持し、江戸時代を通して「村」をつくりかえていった過程を実証的に分析。時代を生きた百姓のリアルな姿に迫る!!

水本忠武著
戸数割税の成立と展開

A5判／376頁　本体7000円

明治11年に府県税として法定された「戸数割」は地方税収の中核的位置を占めていた。その戸数割税の成立と展開を農村地方財政の中で分析。　1999年度日本農業経済学会学術賞受賞！

大栗行昭著
日本地主制の展開と構造

A5判／310頁　本体6300円

日本地主制史の研究は戦後、日本農業史はもとより、日本経済史研究の主要テーマの一つを形成してきた。先行業績となった各著作の検討をつうじて、近代日本地主制史上の論点を示す。

森　芳三著
羽前エキストラ格製糸業の生成

A5判／330頁　本体6500円

戦前の山形県とりわけ置賜地方の製糸業は優良糸つまりエキストラ糸の産出で知られていた。その山形県の機械制製糸業の発生から昭和初年までの間の製糸業史を叙述したもの。

神谷　力著
家と村の法史研究
――日本近代法の成立過程――

A5判／630頁　本体12000円

明治民法施行前の「家」の本質を追究し、近代法制形成までの村組織、犯罪資料などから、実在的総合人たる性質をもつ共同体としての「村」を歴史的に実証。